土木建筑计算机辅助设计

（第 2 版）

冯若强　杨建林　陆金钰　彭启超　张琳琳　编　著

东南大学出版社
SOUTHEAST UNIVERSITY PRESS
·南京·

图书在版编目(CIP)数据

土木建筑计算机辅助设计 / 冯若强等编著.
— 2 版. — 南京 ：东南大学出版社，2018.12 (2022.12重印)
ISBN 978 - 7 - 5641 - 7562 - 7

Ⅰ. ①土… Ⅱ. ①冯… Ⅲ. ①土木工程-建
筑制图-计算机制图- AutoCAD 软件-高等学校-教材
Ⅳ. ①TU204 - 39

中国版本图书馆 CIP 数据核字(2017)第 318058 号

土木建筑计算机辅助设计

出版发行	东南大学出版社
出 版 人	江建中
社　　址	南京市四牌楼 2 号
邮　　编	210096
网　　址	http://www.seupress.com
经　　销	全国各地新华书店
印　　刷	南京玉河印刷厂
开　　本	787 mm×1092 mm　1/16
印　　张	13.75
字　　数	386 千字
版　　次	2018 年 12 月第 1 版
印　　次	2022 年 12 月第 3 次印刷
书　　号	ISBN 978 - 7 - 5641 - 7562 - 7
定　　价	42.00 元

* 本社图书若有印装质量问题，请直接与营销部联系，电话：025 - 83791830。

前　言

（第2版）

计算机辅助设计（Computer Aided Design，CAD）已经成为现代土木建筑工程设计的高效率表达工具，其内容包括使用计算机专业软件进行土木建筑设计、计算、绘图、信息管理和其他相关内容。随着我国计算机技术的不断发展，目前已经实现了土木建筑的计算、设计和绘图的程序化、自动化和标准化。本书主要包括五部分内容：AutoCAD软件和天正建筑软件的基础知识，天正建筑软件在建筑施工图绘制中的应用，探索者TSSD软件的应用与工程实例，PKPM软件结构设计过程及参数设置，钢筋混凝土框架结构设计和施工图绘制实例。

本书编写注重工程实用性，采用工程实例作为讲解例题，强调训练，目的是使读者快速掌握相关专业软件，形成工程设计能力。AutoCAD是大部分工程专业绘图软件的通用平台，而天正建筑软件是在AutoCAD基础上结合土木建筑专业特点二次开发而来的，目前应用较为广泛。PKPM为土木建筑计算和施工图绘制一体化专业软件，可实现常规土木建筑工程计算、绘图的程序化、自动化和标准化，是目前从事土木建筑工程人员最为常用的工程软件。探索者TSSD施工图绘制软件以AutoCAD为平台的二次开发软件，其施工图绘制工具高效实用，可以快速方便地与其他软件结合工作，最大限度地减少结构工程师的重复劳动。掌握上述专业软件后，土木建筑人员可以基本解决目前工程设计实践中遇到的绝大部分问题。

在本书编写过程中，参考并引用了大量的公开出版和发表的文献，在此谨向原编著者表示衷心的感谢。本书2012年12月第1版出版，经过6年，土木建筑软件发展和应用进展很快，加之我们在教学中又有了新的认识和体会，遂对第1版进行修订。

本书总体上仍保持五章的内容，将原第1版的"第1章 AutoCAD绘图软件常用命令介绍"扩充为"第1章 AutoCAD和天正建筑软件的基础知识"。增加"第2章 天正建筑软件在建筑施工图绘制中的应用"，去掉了原第1版"第5章 SAP2000计算分析软件功能及应用"。

本书可作为高等院校土木工程类和工程管理类专业的本、专科生及研究生的教材，也可作为土木建筑专业工程设计人员的参考书。

本教材为江苏高校优势学科建设工程资助项目，在此表示衷心的感谢。

由于作者水平所限，书中难免有疏漏和错误之处，敬请读者批评指正。

作者

2018年9月

前 言

目　录

第 1 章

AutoCAD 和天正建筑软件的基础知识

任务 1.1 AutoCAD 常用命令介绍

1.1.1 AutoCAD 软件功能

AutoCAD 英文全称为 Auto Computer Aided Design，是由美国 Autodesk 公司开发的集二维绘图、设计文档和三维设计为一体的计算机辅助设计软件。自 20 世纪 80 年代以来，随着计算机应用与工程设计技术的迅猛发展，AutoCAD 软件连续推出更新版本，得到不断的丰富与完善，广泛应用于建筑、机械、测绘、航空、汽车、船舶等诸多行业，成为当前工程师设计绘图的重要工具和得力助手。

1.1.2 AutoCAD 软件基本操作界面

1. AutoCAD 基本操作界面

AutoCAD 基本操作界面如图 1.1 所示。

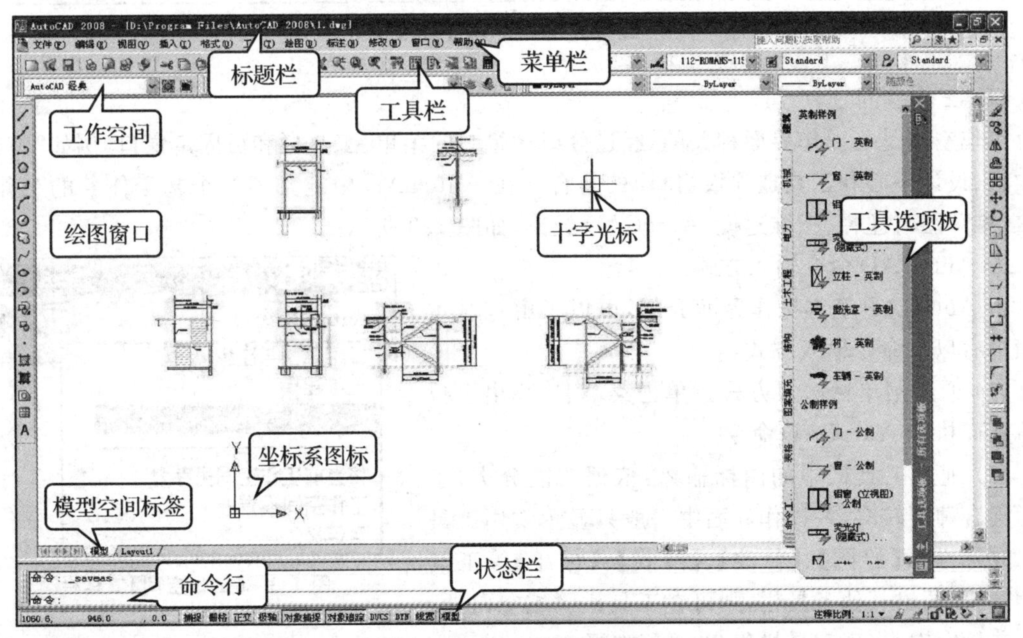

图 1.1 AutoCAD 操作界面

(1) 标题栏

操作界面顶端为标题栏，左侧显示软件的版本和图形所在的路径名称，右侧按钮分别为窗口最小化按钮、还原/最大化按钮、关闭按钮。

(2) 菜单栏

菜单栏位于操作界面上部，AutoCAD 界面中包含 11 个菜单项，可单击菜单名，弹出下拉菜单从而执行 AutoCAD 命令。其中，用黑色字符标明的菜单项为有效菜单项；用灰色字符标明的菜单项表示该菜单暂时不可用，必须符合某个条件才能使用。若选择的菜单项后面标有“…”，则会打开 AutoCAD 的某个对话框，可以让用户直观地执行命令。

(3) 绘图窗口

操作界面中心区域为绘图窗口，是用户绘制图形的区域，在此用户可以创建二维和三维图形、编辑图形、输入文本、标注尺寸等。绘图窗口内有一个十字线，其交点反映当前光标的位置，称为十字光标，它主要用于绘图、选择对象等操作。窗口内有坐标系图标，指示图形坐标与观察位置。

(4) 工具栏

工具栏是由一组常用的命令以图标形式显示的集合，通常按照执行相关或类似任务的命令进行组合。

(5) 命令行

命令行位于绘图窗口下方，显示 AutoCAD 命令、系统变量等信息，同时记录命令执行历史，用户可通过[F2]键在文本窗口和命令窗口之间切换。

(6) 状态栏

状态栏(图 1.2)位于命令提示行下面，用来反映当前的绘图状态，包括坐标位置、捕捉、栅格、正交、极轴、对象捕捉、对象追踪、线宽、模型等。

图 1.2　AutoCAD 状态栏

(7) 工作空间

工作空间是与操作界面相关的，经过分组和组织的菜单、工具栏和可固定窗口(例如“特性”选项板、设计中心和工具选项板窗口)的集合。在 AutoCAD 中定义了 3 个基于任务的工作空间，二维草图与注释、三维建模、AutoCAD 经典，如图 1.3 所示。

2. AutoCAD 命令输入方式

由 AutoCAD 基本操作界面介绍，可以了解在基本界面中有以下命令输入方式：

(1) 通过菜单栏输入方式。单击菜单名，弹出下拉菜单从而执行 AutoCAD 命令。

(2) 通过工具栏中的图标输入：依据功能分类，工具栏集合种类较多，在操作界面中一般只显示常用工具栏，如【标准】、【绘图】、【修改】、【样式】、【标注】等工具栏，若需要调出其他工具栏，则可在工具栏区域空白处，单击鼠标右键，出现工具栏集合，进行选择。

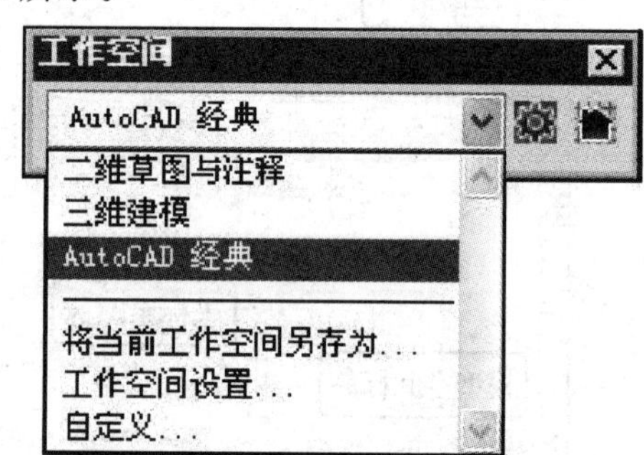

图 1.3　【工作空间】工具栏

(3) 通过命令行输入：当需要执行命令时，在命令提示行光标提示处输入命令即可，命令的输入不区分字母大小写。在与 AutoCAD 的交互操作过程中，应关注命令行的提示信息。当提示命令中出现方括号[ ]，此为命令的可选项，在执行过程中可输入可选项对应的字母即可选中；当提示命令中出现尖括号〈〉，则意为命令的默认值，可直接按下[Enter]键表示接受此值。

1.1.3　AutoCAD 启动、退出与文件管理

1. 启动 AutoCAD

AutoCAD 的启动可以通过以下 3 种方式：

(1) 双击 Windows 桌面上的 AutoCAD 软件快捷方式启动。

(2) 单击 Windows 系统【开始】按钮，选择【所有程序】→【Autodesk】→【AutoCAD2014】启动。

(3) 双击已建立的 AutoCAD 图形文件启动，如：。

2. AutoCAD 文件管理

在使用 AutoCAD 绘图之前，应先掌握 AutoCAD 文件的管理方法，以便建立与管理图形文件。在 AutoCAD 软件中，与图形文件管理相关的常用命令包括：新建、打开、保存、另存为、关闭命令等。

(1) 新建图形文件

菜单栏：【文件】→【新建】。

工具栏：【标准】工具栏中按钮。

命令行：NEW。

(2) 打开图形文件

菜单栏：【文件】→【打开】。

工具栏：【标准】工具栏中按钮。

命令行：OPEN。

图 1.4　选择文件对话框

命令执行后，显示如图 1.4 所示选择文件对话框。用户可在指定路径中选定需要打开的图形文件，在对话框右侧的预览区域可显示该图形的预览图像以方便选择对象。确定选择对象后，单击“打开”按钮以打开图形，默认情况下打开文件类型为图形(*.dwg)文件。

(3) 保存图形文件

菜单栏：【文件】→【保存】。

工具栏：【标准】工具栏中按钮。

命令行:QSAVE。

如果当前图形已被命名,AutoCAD将用指定的文件格式以原文件名及原路径下保存该图形。如果图形未命名,将显示如图1.5所示的图形另存为对话框,并以用户指定的名称、路径和格式保存该图形。

(4) 图形文件另存为

菜单栏:【文件】→【另存为】。

命令行:SAVE AS。

执行命令后,显示如图1.5所示的"图形另存为"对话框,可进行图形文件备份,如更新图形名称、更改保存路径以及文件类型等。

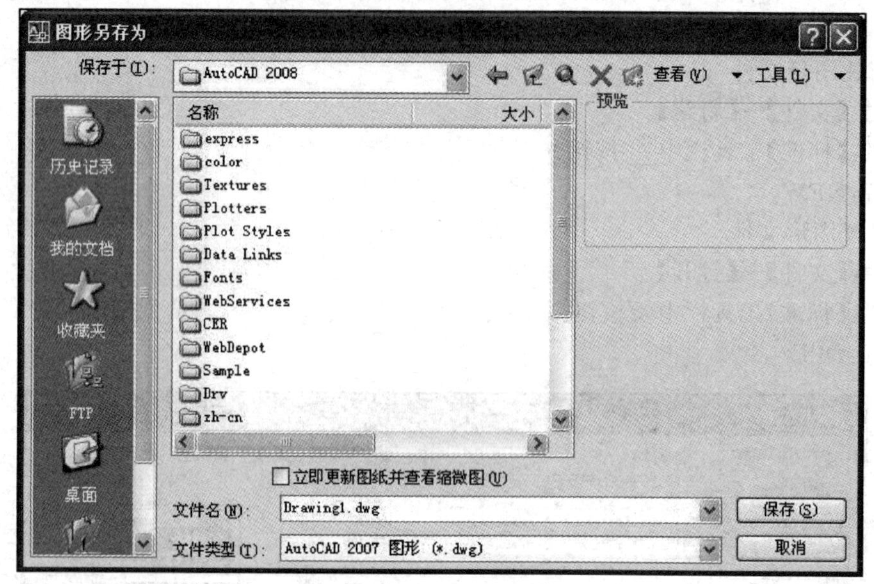

图1.5 图形另存为对话框

(5) 关闭图形文件

菜单栏:【文件】→【关闭】。

工具栏:单击当前文件窗口右上角×按钮。

命令行:CLOSE。

执行该命令后,若当前图形文件在进行修改后尚未保存,则AutoCAD会显示如图1.6所示的提示对话框:单击"是"按钮,则AutoCAD将保存修改后的图形并关闭;单击"否"按钮,则AutoCAD将直接关闭图形,即用户放弃修改,原保存图形不变。

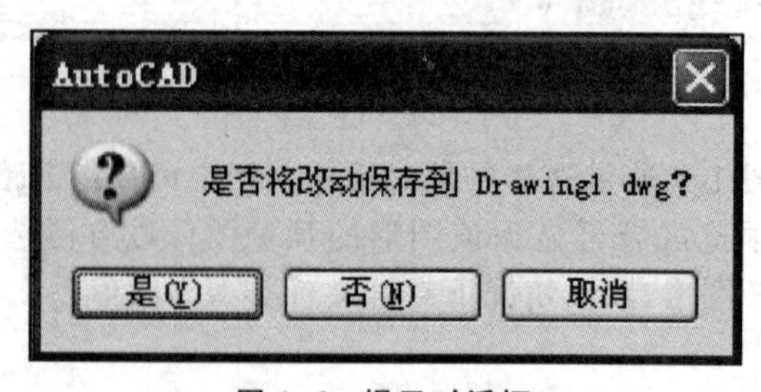

图1.6 提示对话框

3. 退出 AutoCAD

当结束使用 AutoCAD 软件时，可以选择以下方式退出：

（1）菜单栏：【文件】→【退出】。

（2）单击标题栏最右端的按钮。

（3）单击标题栏最左端的，在弹出的快捷菜单中选择“关闭”命令。

（4）命令行：QUIT 或 EXIT。

任务 1.2　AutoCAD 绘图基本设置与操作

1.2.1　AutoCAD 绘图环境设置

AutoCAD 操作界面的多个组成部分均可以根据用户的需要进行设置或调整，使其符合用户的操作习惯。通过选择菜单栏【工具】→【选项】，在【显示】选项卡中设置图形窗口颜色、十字光标大小，在【草图】选项卡中设置自动捕捉标记与靶框大小等。可以自定义用户界面，锁定工具栏和工具选项板，保存为自定义的工作空间。可以根据需要设置绘图区域以及绘图单位。

1. 设置绘图区域

在 AutoCAD 中，绘图区域可视为无限大，因此为方便准确快速绘图，一般按照 1∶1 的比例进行图样绘制，可减少繁琐的比例换算，待图样完成后，按适当的比例打印输出到标准图纸即可。若用户在图形绘制过程中对绘图区域有所限制，如要求将图样绘制在 A1 图纸上，则可对绘图区域进行设置。

菜单栏：【格式】→【图形界限】。

命令行：LIMITS。

※※训练 1：设置 A1 横式图纸的绘图区域。

命令：LIMITS　　//启动图形界限命令

重新设置模型空间界限：

指定左下角点或[开(ON)/关(OFF)]〈0.0000,0.0000〉：　　//按[Enter]键接受默认值

指定右上角点〈297.0000,210.0000〉：841,594　　//设置 A1 横式图纸尺寸

选择菜单栏【视图】→【缩放】→【全部】选项，此时在绘图区域观察到的栅格显示范围即为设置的图形界限。

2. 设置绘图单位

AutoCAD 创建的所有对象都是根据图形单位进行测量的。开始绘图前，必须基于要绘制的图形确定一个图形单位代表的实际大小。包括线性单位、角度单位等。

菜单栏：【格式】→【单位】。

命令行：UNITS。

启用命令后，弹出如图 1.7 所示的图形单位对话框，可分别设置长度与角度的单位格式和精度等。

1.2.2　AutoCAD 基本操作

1. 选择对象

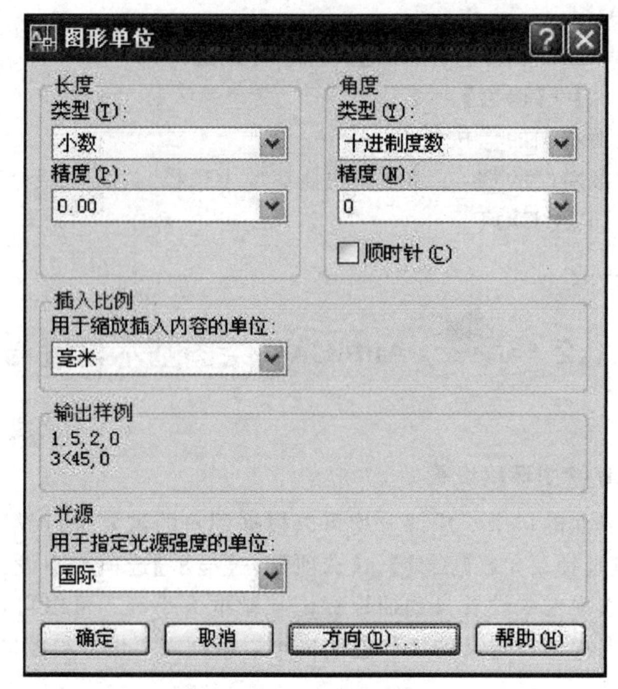

图 1.7　图形单位对话框

(1) 点选对象

在 AutoCAD 中,在“选择对象”提示下,用户可以选择一个对象,也可以逐个选择多个对象构成当前选择集,这种方式称为“点选对象”。在绘图窗口内通过操作鼠标将矩形拾取框光标放在要选择对象的位置时,将亮显对象,单击鼠标左键可实现对象的点选,如图 1.8a 所示。按住[SHIFT]键并再次选择对象,可以将已选对象从当前选择集中删除。

若遇到选择彼此接近或重叠的对象的情况,如图 1.8b 所示,尽可能接近要选择的对象,按住[SHIFT]+[空格]键组合键并单击以逐个在这些对象之间循环,直到选定所需对象。

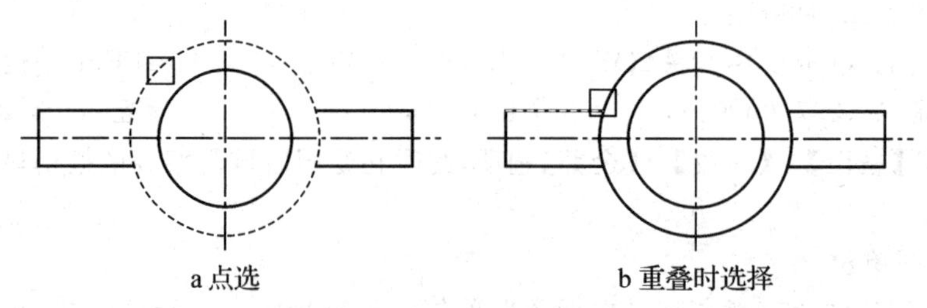

图 1.8　点选对象

(2) 指定矩形选择区域

在“选择对象”提示下,从第一点向对角点拖动光标方向,由对角点位置指定矩形选择区域,可实现多个图形对象的快速选择。注意从第一点向对角点拖动的方向不同,则当前选择集将不同:

① 窗口选择:如图 1.9 所示,从左向右拖动光标,选择区域以蓝色实线矩形窗口显示,则仅选择完全位于矩形区域中的对象,图元有任何一部分在窗口以外都不能被选中;

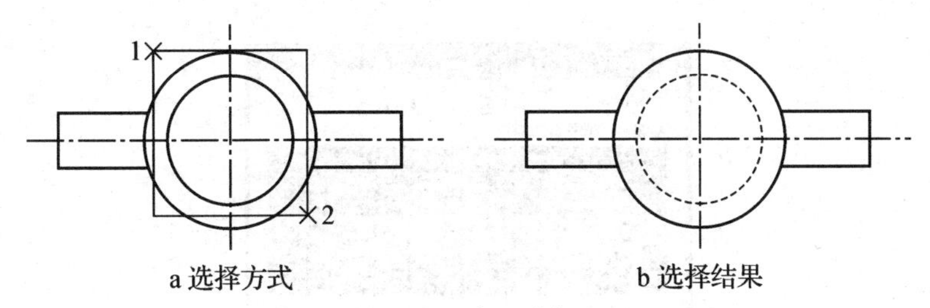

图1.9　窗口选择

② 交叉选择：如图1.10所示，从右向左拖动光标，选择区域以绿色虚线矩形窗口显示，则可选择包含在选择区域内以及与选择区域的边框相交叉的对象，即只要对象有任何一部分在窗口内均被选中。

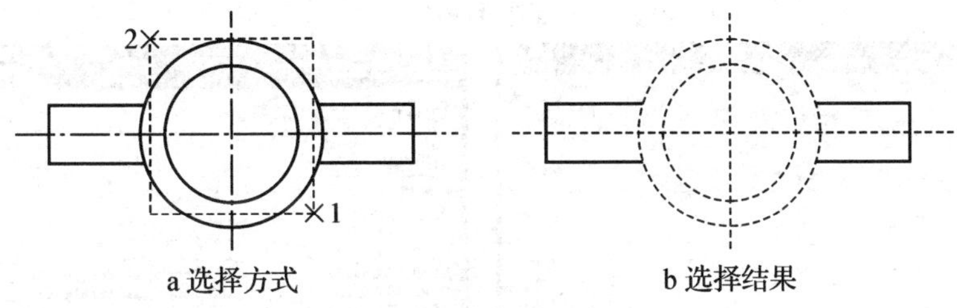

图1.10　交叉选择

2. 删除对象

菜单栏：【修改】→【删除】。

工具栏：【修改】工具栏中按钮。

命令行：ERASE或E。

启动该命令并选中要删除的图形对象即可删除。

3. 中断、撤消与重做命令

在命令的执行过程中，按下[Esc]键则可中断命令的执行。

撤消命令为U(仅一次)、UNDO(可多次)，或者单击【标准】工具栏中按钮。该命令可以用于放弃在绘图过程中出现的误操作，实现操作可逆。可以输入任意次U，每次后退一步，直到图形与当前编辑任务开始时一样为止。

重做命令可恢复上一次用UNDO或U命令放弃的效果。命令为REDO，或者单击【标准】工具栏中按钮。

1.2.3　AutoCAD图形管理

1. 特性工具栏

在AutoCAD中，图形对象具备颜色、线型、线宽等特性，可以利用【特性工具栏】(如图1.11)快速修改图形对象的特性。

图1.11　【特性工具栏】

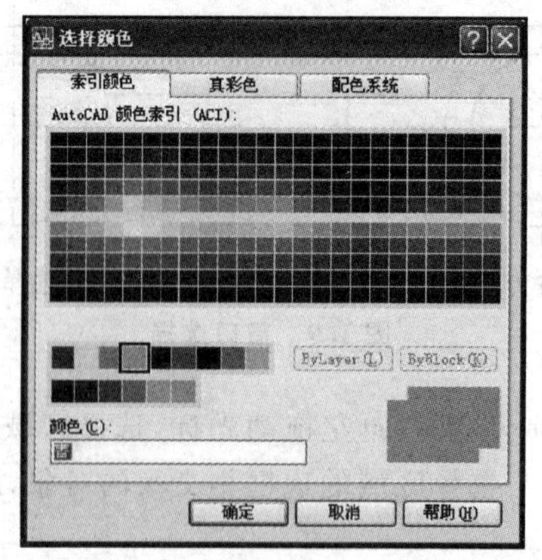

a 选择颜色

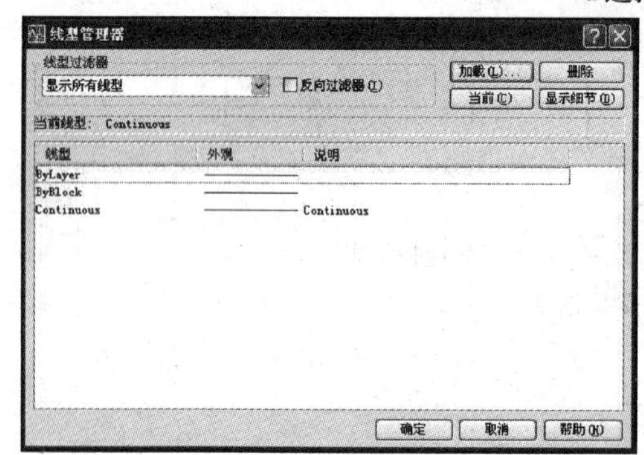

b 线型管理器

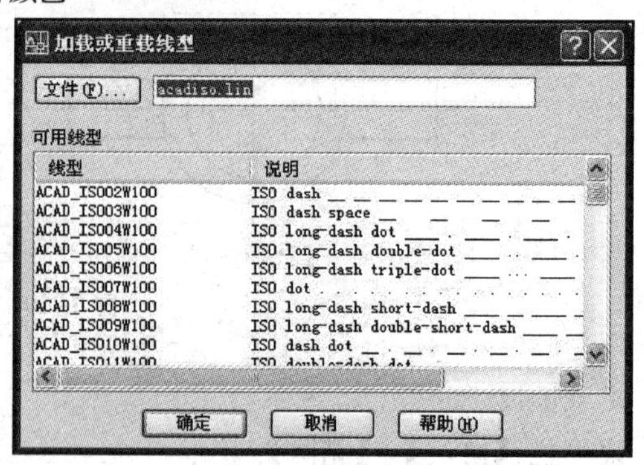

c 加载或重载线型

图 1.12　选择颜色线型

颜色、线型、线宽可以在下拉菜单中进行选择，也可以调出选择颜色对话框(图 1.12a)及线型管理器(图 1.12b)，其中“显示细节”中，可以调整不连续线型的显示比例，需要的线型还可以进行“加载”，将弹出图 1.12c 对话框进行选择。

2. 图层管理

利用【特性工具栏】修改对象特性较为方便快捷，但对于复杂图形，不利于整体管理组织。在 AutoCAD 中，图纸是用来有效管理图形元素的主要组织工具。可以使用图层将图形元素根据线型、颜色、线宽等信息进行分层管理，各图层叠加即形成一张完整的图纸。

(1) 开启图层管理

菜单栏:【格式】→【图层】。

工具栏:【图层】工具栏中按钮。

命令行:LAYER 或 LA。

命令启用后，弹出图层特性管理器对话框，如图 1.13 所示。

在图层特性管理器中，可以对图层进行管理：

① 新建图层:在 AutoCAD 中，0 层为缺省层，默认图形均创建在当前的 0 层上，不利于图形管理，因此很有必要新建图层。

点击新建图层按钮，在管理器图层列表中找到新建的图层，默认名称为“图层 1”。可根据需要修改图层名称;可弹出选择颜色(图 1.12a)、选择线型(图 1.14);选择线宽(图 1.14)对话框等。

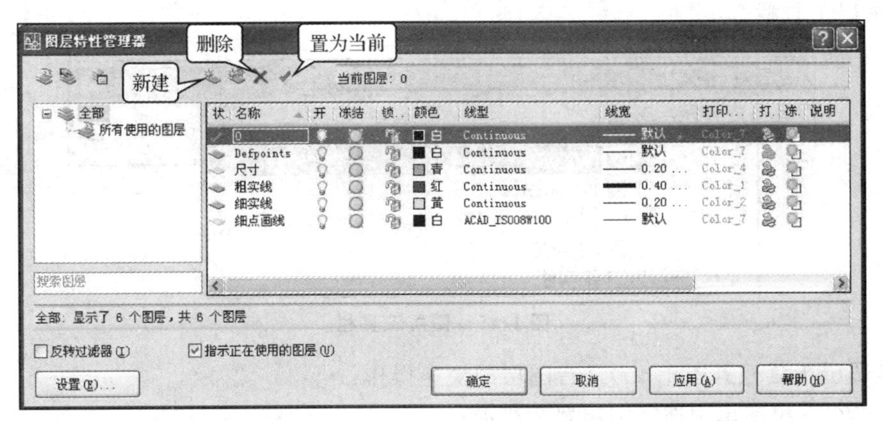

图 1.13　图层特性管理器对话框

在图 1.13 中，新建的“粗实线”层：颜色红，连续线型，线宽 0.4，若将图形文件中粗实线均置于本图层中，则粗实线将具备相同的特性，可以进行统一的特性调整修改。

注意，若选择某已有图层使其高亮显示，则其后新建的图层将继承该图层的设置，这一功能有利于建立相近的图层，提高创建图层的效率。

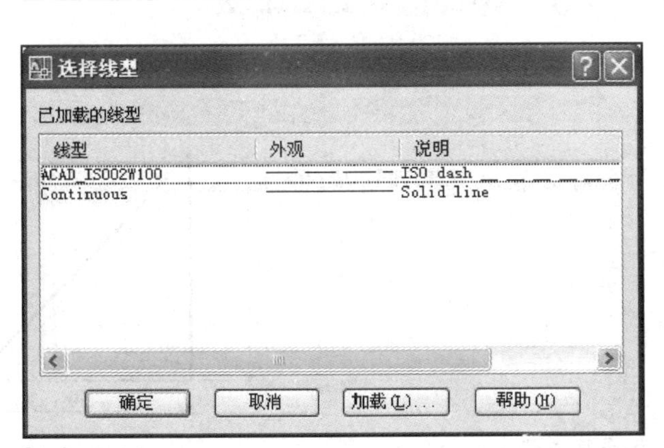

图 1.14　选择线型与线宽

② 置为当前：由于当前工作的图层有且只能有一个，因此在绘制不同组别的图形时，要进行当前工作图层的转换，在图层特性管理器中，点击置为当前按钮，可使某一图层处于当前工作状态。

③ 删除图层：删除图层时注意不可删除 0 层、当前图层和外部参照图层以及被引用的图层（包含对象的图层），系统将给出相应提示。

④ 图层状态

开/关：控制选定图层可见性。关闭图层，则该图层对象不可见，不可编辑，不可打印。

冻结/解冻：冻结将控制选定图层不可见，不可重生成，不可打印。

锁定/解锁：锁定将不可编辑选定图层上的对象，但可见，可向该图层添加新对象，可打印。

在应用过程中，可利用控制若干图层可见性进行编辑修改。

(2) 图层工具栏

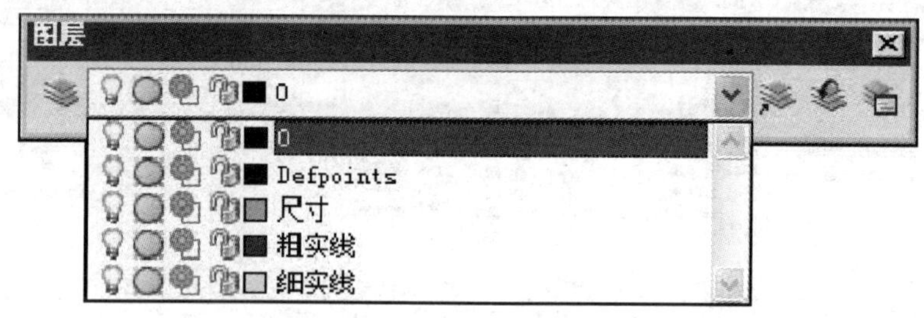

图 1.15　图层工具栏

利用【图层工具栏】(图 1.15)进行图层的快速操作:

① 直接在下拉菜单中选择图层置为当前;

② 选择图形对象,查看对象所在图层,当点击"将对象的图层置为当前"按钮,可直接更改当前图层;

③ 选择图形对象,点击图层,可更改图形对象归属图层,按[Esc]键退出;

④ 可直接修改图层状态。

任务 1.3　AutoCAD 常用绘图命令

1.3.1　绘制线段

在 AutoCAD 中,绘制直线(LINE)命令可以创建一系列连续的独立线段。

1. 命令启动

菜单栏:【绘图】→【直线】。

工具栏:【绘图】工具栏中 ∕ 按钮。

命令行:LINE 或 L。

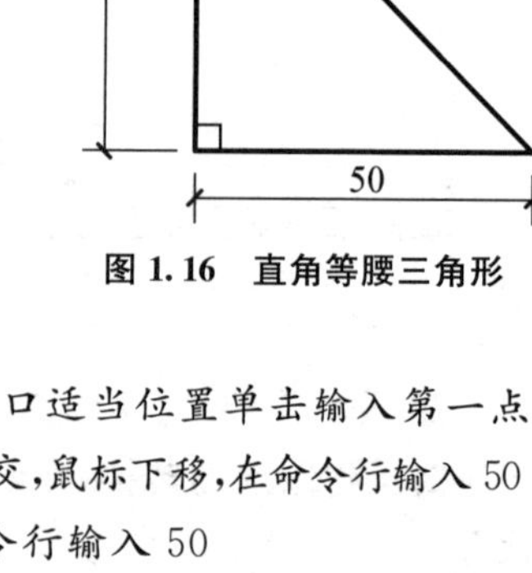

图 1.16　直角等腰三角形

※※训练 2:绘制如图 1.16 所示直角等腰三角形。

命令:LINE　　//启动直线命令

指定第一点:　　//鼠标左键在绘图窗口适当位置单击输入第一点

指定下一点或[放弃(U)]:〈正交 开〉50　　//按下[F8]键,开启正交,鼠标下移,在命令行输入 50

指定下一点或[放弃(U)]:50　　//鼠标右移,并在命令行输入 50

指定下一点或[闭合(C)/放弃(U)]:C　　//在命令行输入 C,闭合三角形

2. 命令选项

放弃(U):删除最近绘制的线段。多次输入 U 则按绘制次序的逆序逐个删除线段。

闭合(C):闭合一系列线段,将最后一条线段与第一条线段连接起来。

绘制直线(LINE)命令可以绘制一系列连续的独立线段,以按下[Enter]键或者闭合(C)结束;若要以最近绘制的直线的端点为起点绘制新的直线,可再次启动直线(LINE)命令,在出现"指定起点"提示后按下[Enter]键。

1.3.2　精确绘图

当 AutoCAD 命令执行过程中需要输入指定点信息时，用户可以直接利用鼠标在绘图窗口取点，这种方式简便快捷，但不适于精确绘图。当要求精确指定点位置时，可以通过以下三种方式：

1. 指定距离

可以通过移动光标指示方向然后输入距离来指定点。当"正交"模式或极轴追踪打开时，使用此方法绘制指定长度和方向的直线，以及移动或复制对象等在 AutoCAD 中会经常使用。在训练 1 中，绘制两直角边时，两边分别位于垂直与水平位置，故以正交模式＋指定距离相结合的方式可精确定位。

2. 输入精确坐标值

在 AutoCAD 中，可通过输入绝对、相对直角坐标或极坐标确定对象在图形中的精确位置。当提示需要输入点时，在命令行中输入点的坐标值，然后按下[Enter]键表示输入完成。

(1) 二维直角坐标

① 绝对二维直角坐标：X,Y

在二维直角坐标系中，绝对坐标是以 AutoCAD 坐标系原点为基点，以 X,Y 表示相对于坐标系原点(0,0)的距离(以单位表示)及其方向(以正或负表示)。

② 相对二维直角坐标：@X,Y

在二维直角坐标系中，相对坐标是基于上一输入点的距离及方向。如果知道某点与前一点的位置关系，可以使用相对坐标。

(2) 极坐标

① 绝对极坐标：$L<\alpha$

绝对极坐标是以 AutoCAD 坐标系原点为基点，原点(0,0)开始测量，以 $L<\alpha$ 表示相对于坐标系原点(0,0)的距离 L 及角度 α。默认情况下，角度按逆时针方向为正，按顺时针方向为负。

② 相对极坐标：@$L<\alpha$

相对极坐标是基于上一输入点的距离及角度。如果知道某点与前一点的相对距离与角度关系，可以使用相对极坐标。

※※ 训练 3：绘制如图 1.17 所示折线。

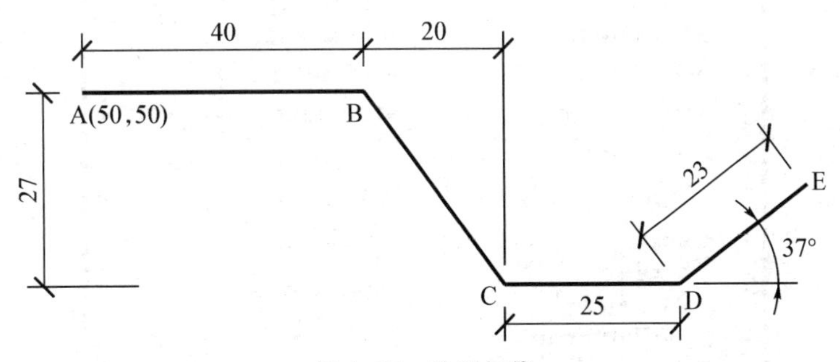

图 1.17　绘制折线

```
命令:LINE                               //启动直线命令
指定第一点:50,50                        //输入 A 点绝对直角坐标 50,50
指定下一点或[放弃(U)]:@40,0             //输入 B 点相对直角坐标@40,0
指定下一点或[放弃(U)]:@20,-27           //输入 C 点相对直角坐标@20,-27
```

指定下一点或[闭合(C)/放弃(U)]:@25,0　　　　//输入 D 点相对直角坐标@25,0
指定下一点或[闭合(C)/放弃(U)]:@23<37　　　//输入 E 点相对极坐标@23<37
指定下一点或[闭合(C)/放弃(U)]:　　　　　　//按下[Enter]键结束绘制

3. 通过状态栏辅助绘图

(1) 正交模式

启用或关闭正交模式,可以通过按下功能键[F8]键,或按下状态栏【正交】按钮,或在状态栏【正交】按钮上单击右键,选择“开”或“关”选项,或在命令行中输入 ORTHO 命令。启用正交功能后,光标将在水平或垂直方向上移动,所绘直线平行于 X 轴或 Y 轴。该功能常用来绘制水平或垂直的直线。

(2) 栅格和捕捉

栅格是在绘图窗口显示点或线的矩阵,类似于在绘图区域布置一张坐标纸作为绘图的参考,其显示区域与绘图界限 LIMITS 命令设置相关。栅格不可打印。启用或关闭栅格,可以通过按下功能键[F7]键,或按下状态栏【栅格】按钮,或在状态栏【栅格】按钮上单击右键,选择“开”或“关”选项。

捕捉可用于限制十字光标,使其按照用户定义的间距移动。当“捕捉”模式打开时,光标似乎附着或捕捉到不可见的点。启用或关闭捕捉,可以通过按下功能键[F9]键,或按下状态栏【捕捉】按钮,或在状态栏【捕捉】按钮上单击右键,选择“启用栅格捕捉”或“关”选项。默认情况下捕捉类型为“栅格捕捉”→“矩形捕捉”。

栅格与捕捉模式的设置可通过以下方式打开,如图 1.18 所示对话框。

菜单栏:【工具】→【草图设置】→【捕捉】、【栅格】选项卡。

状态栏:按下【捕捉】或【栅格】按钮,单击右键,选择“设置”选项。

命令行:SNAP(捕捉)、GRID(栅格)。

注意,栅格和捕捉模式是相互独立的,若想捕捉到栅格点,可将捕捉间距与栅格间距设置相同。

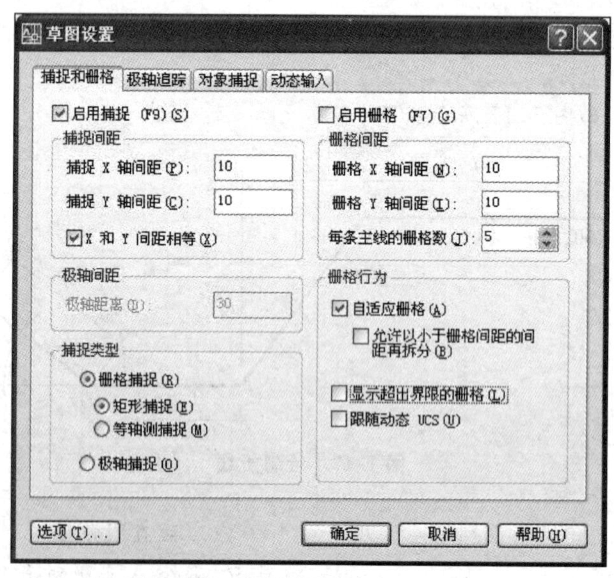

图 1.18　捕捉和栅格设置对话框

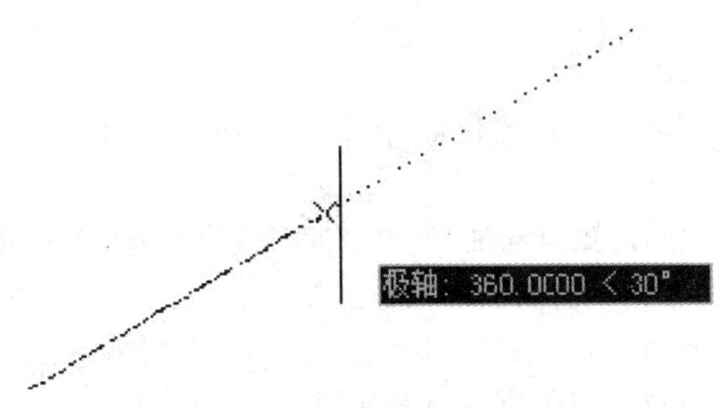

图 1.19 极轴追踪与极轴捕捉

(3) 极轴追踪与极轴捕捉

使用极轴追踪，光标将按指定角度进行移动。如图 1.19，创建线段时，指定第一点后，可以使用极轴追踪以显示由指定的极轴角度所定义的临时对齐路径(虚线)以确定下一点位置。启用或关闭极轴追踪，可以通过按下功能键[F10]键，或按下状态栏【极轴】按钮，或在状态栏【极轴】按钮上单击右键，选择“开”或“关”选项。

极轴追踪的设置可通过以下方式打开如图 1.20 所示对话框。

菜单栏:【工具】→【草图设置】→【极轴追踪】选项卡。

状态栏:按下【极轴】按钮，单击右键，选择“设置”选项。

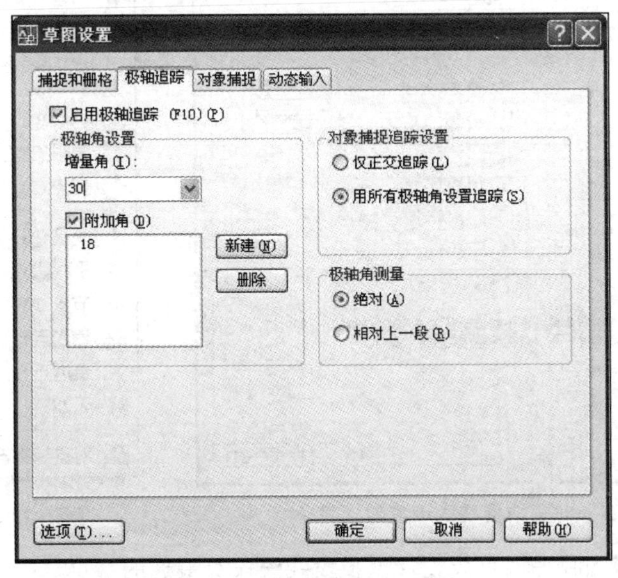

图 1.20 极轴追踪设置对话框

若极轴角设置为 30 度，则极轴追踪将沿着 30 度的整数倍增量进行追踪，如 60 度，90 度，120 度等;可以指定附加角，但附加角为特定的，如附加角设置为 18 度，则只追踪 18 度，不会按增量追踪。

使用极轴捕捉，光标将沿极轴角度按指定增量进行移动。启用或关闭极轴捕捉，可以通过在状态栏【捕捉】按钮上单击右键，选择“启用极轴捕捉”选项。其设置可通过打开图 1.18 捕捉与栅格设置对话框，捕捉类型为“极轴捕捉”，设置极轴距离即可，将追踪到设置距离的整数倍。如图 1.19，创建线段时，指定第一点后，由极轴追踪与极轴捕捉配合，可快速确定沿 30 度，距离

120 的整数倍位置。

(4) 对象捕捉与对象追踪

使用对象捕捉可指定对象上的精确位置，例如，圆心或线段中点等。对象捕捉分为自动捕捉与单点捕捉。

① 自动捕捉：启用或关闭对象自动捕捉，可以通过按下功能键[F3]键，或按下状态栏【对象捕捉】按钮，或在状态栏【对象捕捉】按钮上单击右键，选择“开”或“关”选项。使用自动捕捉时，当光标移到对象的捕捉位置时，可自动显示标记和提示，指示哪些对象捕捉可以使用。

对象捕捉模式的设置可通过以下方式打开如图 1.21 所示对话框。

菜单栏：【工具】→【草图设置】→【对象捕捉】选项卡。

状态栏：按下【对象捕捉】按钮，单击右键，选择“设置”选项。

命令行：OSNAP。

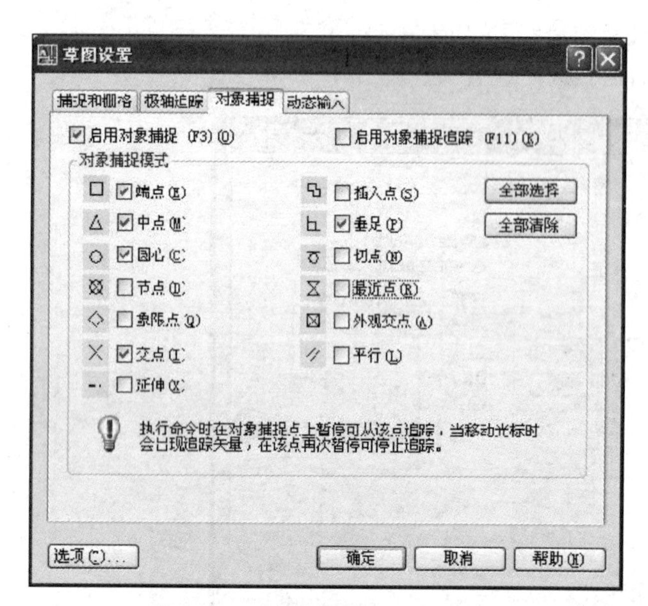

图 1.21　对象捕捉模式设置对话框

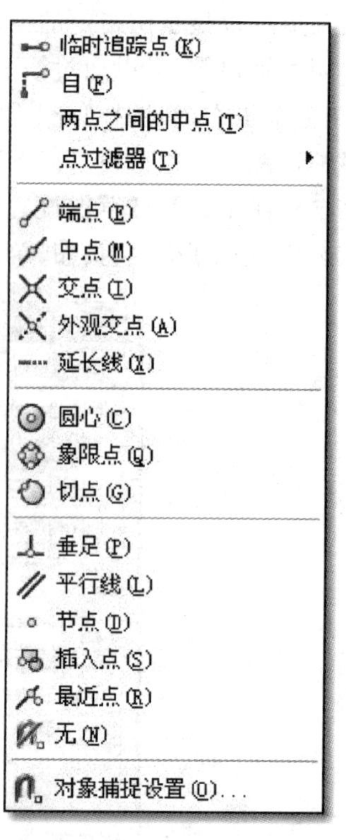

图 1.22　单点捕捉

端点：捕捉到圆弧、椭圆弧、直线、多线、多段线线段等最近的端点。

中点：捕捉到圆弧、椭圆、椭圆弧、直线、多线、多段线线段等中点。

圆心：捕捉到圆、圆弧、椭圆、椭圆弧的圆心。

节点：捕捉到点对象、标注定义点或标注文字起点。

象限点：捕捉到圆弧、圆、椭圆或椭圆弧的象限点。

交点：捕捉到两图形对象的交点。

延伸：当光标经过对象的端点时，显示临时延长线或圆弧，可在延长线或圆弧上指定点。

插入点：捕捉到属性、块、形或文字的插入点。

垂足：捕捉圆弧、圆、椭圆、椭圆弧、直线、多段线等垂足。

切点:捕捉到圆弧、圆、椭圆、椭圆弧或样条曲线的切点。

最近点:捕捉到圆弧、圆、椭圆、椭圆弧、直线、多段线等的最近点。

外观交点:捕捉到不在同一平面但是看起来在当前视图中相交的两个对象的外观交点。

平行:将直线段、多段线线段、射线或构造线限制为与其他线性对象平行。

② 单点捕捉:单点捕捉是在需要指定点时,选择一个特定的捕捉点。调用方法:按住[SHIFT]键并单击鼠标右键,将在光标位置显示快捷的对象捕捉菜单,如图 1.22 所示。

对象追踪是指在对象捕捉打开的前提下,以对象捕捉点作为基准点进行指定角度追踪,其指定角度是指沿正交方向或沿极轴追踪设置的角度。启用或关闭对象追踪,可以通过按下功能键[F11]键,或通过打开图 1.21 对象捕捉模式设置对话框,勾选“启用对象捕捉追踪”,并且打开图 1.20 极轴追踪设置对话框,进行对象捕捉追踪设置。

※※训练 4:综合应用精确绘图工具绘制如图 1.23 所示图形。

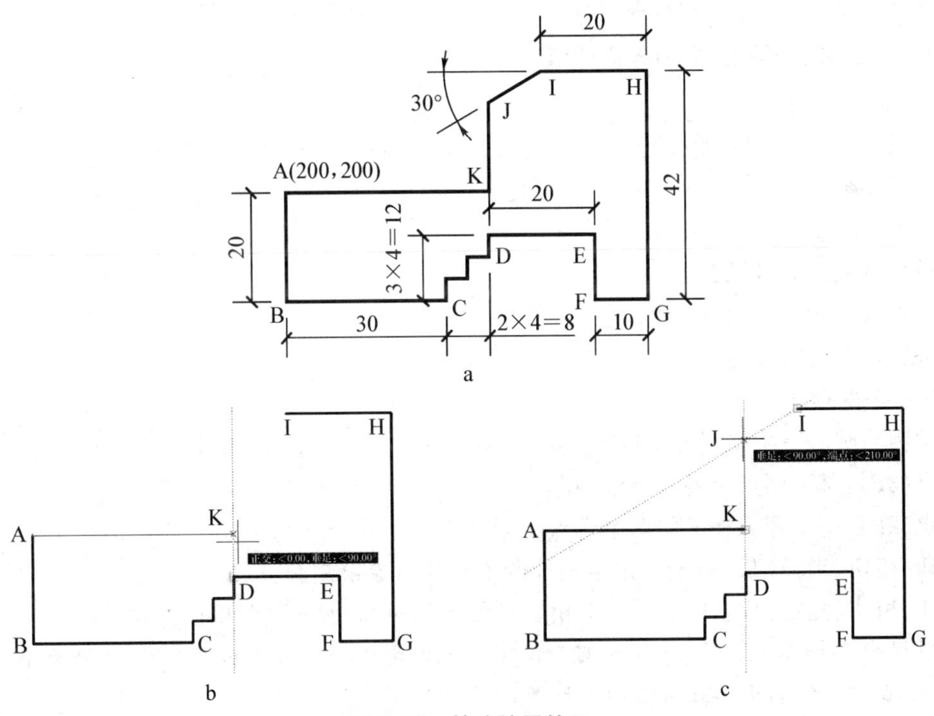

图 1.23　精确绘图练习

命令:LINE	//启动直线命令
指定第一点:200,200	//输入 A 点绝对直角坐标 200,200
指定下一点或[放弃(U)]:〈正交开〉20	//B 点:打开正交模式,鼠标下移,输入距离 20
指定下一点或[放弃(U)]:30	//C 点:鼠标右移,输入距离 30
指定下一点或[闭合(C)/放弃(U)]:	//D 点:开启极轴追踪,设置极轴捕捉距离 4
指定下一点或[闭合(C)/放弃(U)]:〈正交开〉20	//E 点:打开正交模式,鼠标右移,输入距离 20
指定下一点或[闭合(C)/放弃(U)]:12	//F 点:鼠标下移,输入距离 12

指定下一点或[闭合(C)/放弃(U)]:10　　　　//G 点:鼠标右移,输入距离 10
指定下一点或[闭合(C)/放弃(U)]:42　　　　//H 点:鼠标上移,输入距离 42
指定下一点或[闭合(C)/放弃(U)]:20　　　　//I 点:鼠标左移,输入距离 20
指定下一点或[闭合(C)/放弃(U)]:　　　　//按下[Enter]键结束
命令:LINE 指定第一点:　　　　//按下[空格]键重复 LINE,选择 A
指定下一点或[放弃(U)]:　　　　//开启对象捕捉追踪,捕捉 D 点,由追踪得 K(图 1.23b)
指定下一点或[放弃(U)]:〈正交关〉　　　　//开启极轴追踪,由 K 得追踪路径 1,对象捕捉追踪 I 点,得追踪路径 2,2 条路径交点得 J(图 1.23c)
指定下一点或[闭合(C)/放弃(U)]:　　　　//选择 I 点
指定下一点或[闭合(C)/放弃(U)]:　　　　//按下[Enter]键结束

1.3.3 绘制圆、圆弧、椭圆与椭圆弧

1. 绘制圆

在 AutoCAD 中,可通过指定圆心、半径、直径、圆周上的点和其他对象上的点的不同组合方式创建圆。

(1) 命令启动

菜单栏:【绘图】→【圆】。

工具栏:【绘图】工具栏中按钮。

命令行:CIRCLE 或 C。

(2) 命令选项

指定圆的圆心→指定圆的半径或[直径(D)]:基于圆心和直径(或半径)绘制圆。

三点(3P):基于圆周上的三点绘制圆。

两点(2P):基于圆直径上的两个端点绘制圆。

相切、相切、半径(T):基于指定半径和两个相切对象绘制圆。

相切、相切、相切:基于指定和三个相切对象绘制圆,只能通过菜单栏方式启动。

※※训练 5:绘制如图 1.24 所示圆形。图 1.24a 要求绘制与已知两直线,半径为 15 的相切圆,图 1.24b 要求绘制已知三角形的内切圆。

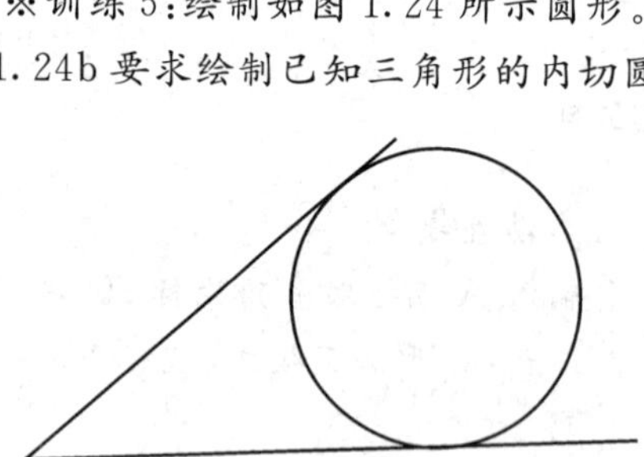

a　　　　b

图 1.24　绘制相切圆

命令:CIRCLE　　　　//启动圆命令绘制 a 图
CIRCLE 指定圆的圆心或[三点(3P)/两点(2P)/相切、相切、半径(T)]:t

//选择相切、相切、半径

指定对象与圆的第一个切点：

指定对象与圆的第二个切点：　//分别选择两条直线

指定圆的半径:15　//输入 15,按[Enter]键

命令:_circle 指定圆的圆心或[三点(3P)/两点(2P)/相切、相切、半径(T)]:_3p

指定圆上的第一个点:_tan 到　//由菜单栏启动圆命令绘制 b 图,选择相切、相切、相切

指定圆上的第二个点:_tan 到

指定圆上的第三个点:_tan 到　//依次选择三条边

2. 绘制圆弧

在 AutoCAD 中,可通过指定圆心、端点、起点、半径、角度、弦长和方向值的各种组合形式创建圆弧,如图 1.25 所示。

图 1.25　绘制圆弧选项

(1) 命令启动

菜单栏:【绘图】→【圆弧】。

工具栏:【绘图】工具栏中按钮。

命令行:ARC 或 A。

(2) 命令选项

通过指定三点绘制圆弧:指定圆弧起点,第二点、端点绘制圆弧。

除第一种方法外,其他方法都是从起点到端点逆时针绘制圆弧。

1.3.4　绘制多段线、矩形、正多边形

1. 绘制多段线

多段线是作为单个对象创建的由等宽或不等宽的直线或圆弧相互连接构成的特殊线段。

(1) 命令启动

菜单栏:【绘图】→【多段线】。

工具栏:【绘图】工具栏中按钮。

命令行:PLINE 或 PL。

(2) 命令选项

指定起点→指定下一个点:默认选项,以当前线宽绘制直线段。

可选择设置具有特殊要求的参数:

圆弧(A):绘制圆弧线段时,以前一条线段的端点为起点,可指定圆弧的角度、圆心、方向或半径、弧线段的弦长。或通过指定中间点和端点绘制圆弧。

关闭(C):绘制闭合多段线。

半宽(H)/宽度(W):可以依次设置每条线段的两端宽度,可实现宽度渐变或绘制各种宽度的多段线。

2. 编辑多段线

多段线有其自身的编辑命令,可以合并多段线、调整多段线的曲率等。

(1) 命令启动

菜单栏:【修改】→【对象】→【多段线】。

命令行:PEDIT 或 PE。

(2) 命令选项

选择多段线或[多选(M)]:可输入 M,选择同时编辑多条多段线。

① 若选定对象非多段线,是直线或圆弧,则将显示提示,可将选定的对象转换为多段线。借此可将直线和圆弧合并为多段线。

② 若选定对象是多段线,则可进行如下编辑操作:

闭合(C):连接最后一条线段与第一条线段,闭合多段线。

合并(J):将直线、圆弧或原多段线合并至新多段线。

宽度(W):为整个多段线指定新的统一宽度。

编辑顶点(E):可对多段线顶点进行打断、插入、移动等操作。

拟合(F):以平滑的圆弧曲线拟合多段线的顶点。

样条曲线(S):以样条曲线拟合多段线的顶点。

非曲线化(D):拉直多段线的所有线段。

线型生成(L):以指定线型通过多段线顶点。

※※训练 6:绘制如图 1.26 所示多段线。

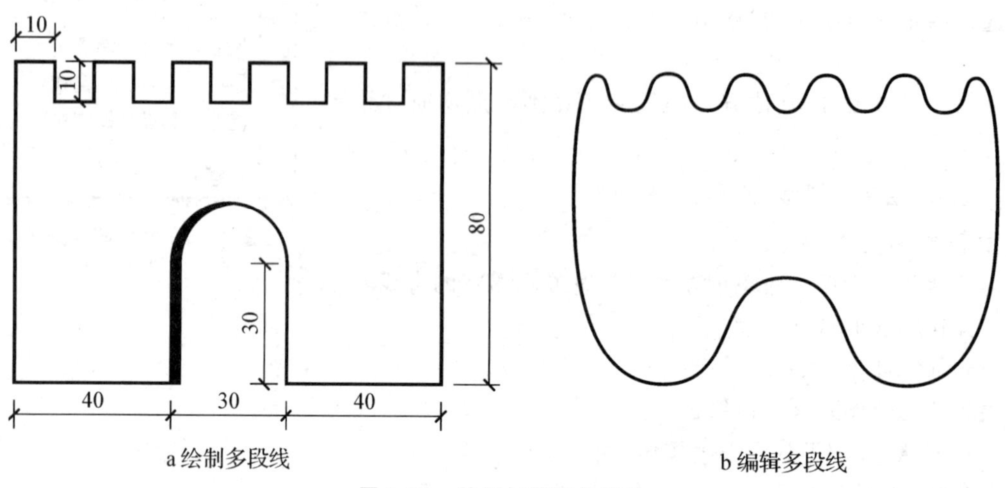

图 1.26　绘制与编辑多段线

命令:PLINE　　　　//启动多段线绘制 a 图

指定起点:

当前线宽为 0.00

指定下一点或[圆弧(A)/半宽(H)/长度(L)/放弃(U)/宽度(W)]:W

　　　　//设置线宽为 1

指定起点宽度〈0.00〉:1

指定端点宽度〈1.00〉:1

指定下一点或[圆弧(A)/半宽(H)/长度(L)/放弃(U)/宽度(W)]:40

指定下一点或[圆弧(A)/闭合(C)/半宽(H)/长度(L)/放弃(U)/宽度(W)]:W

　　　　//设置直线段线宽为 5

指定起点宽度〈1.00〉:5

指定端点宽度〈5.00〉:5

指定下一点或[圆弧(A)/闭合(C)/半宽(H)/长度(L)/放弃(U)/宽度(W)]:30

指定下一点或[圆弧(A)/闭合(C)/半宽(H)/长度(L)/放弃(U)/宽度(W)]:A

//圆弧段

指定圆弧的端点或[角度(A)/圆心(CE)/闭合(CL)/方向(D)/半宽(H)/直线(L)/半径(R)/第二个点(S)/放弃(U)/宽度(W)]:W

指定起点宽度〈5.00〉:5

指定端点宽度〈5.00〉:1　　//圆弧段线宽渐变

指定圆弧的端点或[角度(A)/圆心(CE)/闭合(CL)/方向(D)/半宽(H)/直线(L)/半径(R)/第二个点(S)/放弃(U)/宽度(W)]:30

指定圆弧的端点或[角度(A)/圆心(CE)/闭合(CL)/方向(D)/半宽(H)/直线(L)/半径(R)/第二个点(S)/放弃(U)/宽度(W)]:L　　//直线段

指定下一点或[圆弧(A)/闭合(C)/半宽(H)/长度(L)/放弃(U)/宽度(W)]:30

指定下一点或[圆弧(A)/闭合(C)/半宽(H)/长度(L)/放弃(U)/宽度(W)]:40

指定下一点或[圆弧(A)/闭合(C)/半宽(H)/长度(L)/放弃(U)/宽度(W)]:80

指定下一点或[圆弧(A)/闭合(C)/半宽(H)/长度(L)/放弃(U)/宽度(W)]:

//极轴追踪与极轴捕捉

……

指定下一点或[圆弧(A)/闭合(C)/半宽(H)/长度(L)/放弃(U)/宽度(W)]:C

命令:PEDIT

选择多段线或[多条(M)]:　　//选择已绘制多段线a

输入选项

[打开(O)/合并(J)/宽度(W)/编辑顶点(E)/拟合(F)/样条曲线(S)/非曲线化(D)/线型生成(L)/放弃(U)]:S　　//选择拟合,即得多段线b

3. 绘制矩形

AutoCAD中,可以创建矩形形状的闭合多段线。

(1) 命令启动

菜单栏:【绘图】→【矩形】。

工具栏:【绘图】工具栏中□按钮。

命令行:RECTANG或REC。

(2) 命令选项

指定第一个角点→另一个角点或[面积(A)/尺寸(D)/旋转(R)]:默认选项为使用指定的对角点创建矩形。可选输入面积、矩形长宽尺寸确定矩形大小,或者以指定的旋转角度创建矩形。

可选择设置参数:

倒角(C)/圆角(F):设置矩形的倒角距离或圆角半径。

标高(E):指定矩形的标高。

厚度(T):指定矩形的厚度。

宽度(W):指定绘制矩形线宽。

注意,在这里设置的参数在执行结束后将成为当前默认使用值。

4. 绘制正多边形

AutoCAD 可创建 3 边至 1 024 边的正多边形,亦为闭合多段线。

(1) 命令启动

菜单栏:【绘图】→【正多边形】。

工具栏:【绘图】工具栏中⬠按钮。

命令行:POLYGON 或 POL。

(2) 命令选项

输入侧面数:3 边至 1 024 边的正多边形。

→指定多边形的中心点→输入选项[内接于圆(I)/外切于圆(C)]→指定圆的半径:定义正多边形中心点,选择以内接圆或外切圆的方式确定正多边形。

或→边(E)→指定边的第一个端点→指定边的第二个端点:通过指定第一条边的端点来确定正多边形。

※※训练 7:绘制如图 1.27 所示图形。

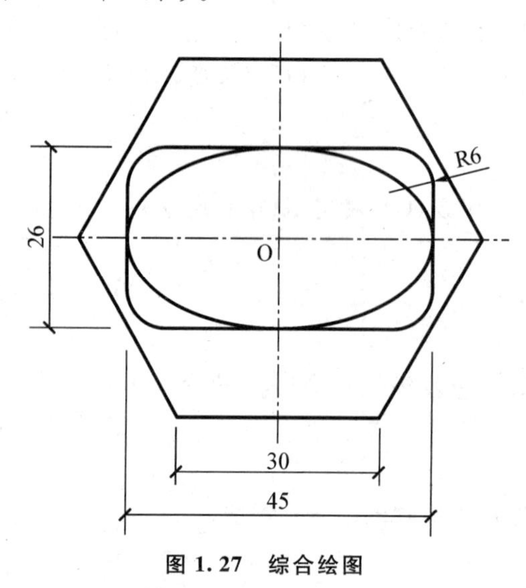

图 1.27 综合绘图

```
命令:L                                    //启动直线命令
LINE 指定第一点:                           //绘制图形对称中轴线
指定下一点或[放弃(U)]: 〈正交 开〉
指定下一点或[放弃(U)]:
命令:LINE 指定第一点:
指定下一点或[放弃(U)]:
指定下一点或[放弃(U)]:
命令:POL                                  //绘制正六边形
POLYGON 输入边的数目〈6〉:
指定正多边形的中心点或[边(E)]:             //选择对称中轴线交点 O
```

输入选项[内接于圆(I)/外切于圆(C)]〈I〉:
指定圆的半径:30
命令:REC　　　　　　　　　　　　　　//绘制矩形
RECTANG
指定第一个角点或[倒角(C)/标高(E)/圆角(F)/厚度(T)/宽度(W)]: F
　　　　　　　　　　　　　　　　　　//设置圆角半径
指定矩形的圆角半径〈0.00〉: 6
指定第一个角点或[倒角(C)/标高(E)/圆角(F)/厚度(T)/宽度(W)]: _from 基点:〈偏移〉: @－22.5,－13
　　　　　　　　　　　　　　　　　　//按下[Shift]键＋鼠标右键→"自(F)",选择交点 O,输入相对坐标
指定另一个角点或[面积(A)/尺寸(D)/旋转(R)]: @45,26
命令: EL　　　　　　　　　　　　　　//绘制椭圆
ELLIPSE
指定椭圆的轴端点或[圆弧(A)/中心点(C)]: //选择矩形宽边中点
指定轴的另一个端点:
指定另一条半轴长度或[旋转(R)]:　　　//选择矩形长边中点

1.3.5　面域与图案填充

1. 面域

面域是具有物理特性(例如形心或质量中心)的二维封闭区域。

(1) 面域的创建

将包含封闭区域的对象转换为面域对象。

菜单栏:【绘图】→【面域】。

工具栏:【绘图】工具栏中按钮。

命令行:REGION 或 REG。

通过选择闭合的直线、多段线、圆、圆弧、椭圆、椭圆弧或样条曲线组合的闭合环创建面域。

(2) 面域的运算(图 1.28)

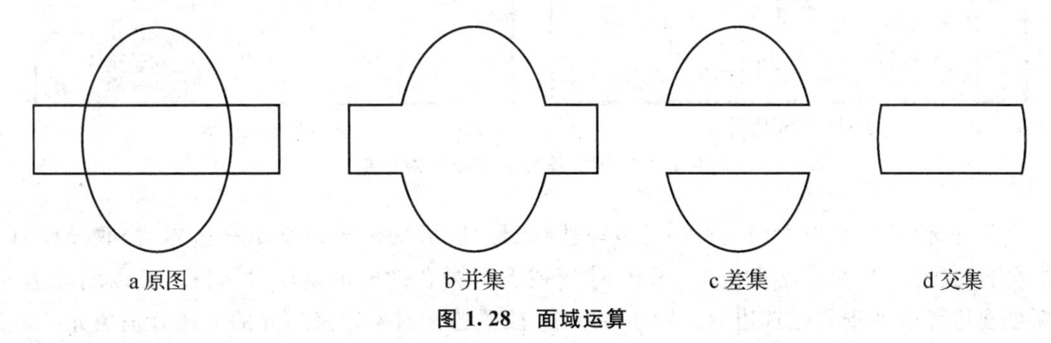

图 1.28　面域运算

菜单栏:【修改】→【实体编辑】→【并集】、【差集】或【交集】。

工具栏:【实体编辑】工具栏中按钮。

命令行:UNION、SUBTRACT 或 INTERSECT。

并集可以合并两个或两个以上的面域,如图 1.28b 所示,将两个面域合并成为一个面域对象。差集以从一组面域删除与另一组面域的公共区域,如图 1.28c 所示,经过差集运算后,由椭圆形面域中删除矩形面域。交集可以求出两个或两个以上重叠面域的公共部分,如图 1.28d 所示,得到两个面域的公共区域。

2. 图案填充和渐变色

AutoCAD 中,可以使用特定的图案或渐变色填充指定区域。

(1) 命令启用

菜单栏:【绘图】→【图案填充】和【渐变色】。

工具栏:【绘图】工具栏中按钮。

命令行:BHATCH 和 GRADIENT。

命令启用后,会弹出如图 1.29 对话框,图案填充和渐变色功能位于不同的选项卡。

(2) 命令选项

图案填充选项卡:要求用户定义填充图案的类型、图案,用户可以使用 AutoCAD 提供的预定义图案或自定义图案等,相应的可以预览图案的样例;输入定义图案的角度以及放大缩小图样的比例;控制填充图案生成的起始位置。

渐变色选项卡:要求用户定义填充组合方式以及颜色、方向和角度等。

a 图案填充选项卡

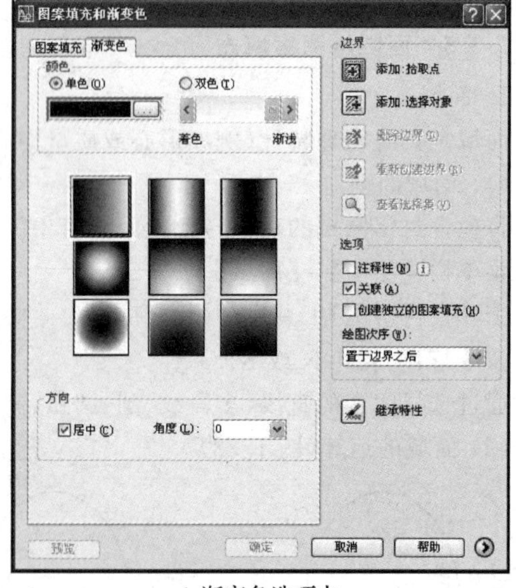

b 渐变色选项卡

图 1.29 图案填充和渐变色对话框

边界处理:可以拾取封闭区域内的点或选择封闭区域的对象定义填充边界,拾取操作时对话框会暂时关闭,拾取完毕后按下[Enter]键或者鼠标右键即可返回对话框。可以删除边界,重新创建边界以及查看已选边界。图 1.30a 中,按照选择对象定义边界的方式分别填充了六边形与圆,两图形重合部分填充图案会叠加;图 1.30b 中,按照选择对象定义边界的方式选择矩形,则整个图形被填充;图 1.30c 中,按照添加拾取点定义边界的方式,在矩形区域内,其他图形区域以外拾取点,则按照默认孤岛检测样式进行填充。

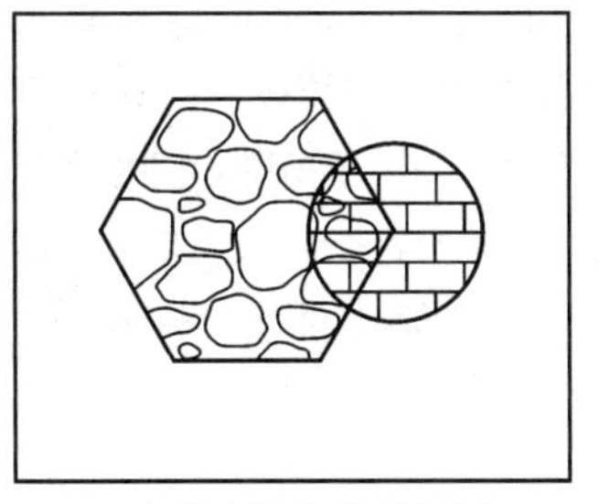

a 分别选择六边形与圆

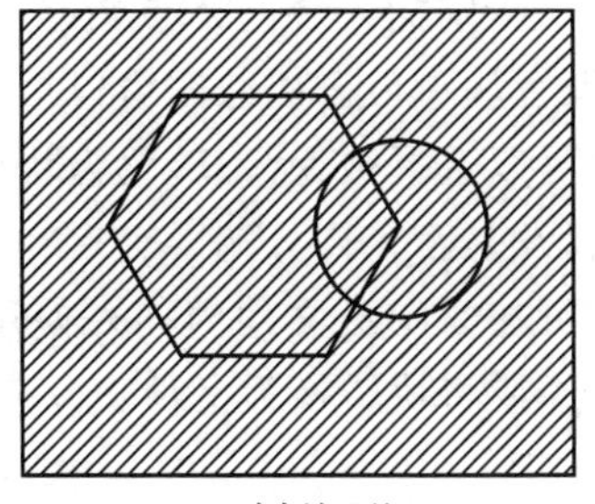

b 选择矩形

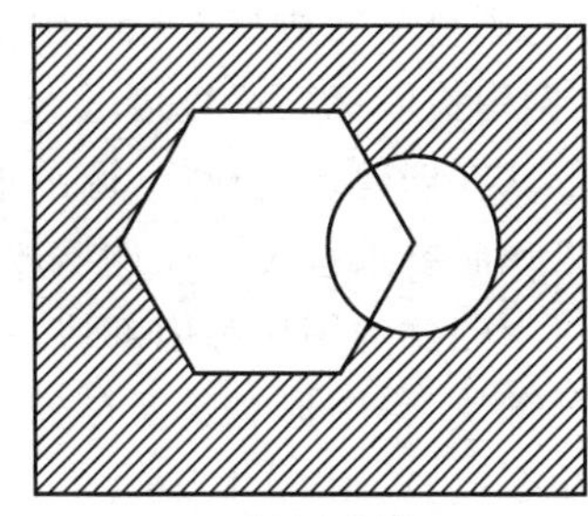

c 选择内部点

图 1.30　图案填充示例

选项：可以创建与边界关联的填充图案，当边界发生改变时，则填充图案可随之更新。

对话框右下角的箭头可以点开，对话框扩展后可以进行孤岛检测样式、边界保留、边界集与继承等选项的选择。

1.3.6　图块

图块是一组不同特性对象的集合。图块中的各图形对象可以具有各自的图层、线型和颜色等特性，而在 AutoCAD 中，图块将作为一个独立的、完整的对象来操作。因此，在绘制较为复杂的图形时，当有相同或相似图形需要重复出现时，可将该图形定义为图块，在图形文件中重复使用，不仅提高绘图的工作效率，而且节省存储空间。在插入图块的过程中，可将图块进行比例缩放、旋转等操作，修改工作较为便捷。并且图块可附加属性，进一步扩展了其应用范围。

1. 创建图块

菜单栏：【绘图】→【块】→【创建】。

工具栏：【绘图】工具栏中按钮。

命令行：BLOCK 或 B。

命令启用后，会弹出如图 1.31a 块定义对话框。

a 块定义对话框　　　　b 标高符号

图 1.31　创建块示例

以图 1.31b 标高符号作为示例，在创建块时，首先定义块名称为“标高”，注意若重新定义同名图块,则会更新或替换原有图块。指定插入块的基点,在绘图窗口拾取或输入绝对直角坐标值,本例中拾取标高符号最低点,设置块单位。以绘图窗口拾取选择对象,本例中选择标高符号源图形。在创建块完成后,源图形可以选择被保留、转化为块或删除。在方式中,可以选择是否在插入块时要求按统一比例缩放以及是否允许分解。

以上创建的图块为内部块,只可在本图形文件内插入使用。若其他文件也要求应用,则可创建外部块,将图形对象保存到文件或将块转换为文件:

命令行:WBLOCK。

命令启用后,弹出写块对话框如图 1.32 所示。

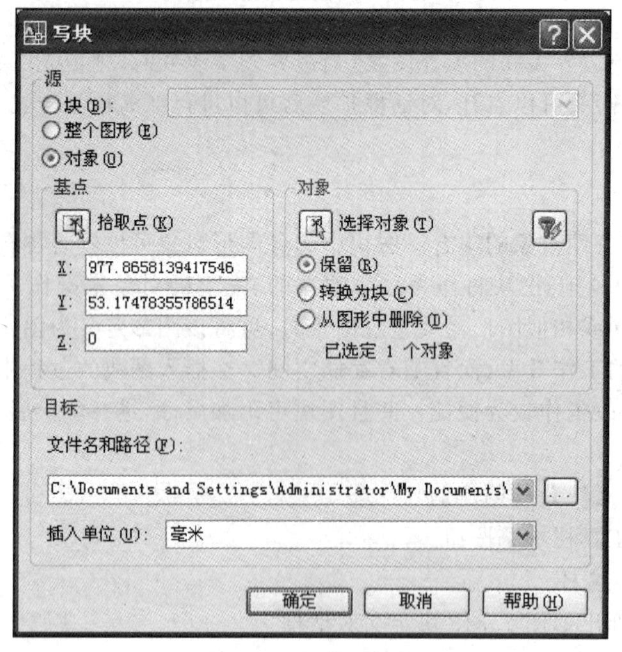

图 1.32 写块对话框

2. 插入图块

菜单栏:【插入】→【块】。

工具栏:【绘图】工具栏中按钮。

命令行:INSERT 或 I。

命令启用后,会弹出如图 1.33a 插入对话框。

以图 1.33b 插入标高符号作为示例,在插入块时,首先选取要插入的图块名。指定块的插入点,在绘图窗口拾取或输入绝对直角坐标值,本例中拾取高程线上的点。指定比例,即图块可在 X、Y、Z 三个方向进行不同比例地放大缩小,当输入负值时,表示镜像图块。指定旋转角度。

若在定义图块时源图形位于 0 图层,则在插入图块时,图块图形将更新为当前图层特性;若源图形不在 0 图层,则在插入图块时,图块图形将保持原图层特性。若源图形与当前文件图层名有重复,则在插入图块时,图块图形将更新为当前同名图层的特性。

3. 图块属性

属性是将数据附着到块上的标签或标记。

菜单栏:【绘图】→【块】→【定义属性】。

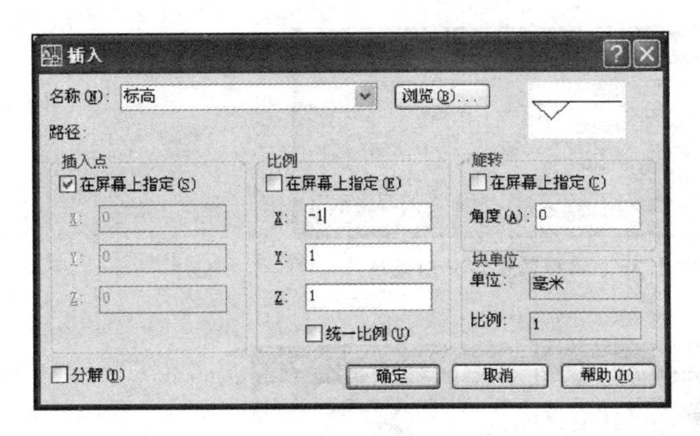

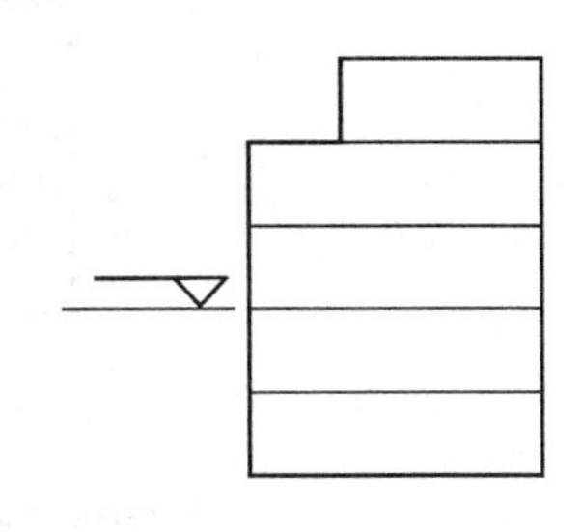

a 插入对话框　　　　b 标高符号应用

图 1.33　插入块示例

命令行：ATTDEF 或 ATT。

命令启用后，会弹出如图 1.34a 属性定义对话框。

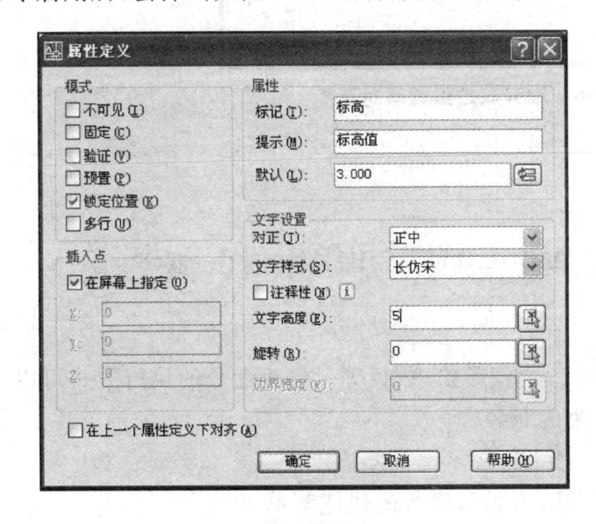

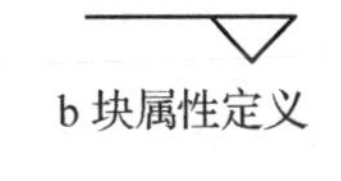

b 块属性定义

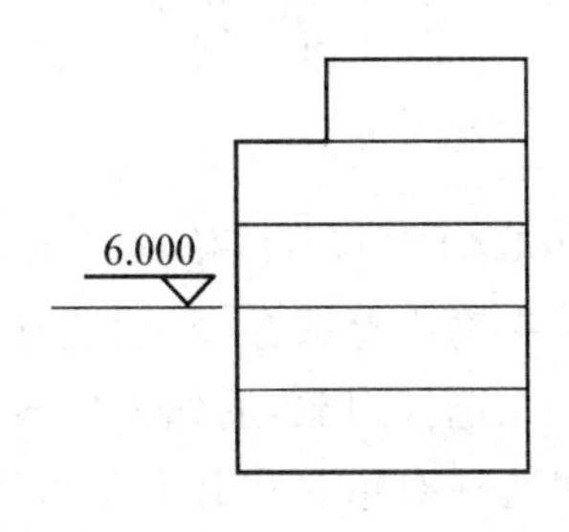

a 属性定义对话框　　　　c 插入块

图 1.34　属性定义示例

以图 1.34b 标高符号属性定义作为示例，在定义块属性时，可选择属性的多种模式。指定属性的插入点，在绘图窗口拾取或输入绝对直角坐标值。输入“标记”，本例中标记为标高；“提示”是在插入图块时，命令行给出的提示信息；“默认”是要求输入标记的默认值。

在属性定义完成后，将属性与源图形一起进行块定义，这样定义完成的图块将具有属性。插入图块后，在图块属性定义位置将显示属性值，在本例中，即可输入建筑标高，大大提高绘图效率。

若编辑属性定义可通过鼠标双击属性定义，弹出图 1.35 所示对话框进行编辑修改。

若编辑已插入图块的属性，可通过选择【修改】→【对象】→【属性】→【单个】或鼠标双击已插入图块的属性，弹出图 1.36 所示对话框进行属性、文字选项、特性等修改。

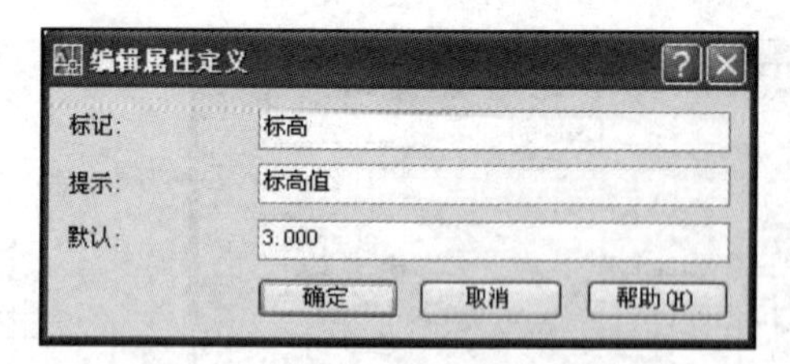

图 1.35　编辑属性定义对话框

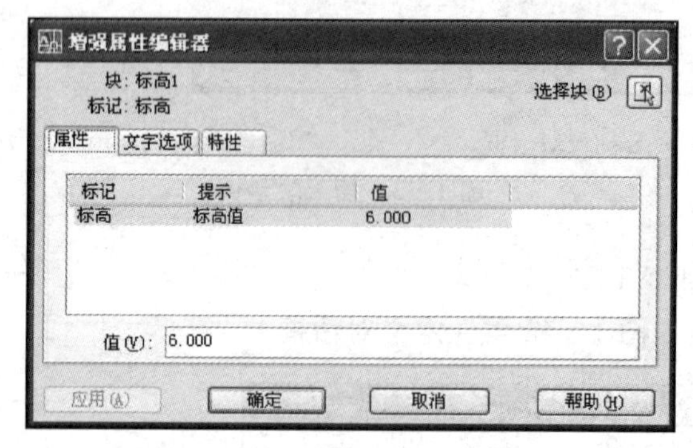

图 1.36　增强属性编辑器对话框

任务 1.4　AutoCAD 常用编辑修改命令

AutoCAD 中,可以修改对象的位置、大小、形状、数量等。修改命令的执行方式可以:

(1) 先输入修改命令,后选择要修改的对象。

(2) 先选择对象,后输入修改命令,命令行提示与前略有不同。

(3) 选择对象并在其上单击鼠标右键,可显示修改的快捷菜单。

1.4.1　移动与复制对象

1. 移动对象

在 AutoCAD 中,可将图形对象从原位置按指定方向与指定距离移动到新位置。

(1) 命令启动

菜单栏:【修改】→【移动】。

工具栏:【修改】工具栏中✛按钮。

命令行:MOVE 或 M。

(2) 命令选项

选择对象:使用对象选择方法选择需要移动的图形对象,按下[Enter]键或鼠标右键结束选择。

→指定基点→指定第二点:以指定的两点定义位移矢量,指示移动的距离和方向。

或→位移(D):直接给定移动位移。

※※训练 8:将图 1.37a 图形移动至图 1.37b 所示位置。

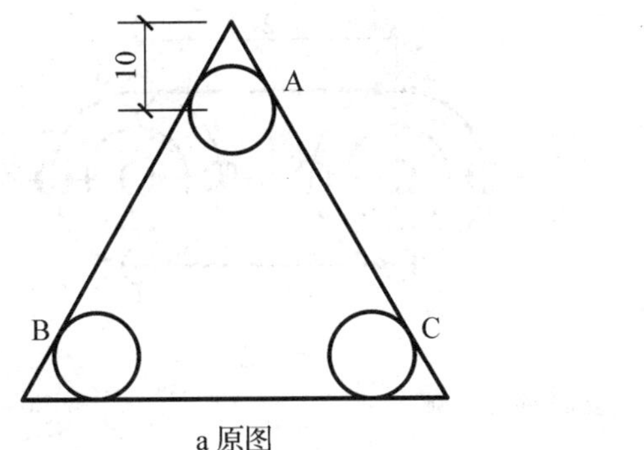

a 原图

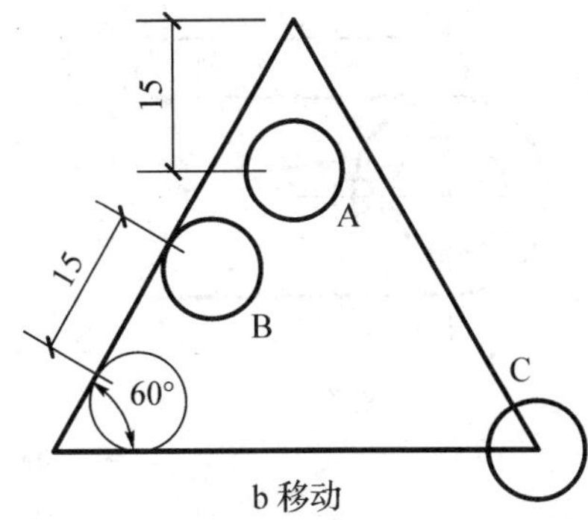

b 移动

图 1.37　移动对象示例

命令:MOVE　　//启动移动命令
选择对象:指定对角点:找到 1 个　　//选择圆 A
选择对象:　　//按下[Enter]键,结束选择
指定基点或[位移(D)]〈位移〉:　　//可在图外任选一点,也可拾取圆心
指定第二个点或〈使用第一个点作为位移〉:〈正交开〉5　　//正交开启,鼠标下移,输入距离 5
命令:指定对角点:　　//选择圆 B,按下[空格]键
命令:MOVE 找到 1 个
指定基点或[位移(D)]〈位移〉:　　//可在图外任选一点,也可拾取圆心
指定第二个点或〈使用第一个点作为位移〉:〈正交关〉@15<60　　//输入相对坐标
命令:指定对角点:　　//选择圆 C,按下[空格]键
命令:MOVE 找到 1 个
指定基点或[位移(D)]〈位移〉:　　//拾取圆心
指定第二个点或〈使用第一个点作为位移〉:　　//拾取三角形顶点

2. 复制对象

可将图形对象从原位置按指定方向与指定距离在新位置生成对象副本。

(1) 命令启动

菜单栏:【修改】→【复制】。

工具栏:【修改】工具栏中按钮。

命令行:COPY 或 CO。

(2) 命令选项

选择对象→指定基点→指定第二点:默认选项,以指定的两点定义位移矢量,指示距离和方向。

其他可选项:

位移(D):直接给定位移。

模式(O):若为多个(M),则重复执行该命令。

※※训练 9:将图 1.38a 图形复制为图 1.38b 所示图形。

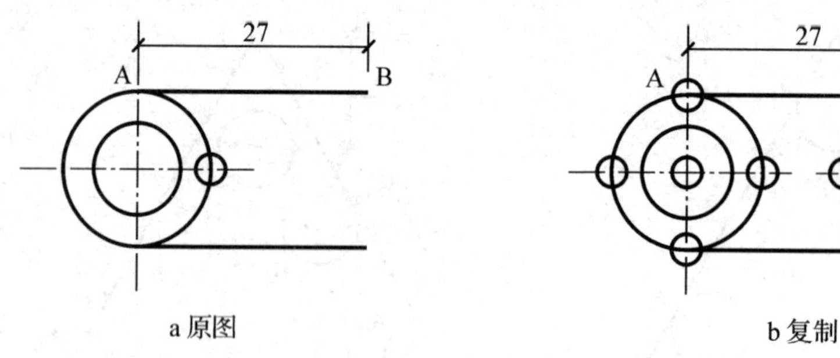

图 1.38 复制对象示例

命令:COPY //启动复制命令
选择对象:指定对角点:找到 1 个 //选择小圆
选择对象: //按下[Enter]键,结束选择
当前设置:复制模式=多个
指定基点或[位移(D)/模式(O)]〈位移〉: //拾取小圆圆心
指定第二个点或〈使用第一个点作为位移〉: //分别拾取大圆 4 个象限点以及圆心
…
命令:指定对角点: //选择 A 点处所有图形
命令:COPY 找到 9 个
当前设置:复制模式=多个
指定基点或[位移(D)/模式(O)]〈位移〉:
指定第二个点或〈使用第一个点作为位移〉: //拾取大圆象限点
指定第二个点或[退出(E)/放弃(U)]〈退出〉: //拾取 B 点

1.4.2 镜像与旋转对象

1. 镜像对象

AutoCAD 中,创建图形对象的对称镜像图形。

(1) 命令启动

菜单栏:【修改】→【镜像】。

工具栏:【修改】工具栏中按钮。

命令行:MIRROR 或 MI。

(2) 命令选项

选择对象→指定镜像线的第一点→指定镜像线的第二点:选择对象后,以指定两点确定对称轴。如图 1.39a 所示,AB 两点即指定了镜像线。

该命令会提示是否删除源对象,因此具备删除功能,图 1.39b 未删除源对象,而图 1.39c 已删除源对象。注意系统默认情况下,文字是不会被镜像操作的,若需要镜像文字则需要在命令行中输入 MIRRTEXT,设置系统变量由默认值 0 变为 1。

2. 旋转对象

AutoCAD 中,可将图形对象围绕某个基点进行指定角度的旋转移动或复制。

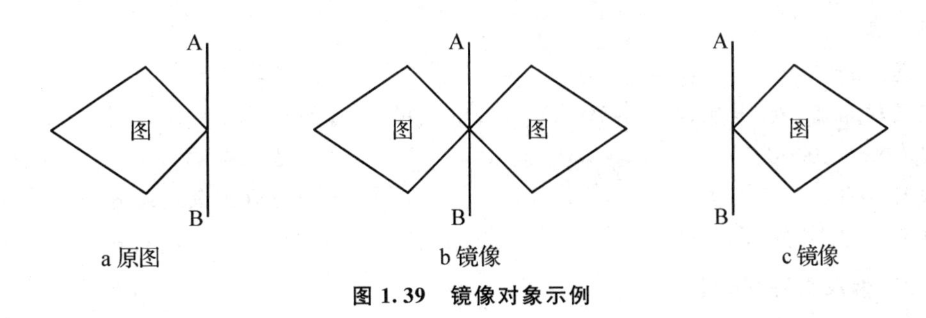

图 1.39　镜像对象示例

(1) 命令启动

菜单栏:【修改】→【旋转】。

工具栏:【修改】工具栏中按钮。

命令行:ROTATE 或 RO。

(2) 命令选项

选择对象→指定基点→指定旋转角度:旋转移动对象,旋转角度以绕基点逆时针旋转为正,顺时针旋转为负。

其他可选项:

复制(C):在原位复制保留图形对象。

参照(R):将对象从指定的角度旋转到新的参照角度。

※※训练 10:旋转图 1.40a 图形到图 1.40b 所示位置。

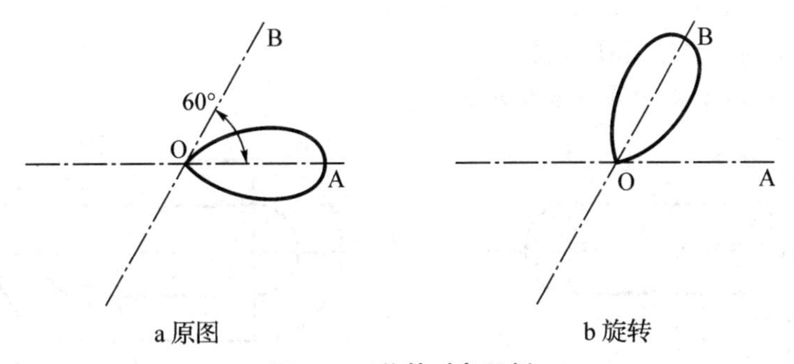

图 1.40　旋转对象示例

命令:ROTATE　　　　　　　　　　　　　　　//启动旋转命令

UCS 当前的正角方向:ANGDIR=逆时针　ANGBASE=0.00

选择对象:找到 3 个　　　　　　　　　　　　//选择旋转对象

选择对象:　　　　　　　　　　　　　　　　//按下[Enter]键,结束选择

指定基点:_endp　　　　　　　　　　　　　//拾取点 O

指定旋转角度,或[复制(C)/参照(R)]〈0.00〉:60　　//输入旋转角度 60

若仅仅已知旋转的相对位置,则需用参照选项。图 1.40 若要求由 OA 位置旋转图形至 OB 位置,则:

命令:ROTATE

UCS 当前的正角方向:ANGDIR=逆时针　ANGBASE=0.00

选择对象:指定对角点:找到 3 个

选择对象：
指定基点： //拾取点 O
指定旋转角度，或[复制(C)/参照(R)]〈60.00〉：R //选择参照选项
指定参照角〈0.00〉： //拾取点 O
指定第二点： //拾取点画线端点 A
指定新角度或[点(P)]〈60.00〉： //拾取点画线端点 B

1.4.3 偏移与阵列对象

1. 偏移对象

AutoCAD 中，可以根据指定距离或通过点，创建与所选对象平行或具有同心的新对象。可偏移操作的对象为直线、圆、圆弧、椭圆、多段线、构造线、射线、样条曲线。

(1) 命令启动

菜单栏：【修改】→【偏移】。

工具栏：【修改】工具栏中按钮。

命令行：OFFSET 或 O。

(2) 命令选项

选择对象→ 指定偏移距离→ 指定要偏移的那一侧上的点：默认选项，以指定偏移距离与偏移位置创建平行或同心的新对象。

其他可选项：

通过(T)：使偏移对象通过指定点。

删除(E)：偏移源对象后将其删除，该命令具有删除功能。

图层(L)：选择偏移对象所在图层。

※※训练 11：将图 1.41a 偏移修改为图 1.41b。

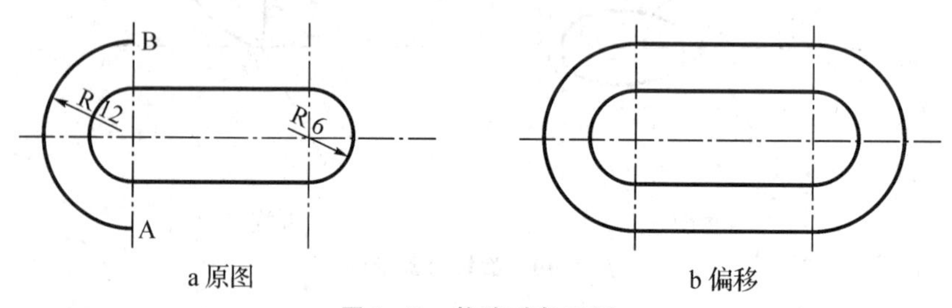

图 1.41 偏移对象示例

命令：OFFSET //启动旋转命令
当前设置：删除源＝否 图层＝源 OFFSETGAPTYPE＝0
指定偏移距离或[通过(T)/删除(E)/图层(L)]〈8.00〉：6 //输入偏移距离 6
选择要偏移的对象，或[退出(E)/放弃(U)]〈退出〉： //选择右端圆弧
指定要偏移的那一侧上的点，或[退出(E)/多个(M)/放弃(U)]〈退出〉：//选择右侧
命令：OFFSET
当前设置：删除源＝否 图层＝源 OFFSETGAPTYPE＝0
指定偏移距离或[通过(T)/删除(E)/图层(L)]〈6.00〉：T //选择通过选项
选择要偏移的对象，或[退出(E)/放弃(U)]〈退出〉： //选择下方直线
指定通过点或[退出(E)/多个(M)/放弃(U)]〈退出〉： //选择 A 点

选择要偏移的对象,或[退出(E)/放弃(U)]〈退出〉:　　　　　　　　　　//选择上方直线
指定通过点或[退出(E)/多个(M)/放弃(U)]〈退出〉:　　　　　　　　　//选择 B 点

2. 阵列对象

在 AutoCAD 中,可按指定规律复制排列图形对象。

(1) 命令启动

菜单栏:【修改】→【阵列】。

工具栏:【修改】工具栏中[按钮图标]按钮。

命令行:ARRAY 或 AR。

阵列形式分为矩形与环形,如图 1.42 与图 1.43 所示,可通过相应选项卡进行选择。

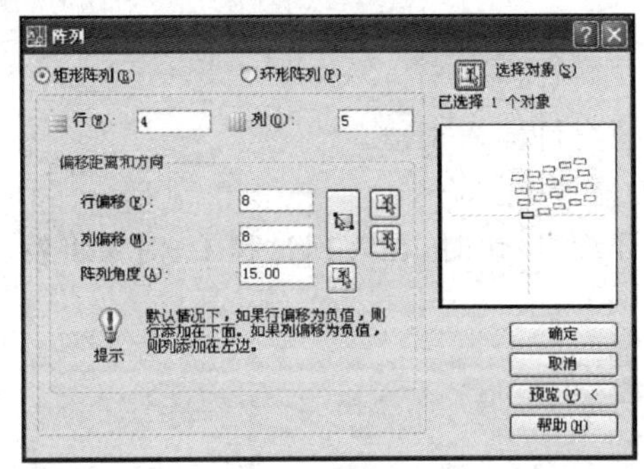

a 矩形阵列对话框

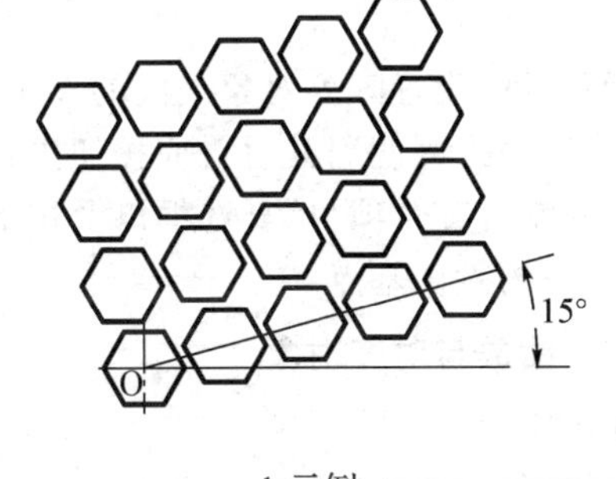

b 示例

图 1.42　矩形阵列对象

(2) 对话框选项

① 矩形阵列对话框

"选择对象(S)"按钮:按下按钮,使用对象选择方法选择需要矩形阵列的图形对象,按下[Enter]键或鼠标右键结束选择。图 1.42b 中,选择正六边形 1 个对象。

行(W):输入行数;列(O):输入列数。图 1.42b 中,阵列 4 行 5 列。

行偏移(F):输入行间距,向上添加为正;列偏移(M):输入列间距,向右添加为正;亦可使用其后对应按钮进行屏幕拾取。图 1.42b 中,行间距与列间距均为 8。

阵列角度(A):以指定角度旋转构造的矩形阵列,逆时针旋转为正。也可使用对应按钮进行屏幕拾取。图 1.42b 中,阵列角度为 15。

在参数输入过程中,可在对话框中右侧预览阵列情况,也可在设置完毕后,点击"预览"按钮进行阵列的预览,视情况选择接受或者修改。

② 环形阵列对话框

"选择对象(S)"按钮:按下按钮,使用对象选择方法选择需要环形阵列的图形对象,按下[Enter]键或鼠标右键结束选择。图 1.43b 中,选择正六边形 1 个对象。

中心点:输入中心点绝对直角坐标值 X,Y 或使用对应按钮进行屏幕拾取。图 1.43b 中,拾取中心点 O_1 点。

可通过项目总数、填充角度和项目间的角度,已知两者即可进行环形阵列,因此方法可根据条件选择。

项目总数:指在阵列结果中显示的对象数目,包含源对象。图 1.43b 中,项目总数为 8。

填充角度:指阵列中第一个和最后一个元素的基点之间的夹角。逆时针旋转为正。图 1.43b 中,取默认值 360。

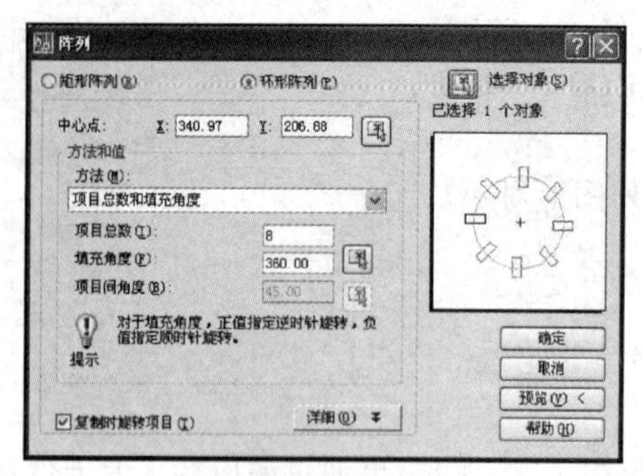

a 环形阵列对话框

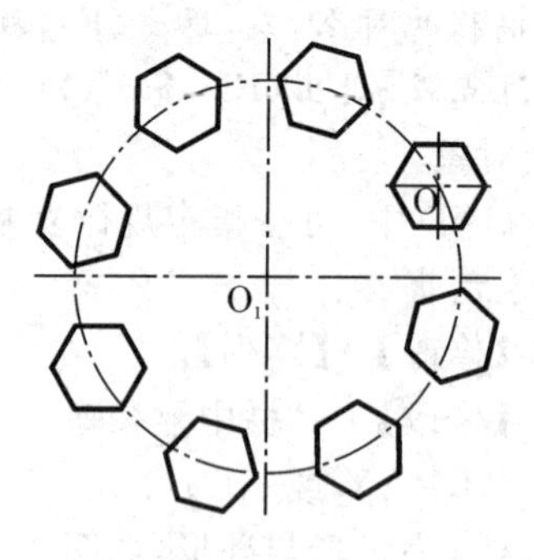

b 示例

图 1.43　环形阵列对象

项目间角度:设置阵列对象之间的夹角。只允许输入正值。

以上角度输入可使用其后对应按钮进行屏幕拾取。

勾选“复制时旋转项目”复选框以及按下“详细”按钮时,在阵列过程中,对象将发生旋转,并可更改源对象的默认基点。

1.4.4　缩放与对齐对象

1. 缩放对象

将图形对象按比例增大或者缩小,改变图形对象尺寸。

(1) 命令启动

菜单栏:【修改】→【缩放】。

工具栏:【修改】工具栏中按钮。

命令行:SCALE 或 SC。

(2) 命令选项

选择对象→ 指定基点→ 指定比例因子:默认选项,选择需要缩放的对象,指定位置保持不变的基点,按指定的比例放大(大于 1)或缩小(介于 0 和 1)选定对象的尺寸,或者拖动光标使对象变大或变小。

其他可选项:

复制(C):在原位复制保留要缩放的图形对象。

参照(R):按参照长度和指定的新长度缩放所选对象。

※※训练 12:将图 1.44a 缩放修改为图 1.44b。

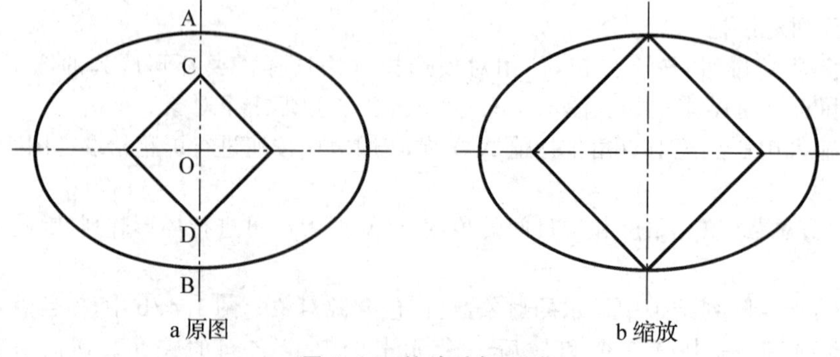

a 原图　　b 缩放

图 1.44　缩放对象示例

命令：SCALE　　//启动缩放命令

选择对象：找到 1 个　　//选择菱形

选择对象：　　//按下[Enter]键，结束选择

指定基点：　　//拾取不动中心点 O

指定比例因子或[复制(C)/参照(R)]〈1.20〉：R　　//选择参照选项

指定参照长度〈1.00〉：　　//参照长度 CD，选择 C 点

指定第二点：　　//选择 D 点

指定新的长度或[点(P)]〈1.00〉：P　　//选择点选项

指定第一点：　　//指定新长度 AB，选择 A 点

指定第二点：　　//选择 B 点

2. 对齐对象

AutoCAD 中，对齐对象命令可综合完成移动、旋转、缩放命令的功能，可经一次操作将一对象对齐至另一对象。

(1) 命令启动

菜单栏：【修改】→【三维操作】→【对齐】。

命令行：ALIGN 或 AL。

(2) 命令选项

选择对象→ 依次指定三对源点和目标点：第一对源点和目标点定义对齐的基点，第二对点定义旋转的角度，在二维图形对齐操作中，只选择两对点即可，提示选择第三对点时可直接按下[Enter]键，而后系统会给出缩放对象的提示。

※※训练 13：将图 1.45a 对齐修改为图 1.45c。

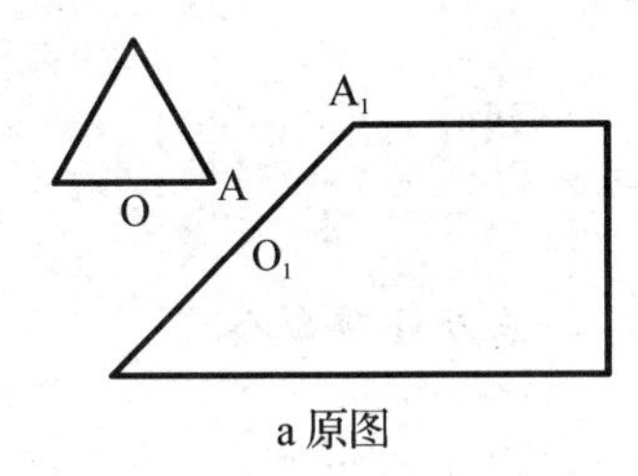

a 原图　　b 定位点的选择　　c 对齐

图 1.45　对齐对象示例

命令：ALIGN　　//启动对齐命令

选择对象：找到 1 个　　//选择三角形

选择对象：　　//按下[Enter]键，结束选择

指定第一个源点：　　//图 1.45b，选择 O 点

指定第一个目标点：　　//选择 O_1 点

指定第二个源点：　　//选择 A 点

指定第二个目标点：　　//选择 A_1 点

指定第三个源点或〈继续〉：　　//按下[Enter]键

是否基于对齐点缩放对象？[是(Y)/否(N)]〈否〉：Y　　//输入 Y，放大对象

1.4.5 修剪与延伸对象

1. 修剪对象

以指定边界修剪图形对象。

(1) 命令启动

菜单栏:【修改】→【修剪】。

工具栏:【修改】工具栏中-/-按钮。

命令行:TRIM 或 TR。

(2) 命令选项

选择剪切边→ 选择对象:选择视为剪切边的对象,按 [Enter] 键结束选择;

→ 选择要修剪的对象:选择需要剪切的对象,按 [Enter] 键结束选择。

其他可选项:

栏选(F)/窗交(C)/投影(P):以栏选、窗交或投影的方式选择修剪对象。

边(E):确定对象是否按照延长的剪切边处进行修剪。

删除(R):可删除选定的对象,因此具备删除功能。

※※训练 14:将图 1.46a 修剪为图 1.46b。

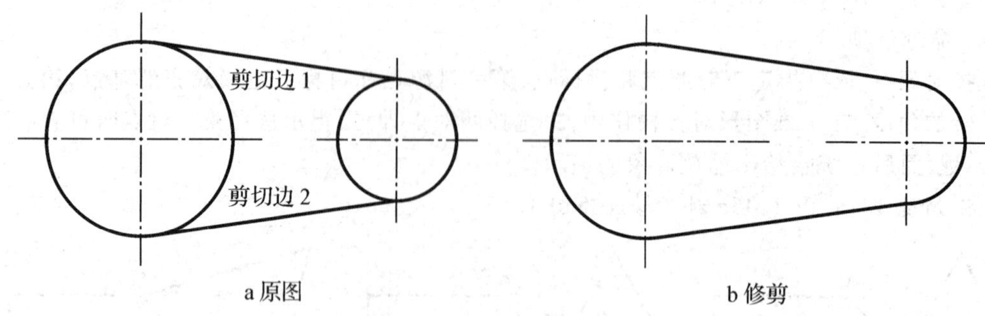

图 1.46 修剪对象示例

命令: TRIM //启动修剪命令

当前设置:投影=UCS,边=无

选择剪切边...

选择对象或〈全部选择〉:找到 1 个

选择对象: 找到 1 个,总计 2 个 //选择剪切边

选择对象: //按下[Enter]键,结束选择

选择要修剪的对象,或按住[Shift]键选择要延伸的对象,或

[栏选(F)/窗交(C)/投影(P)/边(E)/删除(R)/放弃(U)]: //修剪大圆弧

选择要修剪的对象,或按住[Shift]键选择要延伸的对象,或

[栏选(F)/窗交(C)/投影(P)/边(E)/删除(R)/放弃(U)]: //修剪小圆弧

2. 延伸对象

与修剪对象对应,该命令将对象延伸至指定边界,如图 1.47 所示。

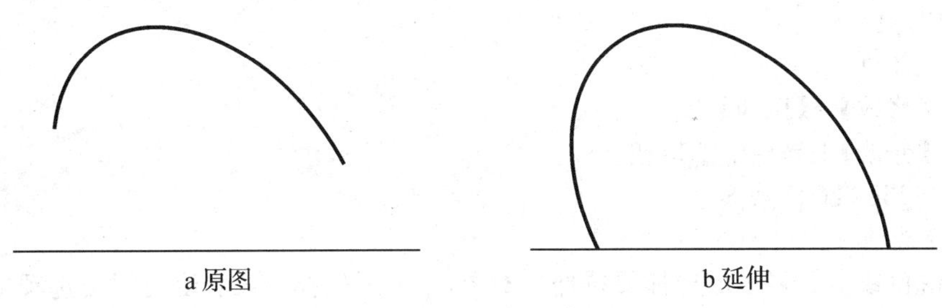

图 1.47　延伸对象示例

(1) 命令启动

菜单栏:【修改】→【延伸】。

工具栏:【修改】工具栏中 --/ 按钮。

命令行:EXTEND 或 EX。

(2) 命令选项

选择边界的边→ 选择对象:选择视为边界的对象,按 [Enter] 键结束选择;

→ 选择要延伸的对象:选择需要延伸的对象,按 [Enter] 键结束选择。

其他可选项操作与修剪命令相同。按下 [Shift] 键时,该命令与修剪命令可以相互转化。

1.4.6　打断与拉伸对象

1. 打断对象

AutoCAD 中,可打断的图形对象为:直线、圆弧、圆、多段线、椭圆、样条曲线等。

(1) 命令启动

菜单栏:【修改】→【打断】。

工具栏:【修改】工具栏中 [ ] 按钮。

命令行:BREAK 或 BR。

(2) 命令选项

选择对象→ 第二个打断点:默认选项,对象点选位置视为打断第一点,命令执行后将打断两点之间的图形,如图 1.48a 所示;若第二点不在对象上,则将选择对象上与该点最接近的点,因此可用于删除对象的一端,如图 1.48b 所示。

其他可选项:

第一点(F):重新指定第一点位置。

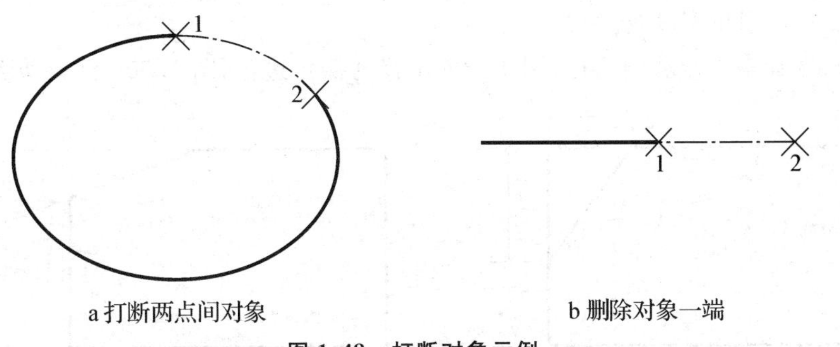

图 1.48　打断对象示例

2. 拉伸对象

(1) 命令启动

菜单栏:【修改】→【拉伸】。

工具栏:【修改】工具栏中按钮。

命令行:STRETCH 或 S。

(2) 命令选项

以交叉窗口或交叉多边形选择要拉伸的对象……→ 选择对象:使用圈交选项或交叉对象选择方法,如图 1.49a 所示交叉窗口仅覆盖门洞各端点,则将仅移动门洞位置。

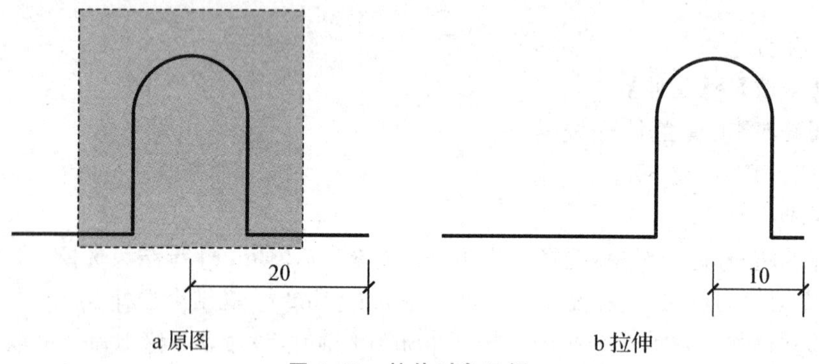

图 1.49 拉伸对象示例

1.4.7 倒角与圆角

1. 倒角对象

(1) 命令启动

菜单栏:【修改】→【倒角】。

工具栏:【修改】工具栏中按钮。

命令行:CHAMFER 或 CHA。

(2) 命令选项

可设置的命令选项参数:

距离(D):设置倒角至选定边端点的距离,即倒角距离;若为零,则两边将交于一点。如图 1.50a 所示,倒角距离分别为 9 和 12。

角度(A):通过设置第一边的倒角距离和第二边的角度确定倒角距离。如图 1.50b 所示,第一边的倒角距离为 14,角度为 20。

多段线(P):可倒角多段线。

修剪(T):选择是否修剪倒角边,图 1.50a 未修剪倒角边,而图 1.50b 已修剪倒角边。

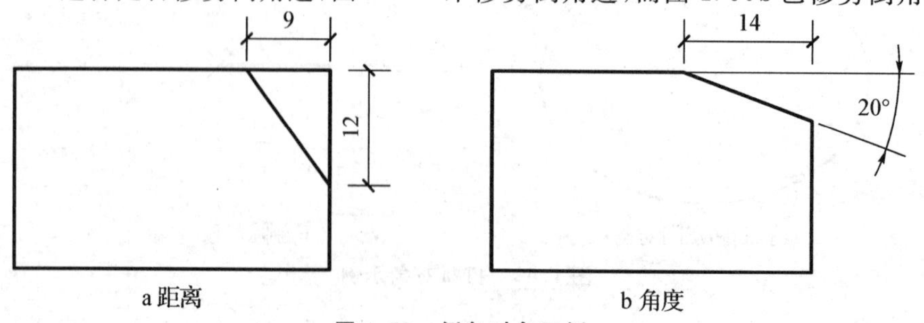

图 1.50 倒角对象示例

命令执行：

选择第一条直线→ 选择第二条直线：依次选择倒角边，根据设置参数得到倒角效果。

2. 圆角对象

(1) 命令启动

菜单栏：【修改】→【圆角】。

工具栏：【修改】工具栏中 按钮。

命令行：FILLET 或 F。

(2) 命令选项

半径(R)：指定圆角半径。如图 1.51 所示，半径设置为 5。

其他选项参数与倒角命令相同。可以将多段线各内角进行整体圆角处理，如图 1.51b。

选择第一个对象→ 选择第二个对象：依次选择圆角对象，根据设置参数得到圆角效果。

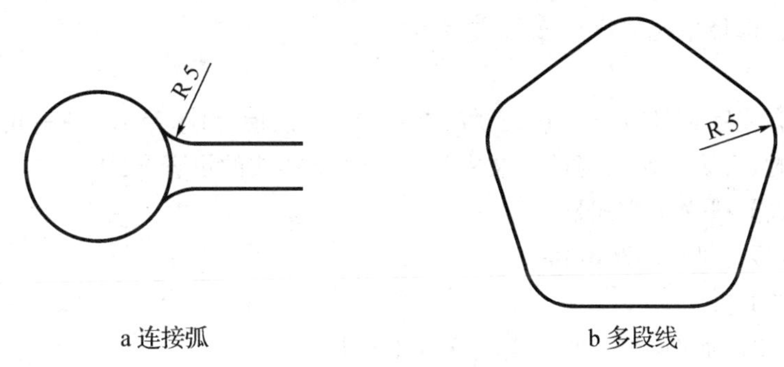

a 连接弧　　b 多段线

图 1.51　圆角对象示例

1.4.8　对象特性与特性匹配

1. 对象特性

利用特性选项板，可以方便地管理、编辑对象属性。启用方式：

菜单栏：【修改】→【特性】。

工具栏：【标准】工具栏中 按钮。

命令行：PROPERTIES 或 PR。

该命令执行后，会弹出如图 1.52 所示的特性选项板，可以显示出所选对象为多段线，包括基本信息如颜色、图层、线型等，三维效果、几何以及其他信息等，可在文本框直接进行编辑修改。

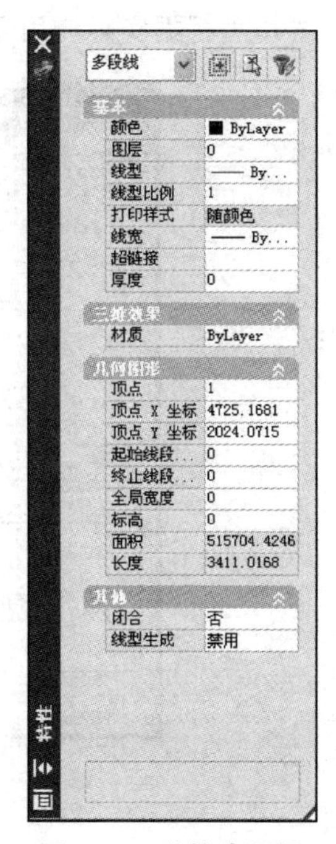

图 1.52　特性选项板

2. 特性匹配

基于对象特性，可将已经设置好的对象特性复制到其他对象。可以复制的特性类型包括：颜色、图层、线型、线型比例、线宽等。

(1) 命令启动

菜单栏：【修改】→【特性匹配】。

工具栏：【标准】工具栏中 按钮。

命令行：MATCHPROP 或 MA。

(2) 命令选项

选择源对象→ 选择目标对象:先选择要复制其特性的源对象,再选择要复制其特性的对象。

设置(S):选定的特性匹配设置。

任务 1.5 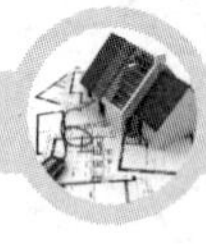 AutoCAD 绘图文字注写、表格绘制与尺寸标注

1.5.1 文字注写

在工程应用中,图纸中添加文字信息是必不可少的工作,比如相关技术要求、标题栏信息等,均需要进行文字注写。在 AutoCAD 中,注写文字前宜做好相关准备工作:创建文字注写图层,设置文字样式,选择单行文字或多行文字等。

1. 设置文字样式

图形中的所有文字都具有与之相关联的文字样式,包括字体、字号、倾斜角度、方向等文字特征。输入文字时,系统将使用当前的文字样式。文字样式的设置方式:

菜单栏:【格式】→【文字样式】。

工具栏:【样式】工具栏中A按钮。

命令行:STYLE。

命令启用后,弹出如图 1.53 所示文字样式对话框。

(1) 新建样式:系统缺省设置 Standard 样式,默认文字书写使用的均为当前的 Standard 样式。可根据实际应用需要新建样式:点击“新建”按钮,输入文字样式名。默认为“样式 1”。

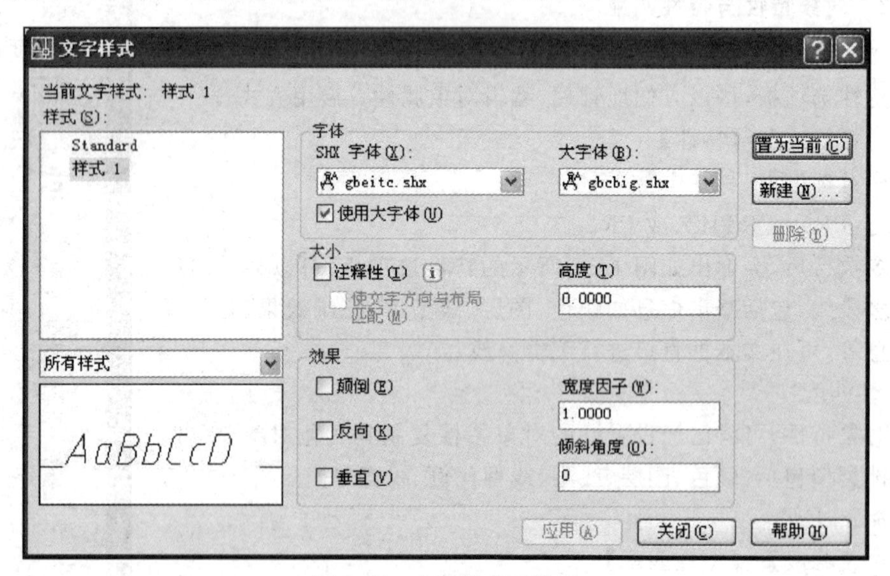

图 1.53 文字样式对话框

(2) 字体:具备两类字体。TrueType 字体,在字体名称前带有双 T 标志,可被 Microsoft Windows 识别的字体,其样式可选择常规、粗体、斜体、粗斜体等;SHX 字体,为 AutoCAD 建立

的国际通用字库，如：gbeitc. shx。为输入亚洲字母，提供了大字体文件，如 gbcbig. shx。

(3) 高度：定义文字高度。缺省值为 0，在注写文字时可进行设置。

(4) 宽度因子：定义文字宽度与高度比值。

(5) 倾斜角度：表示相对于 90 度角方向的偏移角度，以向右倾斜为正。

(6) 效果：可设置为颠倒(上下镜像)、反向(左右镜像)、垂直效果。

需要使用的文字样式应"置为当前"，或利用【样式工具栏】，在"文字样式控制"下拉菜单中选择文字样式置为当前。

2. 单行文字

简单的说明性文字可采用单行文字注写：

(1) 命令启动

菜单栏：【绘图】→【文字】→【单行文字】。

命令行：TEXT 或 DTEXT。

(2) 命令选项

指定文字的起点→ 指定高度→ 指定文字的旋转角度→ 在单行文字的在位文字编辑器中，输入文字：默认执行选项。其中文字旋转角度，是指单行文字整体的旋转角度，与定义文字样式时的"倾斜角度"意义不同。需要退出在位文字编辑器时，可点击两次[Enter]键。

对正(J)：控制单行文字的对正。对齐(A)是通过限定基线端点来确定文字的高度和方向，文字字符串越长，字符越矮(图 1.54a)；调整(F)是指定文字按照由两点定义的方向与高度值布满区域，文字字符串越长，字符越窄(图 1.54b)。其他还有诸多相对于基线位置的对正方式，比如中心(图 1.54c)等。

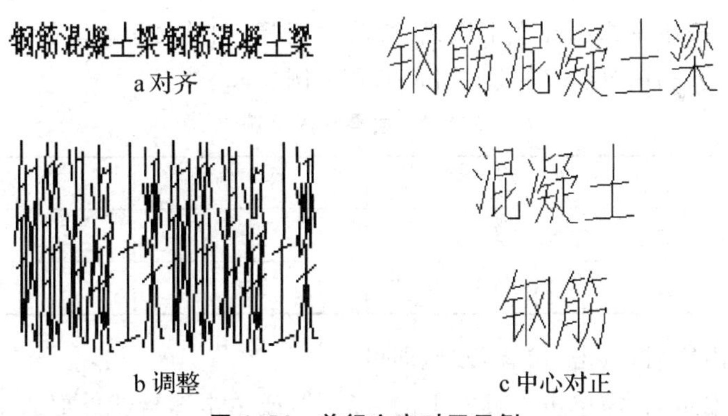

图 1.54　单行文字对正示例

表 1.1　特殊字符代码表

代码	字符	说明	代码	字符	说明
%%c	ϕ	直　径	%%d	°	角　度
%%o	—	上划线	%%u	_	下划线
%%p	±	正负公差			

当需要在单行文字中输入特殊字符时，使用表 1.1 所示的字符代码，如±45，则在单行文字中输入%%p45 即可。

3. 多行文字

当要求输入设计说明等大量文字时，可采用多行文字注写：

(1) 命令启动

菜单栏:【绘图】→【文字】→【多行文字】。

工具栏:【绘图】工具栏中A按钮。

命令行:MTEXT。

(2) 命令选项

命令启用后，命令行将给出提示指定边框的对角点以定义多行文字对象的宽度，以此宽度显示在位文字编辑器，如图 1.55 所示，在位文字编辑器显示一个顶部带标尺的边框和【文字格式】工具栏。

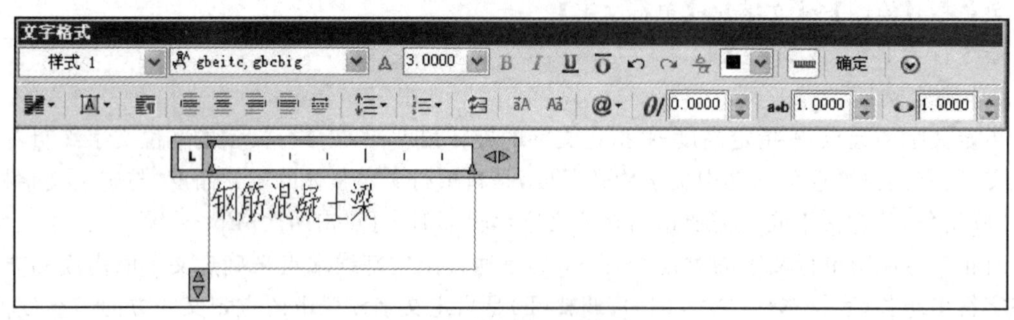

图 1.55　多行文字编辑器

利用此编辑器，可以以下拉菜单调整文字当前样式、文字高度、文字颜色、多行文字对正方式、行距、编号等，以按钮方式选择文字格式、段落对正等；调整文字段落标尺，输入特殊符号等。处理特殊输入时，可以利用“层叠”功能，如表 1.2 示例。

表 1.2　层叠输入示例

	公　差	分　数	斜　线
显示内容	$23^{+0.01}_{-0.02}$	$\frac{5}{6}$	3/4
输入内容	23+0.01^-0.02	5/6	3#4

鼠标选择输入内容后，点击“层叠”按钮即可。

退出多行文字编辑器，需单击工具栏上的“确定”，或单击编辑器外部的图形。

4. 编辑文字

对于已经注写的文字，可通过以下方式进入多行文字的编辑修改状态：

(1) 单行文字

可以双击单行文字显示在位文字编辑器或使用 DDEDIT 命令进行内容修改，使用特性选项板进行内容、格式等的编辑修改。

(2) 多行文字

可以双击多行文字显示多行文字编辑器或使用特性选项板进行内容、格式等的编辑修改。

1.5.2　表格绘制

在工程应用中，经常需要绘制图纸标题栏、材料表等表格，AutoCAD 为用户提供了方便的表格绘制功能。创建表格前需设置表格中文字样式、表格样式以满足表格的外观格式要求，后根据实际需要选择插入表格，调整表格尺寸、输入表格内容，完成表格绘制。本节将以图 1.56 所示简易的标题栏为例说明表格创建方法。

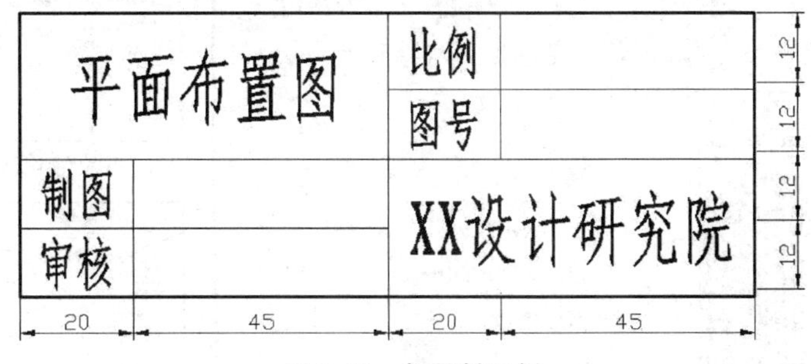

图 1.56　标题栏示例

1. 设置表格样式

表格的外观由表格样式控制。设置方式：

菜单栏：【格式】→【表格样式】。

工具栏：【样式】工具栏中按钮。

命令行：TABLESTYLE。

命令启用后，弹出如图 1.57 所示表格样式对话框，用户可以使用默认表格样式 Standard，也可以创建自己的表格样式，点击"新建"按钮，弹出创建新的表格样式对话框（图 1.57），本例中命名"标题栏"，基础样式基于 Standard，点击"继续"按钮，弹出图 1.58 新建表格样式对话框。

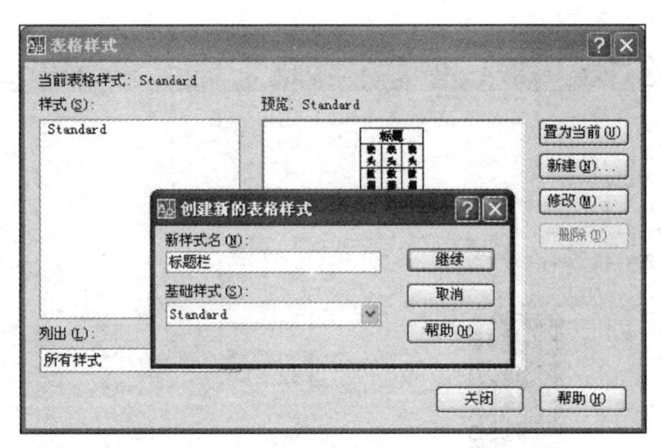

图 1.57　表格样式创建

创建新的表格样式时，可以指定一个已有表格为起始表格，作为新表格样式的样例，也可以像本例中，完全新建表格样式。本例指定表格方向"向下"。表格中将单元分为三类：标题、表头、数据，也可以自行创建其他单元，可以分别为各类单元指定不同的单元样式，本例中仅指定"数据"的单元样式。单元样式包括基本、文字、边框三项选项卡：【基本】（图 1.58a）包括填充颜色、对齐：正中、格式：文字、类型、页边距等；【文字】（图 1.58b）包括样式：长仿宋（用户创建）、高度：7、颜色、角度；【边框】（图 1.58c）包括线宽：0.3 mm 应用到外边框、线型、颜色等。对话框中可以随时观察单元样式与表格的预览效果。

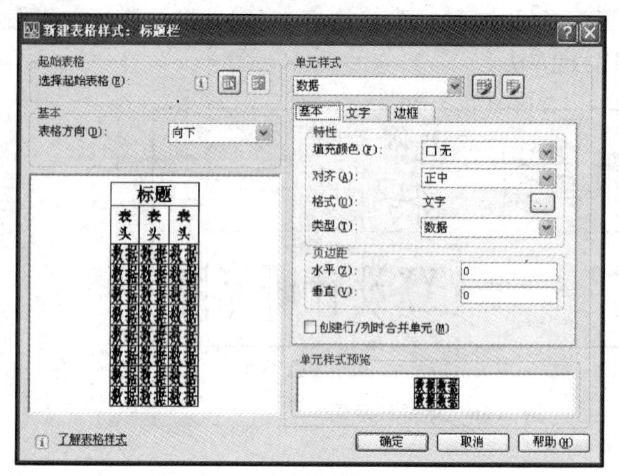

a 基本选项卡

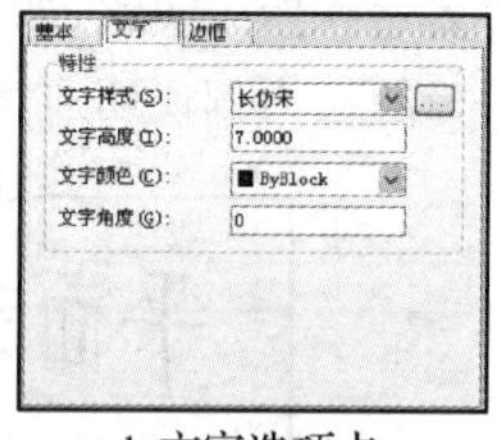

b 文字选项卡

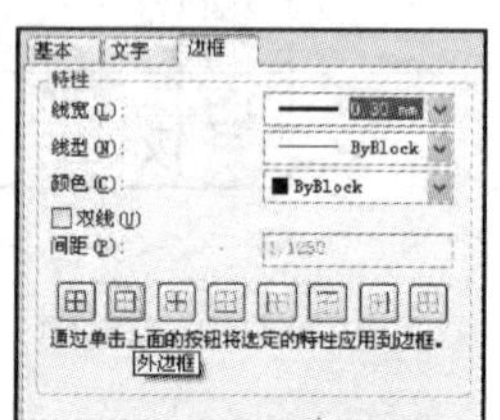

c 边框选项卡

图 1.58　新建表格样式对话框

完成设置后点击“确定”按钮，在表格样式对话框中将“标题栏”点击“置为当前”按钮，或利用【样式工具栏】，在“表格样式控制”下拉菜单中选择表格样式置为当前。

2. 插入表格

表格的外观由表格样式控制。设置方式：

菜单栏：【绘图】→【表格】。

工具栏：【绘图】工具栏中▦按钮。

命令行：TABLE。

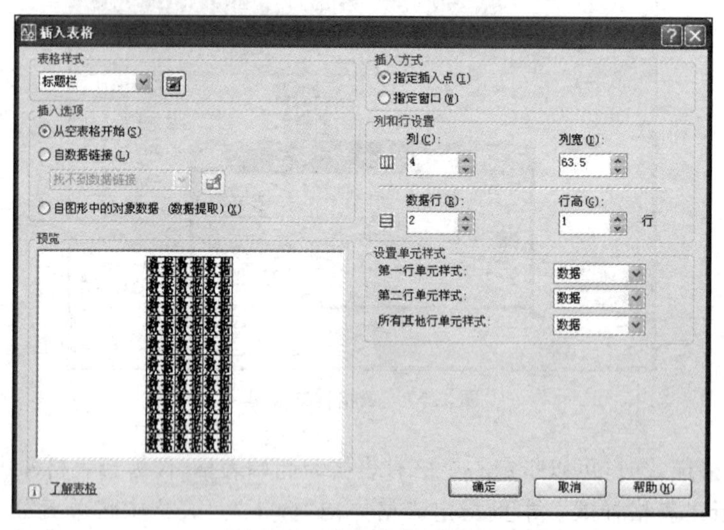

图 1.59　插入表格对话框

命令启用后，弹出如图 1.59 所示插入表格对话框，本例使用表格样式“标题栏”，“从空表格开始”，以“指定插入点”插入到图纸中，4 列 2 行数据行，单元样式中第一、第二以及其他行均为数据单元样式。点击“确定”按钮后，在绘图窗口选点插入表格。

3. 完成表格

(1) 调整表格尺寸

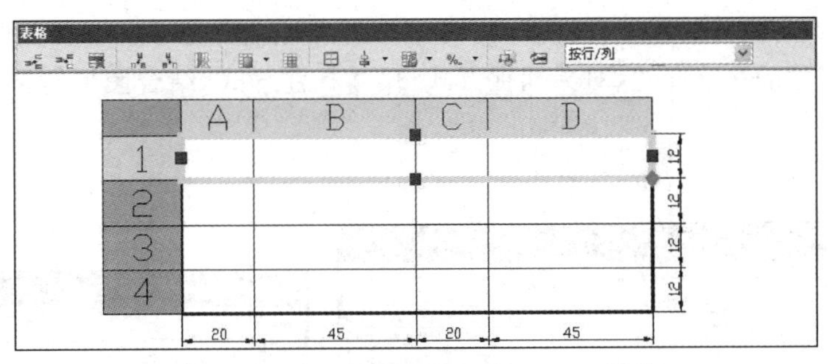

图 1.60　显示表格行号、列字母及工具栏

用户可以单击该表格上的任意网格线以选中该表格，将显示表格行号和列字母以及【表格】工具栏(图 1.60)。可以使用表格夹点调整大小，或单击行号或列字母选择整行或整列，使用"特性"选项板精确修改表格行列尺寸。

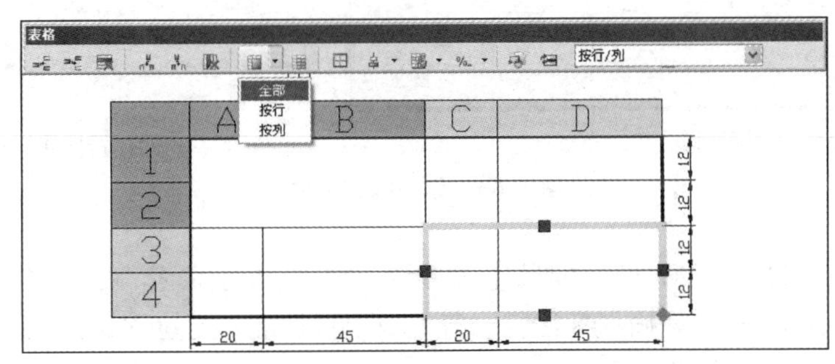

图 1.61　合并单元格

如图 1.61 所示，选择 A1、A2、B1、B2，在【表格】工具栏选择"合并－全部"，同样操作合并 C3、C4、D3、D4。可以利用【表格】工具栏对表格进行其他的调整与修改，如增删行列，调整单元边框、对齐方式、数据格式，锁定单元，插入块/字段、单元样式等。

(2) 填入表格内容

双击单元格，显示【文字格式】工具栏(图 1.62)，在单元格内输入对应文字内容。若更改默认文字高度，可在【文字格式】工具栏中修改字高。

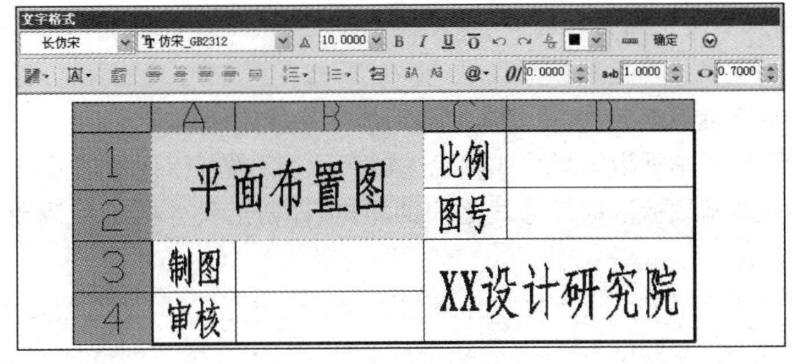

图 1.62　填入内容

1.5.3 尺寸标注

在工程图纸中，图形对象的尺寸信息是工程施工或构件加工的重要依据。因此，AutoCAD提供了一整套全面与便捷的尺寸标注工具。在标注尺寸前宜做好相关准备工作：创建尺寸标注图层，设置标注尺寸的文字样式、对象捕捉方式、尺寸标注样式，结合图形对象选择尺寸标注类别等。

1. 尺寸标注样式

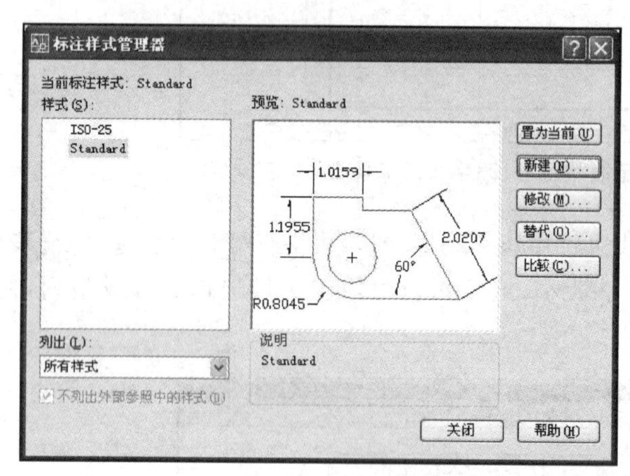

a 标注样式管理器

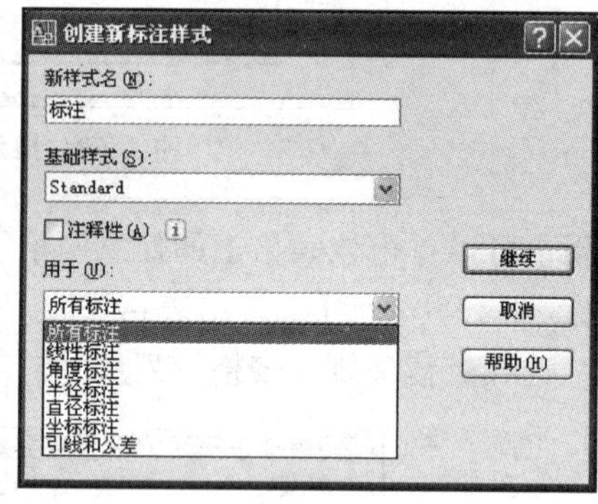

b 创建新标注样式

图 1.63 标注样式创建

标注样式用来控制标注的外观，如尺寸线与箭头样式、文字位置等。用户可以创建标注样式，以快速指定标注的格式，并确保标注符合行业或项目标准。创建方式：

菜单栏：【格式】→【标注样式】。

工具栏：【样式】工具栏中按钮。

命令行：DIMSTYLE。

命令启用后，弹出如图 1.63a 所示标注样式管理器对话框，系统默认样式 Standard 与 ISO－25标准样式，利用此对话框用户可以创建新样式，修改、临时替代或比较已有样式。

点击“新建”按钮，弹出创建新标注样式对话框，本例命名为“标注”，基础样式“Standard”，用于“所有标注”，点击“继续”按钮，弹出新建标注样式对话框，包含线、符号和箭头、文字、调整、主单位、换算单位、公差选项卡，如图 1.64－图 1.68 所示，可在预览窗口中观察设置效果。本节将结合“标注”样式的建立说明各选项卡功能。

(1) 线

在图 1.64 所示线选项卡中，可指定尺寸线与尺寸界线的外观样式。

尺寸线：通过下拉菜单可指定尺寸线颜色、线型、线宽；超出标记指尺寸线超出尺寸界线的距离；基线间距指设置基线标注的尺寸线之间的距离，即两道尺寸间的间隔距离，本例设为 7；可勾选隐藏尺寸线。

尺寸界线：通过下拉菜单可指定尺寸界线颜色、线型、线宽；可勾选隐藏尺寸界线；指定尺寸界线超出尺寸线的距离，本例设为 2；指定尺寸界线起点与定义标注的点之间的偏移距离，本例设为 2；也可输入固定长度的尺寸界线长度。

(2) 符号和箭头

在图 1.65 所示符号和箭头选项卡中,可指定箭头、圆心标记、折断标注、弧长符号、半径折弯、线性折弯外观样式。

箭头:通过下拉菜单可指定诸如"实心闭合""空心闭合""建筑标记""点""方框"等箭头类型,本例选择"建筑标记",即 45 度斜线标记,箭头大小设为 2。

圆心标记可应用于标记小圆对称中心线,本例大小设为 5;折断标注用于处理标注的相交等特殊情况,本例折断大小设为 2;弧长符号选择为标注文字的前缀;在大圆弧标注半径时,须应用半径折弯标注,可设定折弯角度;线性折弯标注一般应用于对称图形的简化画法中,可设置折弯符号的高度。

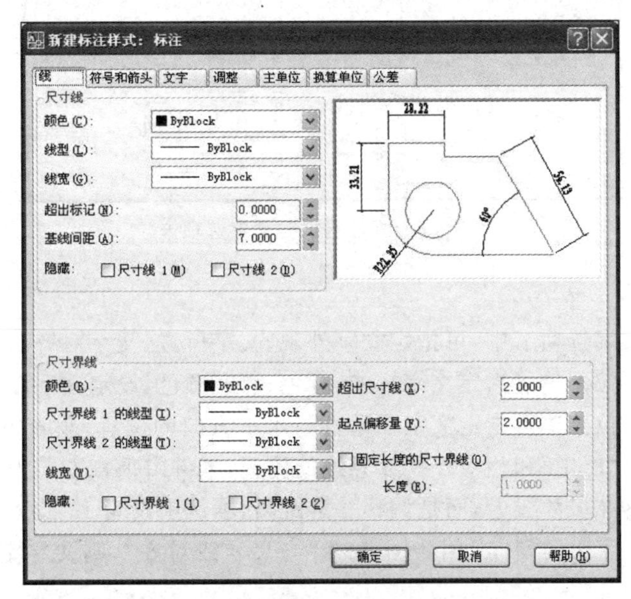

图 1.64　标注样式—线选项卡

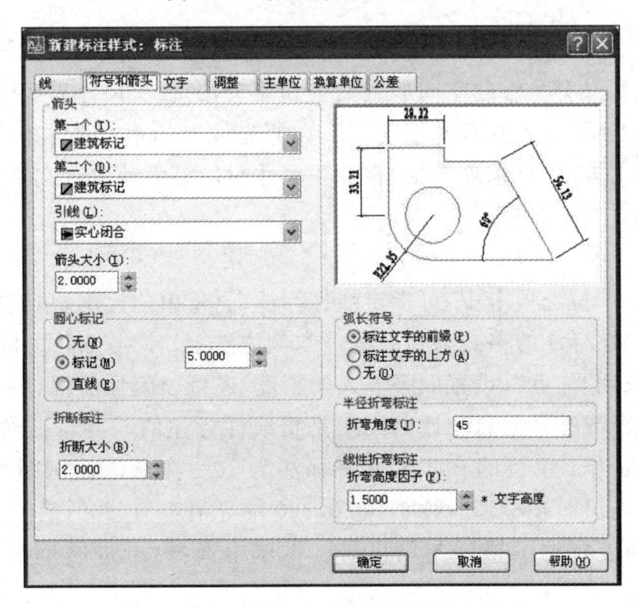

图 1.65　标注样式—符号和箭头选项卡

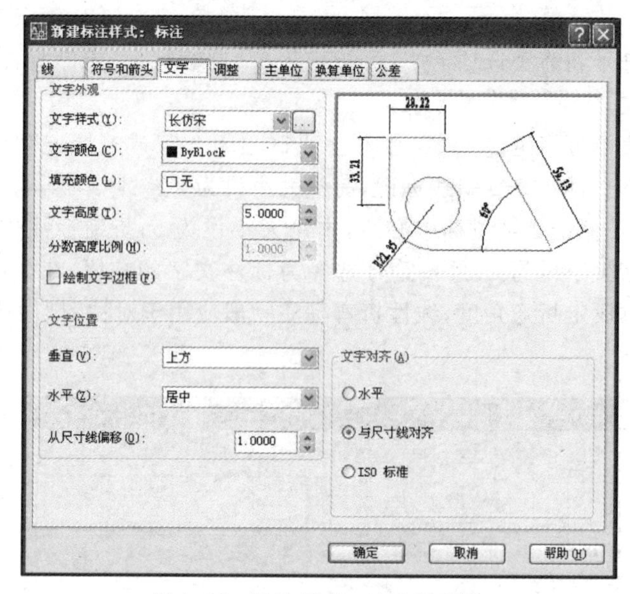

图 1.66　标注样式—文字选项卡

(3) 文字

在图 1.66 所示文字选项卡中，可指定文字外观、文字位置、文字对齐。

文字外观：通过下拉菜单可指定文字样式、颜色、填充颜色，设定文字高度。

文字位置：通过下拉菜单可指定文字在垂直与水平方向的位置，垂直方向有“居中”“上方”“外部”等，水平方向有“居中”和相对于尺寸界线的位置，本例中垂直方向为“上方”，水平方向为“居中”；文字可以不落在尺寸线上，而是偏移一定距离，本例中设为 1。

文字对齐：指文字字头的朝向。本例中选择“与尺寸线对齐”，则文字字头可随着尺寸线方向的偏转而偏转。

(4) 调整

图 1.67 所示调整选项卡包含处理特殊情况下由系统优先选择的调整与优化选项。

如果尺寸界线之间没有足够的空间放置文字和箭头，那么从尺寸界线中移出的元素由用户根据需要选择；尺寸文字信息若在特殊情况下不在原先设定的垂直或水平位置，那么可以选择放置在尺寸线旁边或上方；优化选项包括：在标注尺寸时均可手动放置文字，在尺寸界线之间绘制尺寸线。

(5) 主单位

在图 1.68 所示主单位选项卡中，可指定线性标注、测量单位比例、角度标注等内容。

线性标注：控制线性标注的格式与精度等。本例中选择“小数”格式，精度控制为小数点后两位，小数的分隔符采用“句点”，设置四舍五入的精度，还可以附加前缀、后缀，即在标注数字前方或后方附加其他文字或符号信息。比例因子是指线性标注值与测量值的比值。若设置比例因子为 10，则图上测量为 1 单位的直线尺寸将标注为 10。注意该比例因子仅用于线性测量。消零的功能是控制不输出前导零和后续零，如 0.300 前导消零为.300，后续消零为 0.3。

角度标注：控制角度标注的格式与精度等。本例中选择“十进制度数”格式，精度控制在整数。

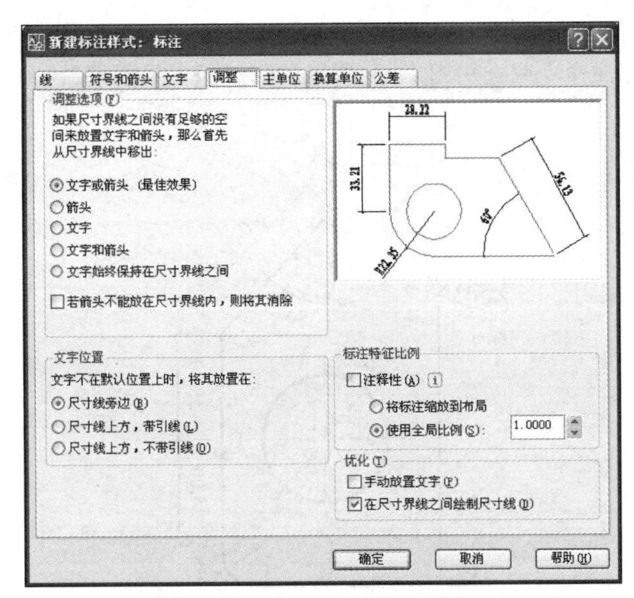

图 1.67　标注样式—调整选项卡

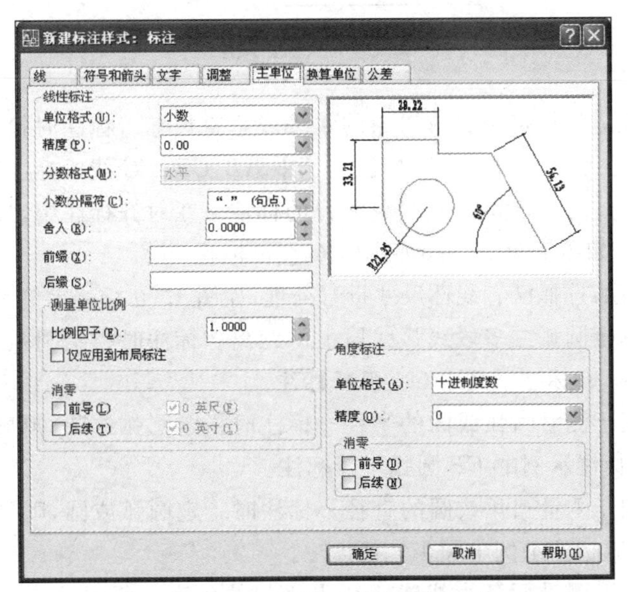

图 1.68　标注样式—主单位选项卡

在设置完成前五项选项卡内容后，点击“确定”，返回到标注样式管理器对话框，观察到在样式列表中新增加“标注”，点击“置为当前”按钮，则当前使用即为“标注”样式。或利用【样式工具栏】，在“标注样式控制”下拉菜单中选择“标注”样式置为当前。

2. 尺寸标注

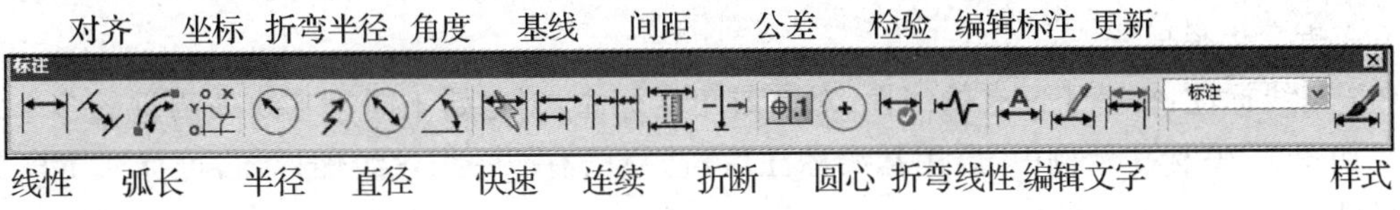

对齐　坐标　折弯半径　角度　基线　间距　公差　检验　编辑标注　更新

标注

标注

线性　弧长　半径　直径　快速　连续　折断　圆心　折弯线性　编辑文字　样式

图 1.69　【标注】工具栏

尺寸标注前，应启用并选择适宜的对象自动捕捉以及标注样式，根据所标注的图形对象类型，启用【标注】菜单标注命令或选用图 1.69 所示的【标注】工具栏按钮。

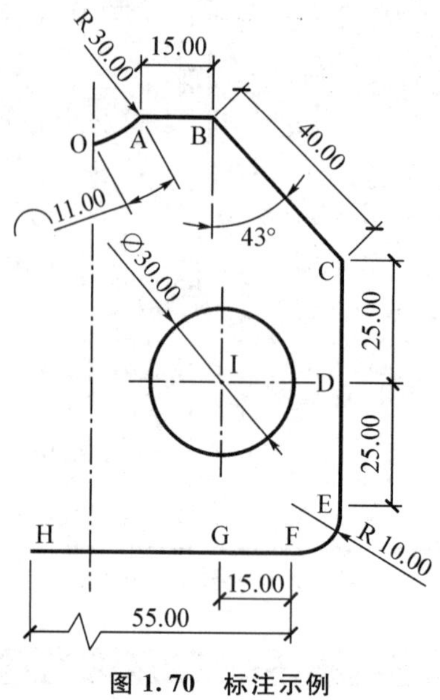

图 1.70　标注示例

(1) 线性标注：仅标注指定位置或对象的水平或垂直尺寸。标注时拾取线性对象端点，在距离对象适宜位置标注尺寸，如图 1.70 标注示例中 *AB*、*CD*、*FG* 线段标注等。

(2) 对齐标注：标注与指定位置或对象平行的标注。在对齐标注中，尺寸线平行于尺寸延伸线原点连成的直线，如图 1.70 标注示例中 *BC* 线段标注。

(3) 折弯线性标注：选择已有线性尺寸折弯处理，如图 1.70 标注示例中 *FH* 线段标注。

(4) 弧长标注：测量圆弧或多段线弧线段上的距离。标注时指定圆弧，则显示带有圆弧符号的弧长尺寸，如图 1.70 标注示例中 *OA* 弧长标注。

(5) 半径标注：用于测量圆弧或圆的半径。标注时指定圆弧或圆，则显示半径值且前面带有字母 R，如图 1.70 标注示例中 *EF* 圆弧半径标注。

(6) 直径标注：用于测量圆弧或圆的直径。标注时指定圆弧或圆，则显示直径值且前面带有直径符号，如图 1.70 标注示例中圆 *I* 直径标注。

(7) 角度标注：用于测量两条直线或三个点之间的角度。要测量圆的两条半径之间的角度，可以选择此圆，然后指定角度端点。对于其他对象，需要选择对象然后指定标注位置。还可以通过指定角度顶点和端点标注角度。如图 1.70 标注示例中，分别选择 *BC* 线段与垂直线段，标注两直线夹角 43 度。

(8) 折弯半径标注：用于圆弧或圆的中心位于图形范围外并且不宜在其实际位置显示圆心时半径的标注，折弯处理可在更方便的位置指定标注的中心点以及折弯位置，如图 1.70 标注示例中 *OA* 折弯半径标注。

(9) 基线标注：指基于已有的线性、对齐或角度标注，创建始于同一基线处测量的多个级联标注。如图 1.70 标注示例中，启用基线标注后，选择已有 *FG* 线段线性标注，可标注 *FH* 线段线性尺寸。

(10) 连续标注：指基于已有的线性、对齐或角度标注，创建首尾相连的多个标注。如图 1.70标注示例中，启用连续标注后，选择已有 *CD* 线段线性标注，可标注 *DE* 线段线性尺寸。

任务 1.6　AutoCAD 三维建模

建立三维实体模型便于进行三维空间的全方位观察，易于掌握完整准确的设计信息，利于提高设计绘图效率。因此，三维建模成为 AutoCAD 软件必不可少的实用功能。

1.6.1　三维坐标系

进行三维建模工作，需要首先了解 AutoCAD 中三维坐标系，以防在建模过程中造成方向上的混乱。

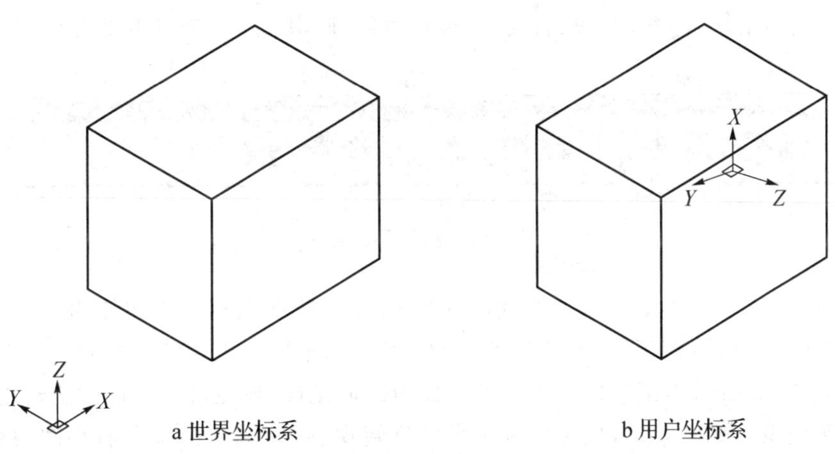

a 世界坐标系　　　　b 用户坐标系

图 1.71　三维坐标系

1. 世界坐标系

世界坐标系为 AutoCAD 默认的固定坐标系，以位于绘图区左下角为系统原点(0,0,0)，在水平面内以向右为 *X* 轴正方向，以向上为 *Y* 轴正方向，以垂直水平面外为 *Z* 轴正方向。图 1.71a 所示即为世界坐标系。

2. 用户坐标系

在三维实体建模过程中，需要经常变换工作平面，而世界坐标系固定不变，因此 AutoCAD 提供了便于观察的可移动的用户坐标系：

(1) 命令启动

菜单栏：【工具】→【新建 UCS】。

工具栏：【UCS】工具栏中按钮。

命令行：UCS。

(2) 命令选项

原点：通过移动当前坐标系的原点定义新的用户坐标系。

三点：指定新原点、新 *X* 轴和新 *XY* 平面上的点。以图 1.71b 为例，以长方体顶点作为新原点,以长方体两条棱边分别作为新 X 轴、新 Y 轴。

面(F):选择实体对象上的一个面作为新的用户坐标系的 XY 平面。

对象(OB):对齐对象作为新的用户坐标系。

视图(V):以当前视图作为新的用户坐标系的 XY 平面。

X/Y/Z:将坐标系分别绕 X 轴、Y 轴、Z 轴旋转指定角度建立新的用户坐标系。

Z 轴矢量(ZA):通过定义新的 Z 轴正方向定义新的用户坐标系。

命名(NA):为新创建的用户坐标系命名。

上一个(P):恢复上一个 UCS。

世界(W):将当前用户坐标系恢复为世界坐标系。

1.6.2　三维模型观察方法与视觉样式

1. 三维模型观察

为便于多角度观察三维实体模型,AutoCAD 预设标准的正交视图和等轴测视图。如图 1.72 所示,分别为俯视、仰视、左视、右视、主视和后视,西南、东南、东北和西北等轴测视图。

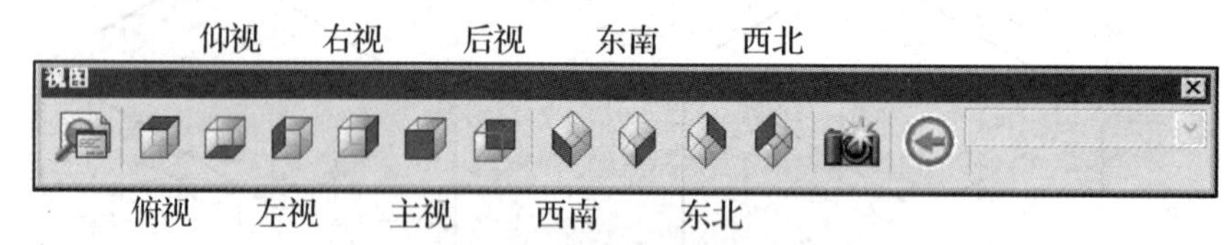

图 1.72　【视图】工具栏

使用动态观察工具(图 1.73a)实现更为灵活的三维模型观察。比如使用"自由动态观察"工具,在绘图窗口显示导航球,被小圆分成四个区域。当鼠标位于导航球内变为球形光标,模型可在三维空间动态观察;当鼠标位于导航球外变为圆形光标,模型可在平面内旋转观察;当鼠标位于上下小圆内变为椭圆光标,模型可绕水平轴旋转观察;当鼠标位于左右小圆内变为椭圆光标,模型可绕垂直轴旋转观察。

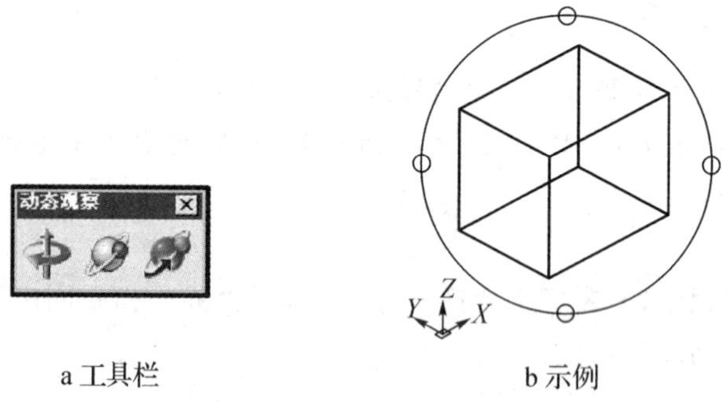

图 1.73　动态观察

2. 三维模型视觉样式

(1) 命令启动

菜单栏:【视图】→【视觉样式】。

工具栏:【视觉样式】工具栏。

命令行:VSCURRENT。

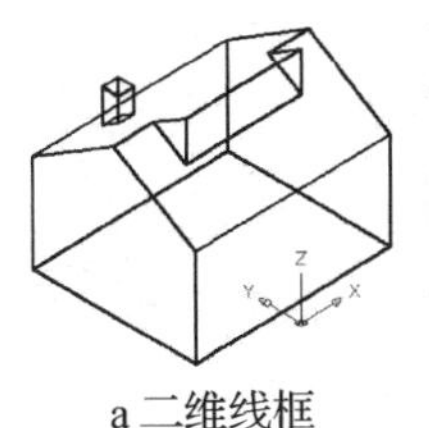
a 二维线框

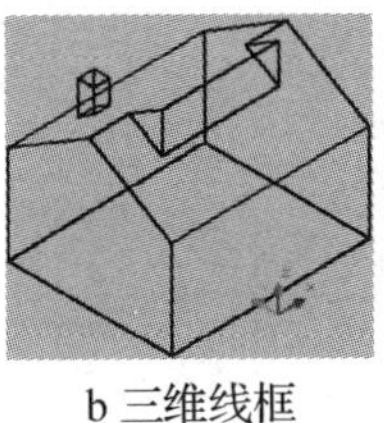
b 三维线框

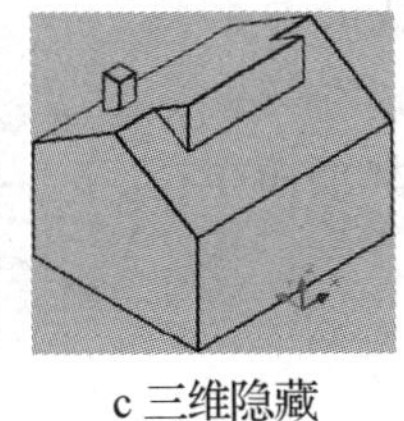
c 三维隐藏

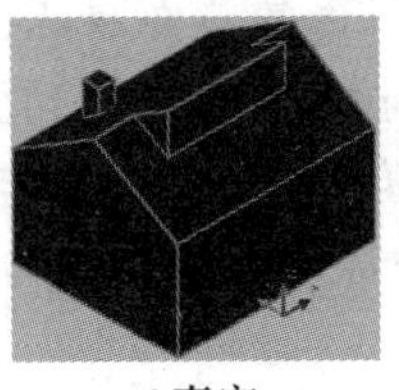
d 真实

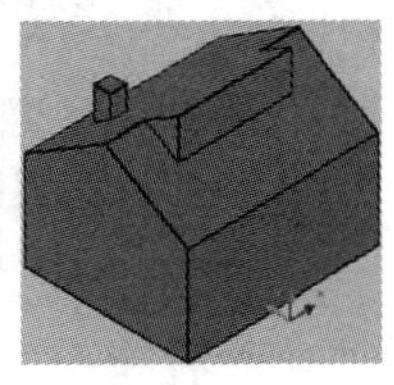
e 概念

图 1.74　视觉样式

(2) 命令选项

二维线框(2):显示用直线和曲线表示边界的对象(图 1.74a)。

三维线框(3):显示用直线和曲线表示边界的对象和已着色的三维 UCS 图标(图 1.74b)。

三维隐藏(H):显示用三维线框表示的对象并隐藏不可见的实体图形元素(图 1.74c)。

真实(R):着色对象并显示对象材质(图 1.74d)。

概念(C):着色对象,效果缺乏真实感,但便于查看模型细节(图 1.74e)。

1.6.3　创建三维模型

1. 体素法

体素法是指通过创建基本的规则三维实体,进一步建立组合体。在 AutoCAD 中,可创建的基本实体包括长方体、棱锥体、楔体、圆柱体、圆锥体、球体、圆环体等。

(1) 长方体

① 命令启动

菜单栏:【绘图】→【建模】→【长方体】。

工具栏:【建模】工具栏中按钮。

命令行:BOX。

② 命令选项

指定第一个角点→ 指定其他角点→ 指定高度:默认选项,以端面对角点及长方体高度创建长方体。高度输入正值将沿 Z 轴正方向绘制,输入负值将沿 Z 轴负方向绘制。

中心(C):使用指定的中心点创建长方体。

立方体(C):创建立方体。

长度(L):指定长宽高创建长方体。

两点(2P):长方体高度为两个指定点之间的距离。

(2) 棱锥面

① 命令启动

菜单栏:【绘图】→【建模】→【棱锥面】。

工具栏:【建模】工具栏中按钮。

命令行:PYRAMID。

② 命令选项

指定底面的中心点→ 指定底面半径→ 指定高度:默认选项,以底面外切圆或内接圆中心点、半径及棱锥高度创建棱锥面。

边(E):指定棱锥面底面边长。

侧面(S):指定棱锥面的侧面数,默认值为 4。

轴端点(A):指定棱锥面的顶点位置。

顶面半径(T):可创建棱台面,指定其顶面半径。

(3) 楔体

① 命令启动

菜单栏:【绘图】→【建模】→【楔体】。

工具栏:【建模】工具栏中按钮。

命令行:WEDGE。

② 命令选项

指定第一个角点→ 指定其他角点→ 指定高度:默认选项,以底面矩形对角点及楔体高度创建楔体。

(4) 圆柱体

① 命令启动

菜单栏:【绘图】→【建模】→【圆柱体】。

工具栏:【建模】工具栏中按钮。

命令行:CYLINDER。

② 命令选项

指定底面的中心点→ 指定底面半径→ 指定高度:默认选项,以底圆中心点、半径及圆柱高度创建圆柱体。

三点(3P)/两点(2P)/相切、相切、半径(T):绘制底面圆形可选项。

椭圆(E):绘制底面椭圆创建椭圆柱。

(5) 圆锥体

① 命令启动

菜单栏:【绘图】→【建模】→【圆锥体】。

工具栏:【建模】工具栏中按钮。

命令行:CONE。

② 命令选项

指定底面的中心点→ 指定底面半径→ 指定高度:默认选项,以底圆中心点、半径及圆锥高度创建圆锥体。

顶面半径(T):可创建圆台,指定其顶面半径。

(6) 球体

① 命令启动

菜单栏:【绘图】→【建模】→【球体】。

工具栏:【建模】工具栏中按钮。

命令行:SPHERE。

② 命令选项

指定中心点→ 指定半径或直径(D):默认选项,以球体中心点及半径创建球体。

(7) 圆环体

① 命令启动

菜单栏:【绘图】→【建模】→【圆环体】。

工具栏:【建模】工具栏中按钮。

命令行:TORUS。

② 命令选项

指定中心点→ 指定半径或直径(D)→ 指定圆管半径或直径(D):默认选项,以圆环中心点、半径以及圆管半径创建圆环体。

2. 拉伸法

通过拉伸由直线、圆、多段线、面域等构成的闭合或开放图形对象创建实体或曲面。

(1) 命令启动

菜单栏:【绘图】→【建模】→【拉伸】。

工具栏:【建模】工具栏中按钮。

命令行:EXTURDE 或 EXT。

(2) 命令选项

选择要拉伸的对象:使用对象选择方法选择需要拉伸的对象,按下[Enter]键或鼠标右键结束选择。

指定拉伸高度:默认选项。若为正值,将沿对象所在坐标系的 Z 轴正方向拉伸对象;若为负值,将沿 Z 轴负方向拉伸对象。

方向(D):通过两点指定拉伸的长度和方向。

路径(P):选定曲线对象作为拉伸路径。将源对象质心对齐拉伸路径进行拉伸以创建实体或曲面。

倾斜角(T):指定拉伸倾斜角。正角度表示拉伸效果逐渐变细,而负角度则表示拉伸效果逐渐变粗,默认角度 0 表示在与二维对象所在平面垂直的方向上进行拉伸。所有拉伸对象将倾斜到相同的角度。

※※训练 15:将图 1.75a 平面闭合图形拉伸为图 1.75b 所示实体。

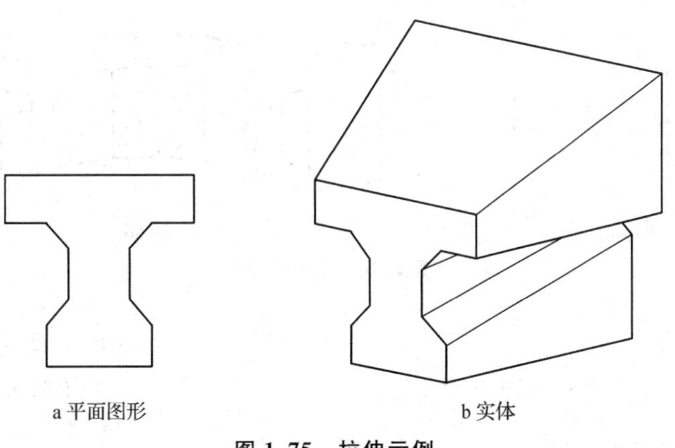

图 1.75　拉伸示例

命令:_region　　　　　　　　　　　　　　　　//启动面域命令

选择对象:指定对角点:找到 14 个　　　　　　//选择全部线段

选择对象:　　　　　　　　　　　　　　　　　//按下[Enter]键,结束选择

已提取 1 个环。

已创建 1 个面域。

命令：EXTRUDE //启动拉伸命令

当前线框密度:ISOLINES=4

选择要拉伸的对象：找到 1 个 //选择生成的面域

选择要拉伸的对象： //按下[Enter]键，结束选择

指定拉伸的高度或[方向(D)/路径(P)/倾斜角(T)]：t //输入倾斜角度−10

指定拉伸的倾斜角度〈350〉:−10

指定拉伸的高度或[方向(D)/路径(P)/倾斜角(T)]：300 //输入拉伸高度300

3. 旋转法

通过绕轴旋转由直线、圆、多段线、面域等构成的闭合或开放图形对象创建实体。

(1) 命令启动

菜单栏:【绘图】→【建模】→【旋转】。

工具栏:【建模】工具栏中按钮。

命令行:REVOLVE 或 REV。

(2) 命令选项

选择要旋转的对象:使用对象选择方法选择需要旋转的对象，按下[Enter]键或鼠标右键结束选择。

→指定轴起点→ 指定轴端点→ 指定旋转角度:默认选项。以两端点定义中心轴，并指定旋转角度以创建实体。

对象(O):指定已有直线、线性多段线线段、实体或曲面的线性边作为中心轴。

X/Y/Z:指定正向 *X*/*Y*/*Z* 轴作为中心轴的正方向。

※※训练 16:将图 1.76a 平面图形旋转为图 1.76b 所示实体。

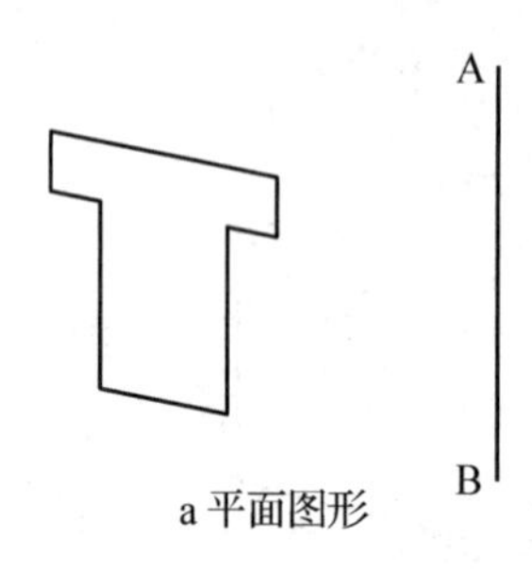

a 平面图形

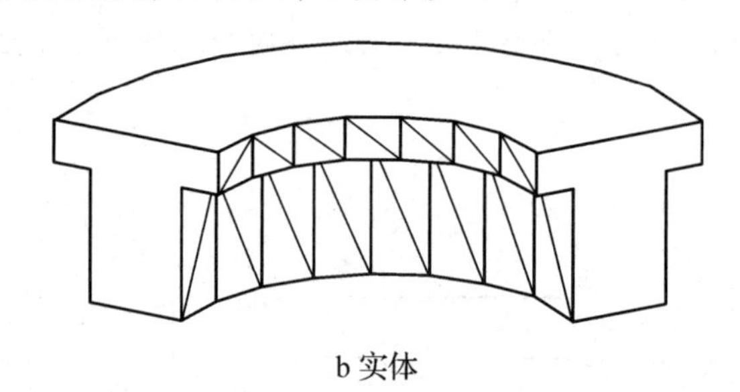

b 实体

图 1.76 旋转示例

命令：_region //启动面域命令

选择对象：指定对角点：找到 8 个 //选择全部线段

选择对象： //按下[Enter]键，结束选择

命令：_revolve //启动旋转命令

当前线框密度:ISOLINES=4

选择要旋转的对象：找到 1 个 //选择生成的面域

选择要旋转的对象： //按下[Enter]键，结束选择

指定轴起点或根据以下选项之一定义轴 [对象(O)/X/Y/Z]〈对象〉:

　　　　　　　　　　　　　　　　　　　　　　　　　　　　　　　　//选择 A 点
指定轴端点：　　　　　　　　　　　　　　　　　　　　　　　　　　//选择 B 点
指定旋转角度或[起点角度(ST)]〈360〉：120　　　　　　　　　　　//输入旋转角度 120

1.6.4　编辑修改三维模型

1. 三维镜像

在 AutoCAD 中，可以通过指定镜像平面实现对象的三维镜像，如图 1.77 所示。

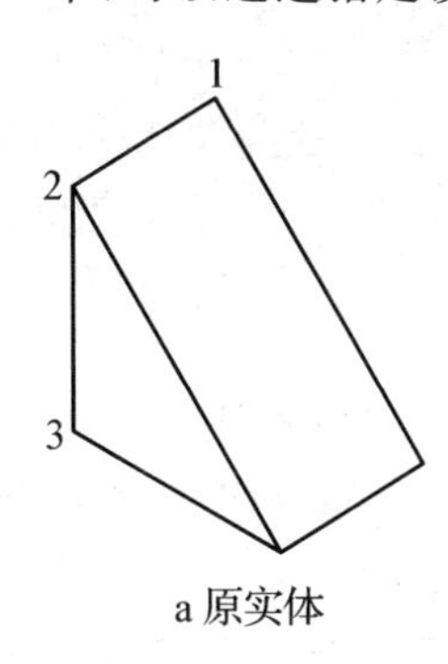

a 原实体

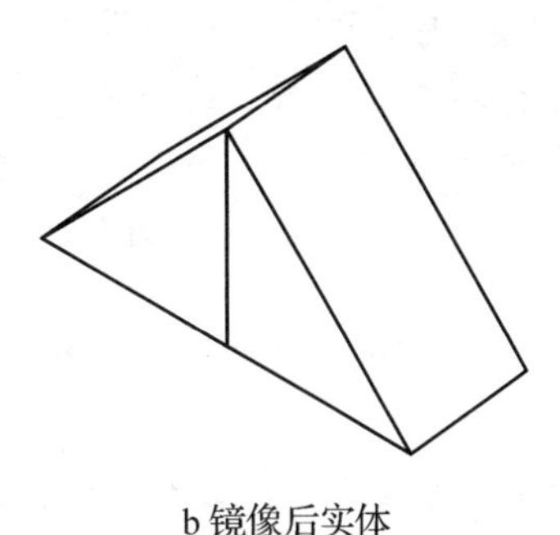
b 镜像后实体

图 1.77　三维镜像示例

(1) 命令启动

菜单栏：【修改】→【三维操作】→【三维镜像】。

命令行：MIRROR3D。

(2) 命令选项

选择对象：使用对象选择方法选择需要三维镜像的对象，按下[Enter]键或鼠标右键结束选择。

指定镜像平面的第一个点 (三点)：默认选项。指定三点定义镜像平面(图 1.77)。

对象(O)：指定平面对象以其所在平面作为镜像平面。

Z 轴(Z)：指定法线定义镜像平面。

视图(V)：指定当前视图平面作为镜像平面。

XY/YZ/ZX：指定标准平面作为镜像平面。

2. 三维旋转

在 AutoCAD 中，可以通过指定基点实现对象的三维旋转。

(1) 命令启动

菜单栏：【修改】→【三维操作】→【三维旋转】。

工具栏：【建模】工具栏中按钮。

命令行：3DROTATE。

(2) 命令选项

选择对象：使用对象选择方法选择需要三维镜像的对象，按下[Enter]键或鼠标右键结束选择。

→ 指定基点→ 拾取旋转轴→ 指定角的起点或键入角度：默认选项。命令启用后，指定基点处出现旋转夹点工具(图 1.78b)，利用此夹点工具选择旋转轴，输入角度后实现三维旋转。

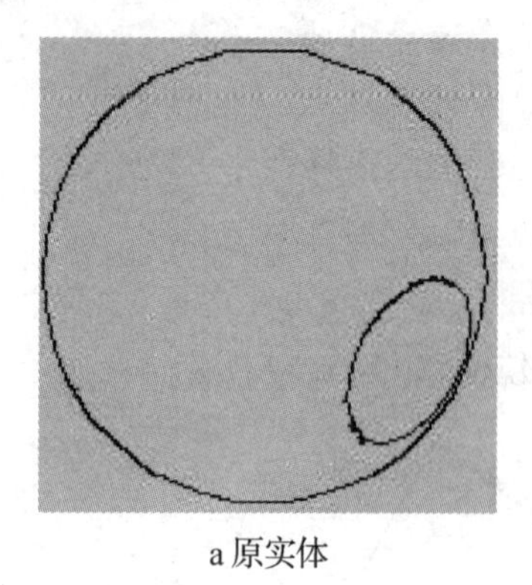

a原实体　　b旋转过程

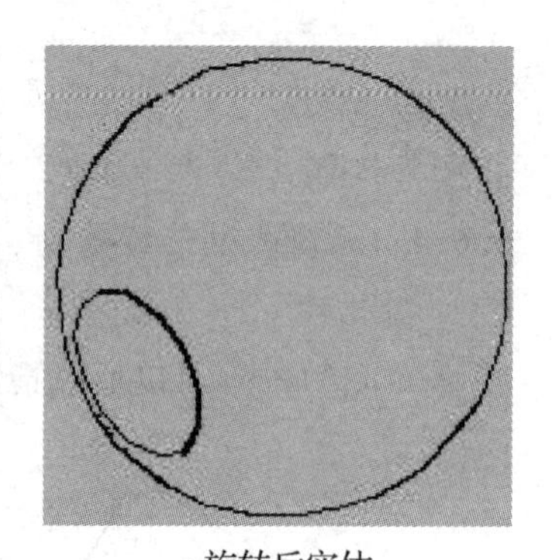

c旋转后实体

图1.78　三维旋转示例

※※训练17：将图1.78a平面图形三维旋转为图1.78c所示实体。

命令：_3drotate　　//启动三维旋转命令

UCS当前的正角方向：ANGDIR=逆时针　ANGBASE=0

选择对象：找到1个　　//选择原实体

选择对象：　　//按下[Enter]键，结束选择

指定基点：　　//选择球心

拾取旋转轴：　　//选择水平面竖直轴

指定角的起点或键入角度：－90　　//输入旋转角度－90

3. 三维阵列

(1) 命令启动

菜单栏：【修改】→【三维操作】→【三维阵列】。

命令行：3DARRAY。

(2) 命令选项

矩形阵列：选择源对象后，要求输入行数、列数、层数以及行间距、列间距、层间距。

环形阵列：选择源对象后，依次输入阵列中的项目数目，要填充的角度，选择是否旋转阵列对象，并指定两点以定义阵列的旋转轴。

※※训练18：将图1.79a平面图形三维阵列为图1.79b所示实体。

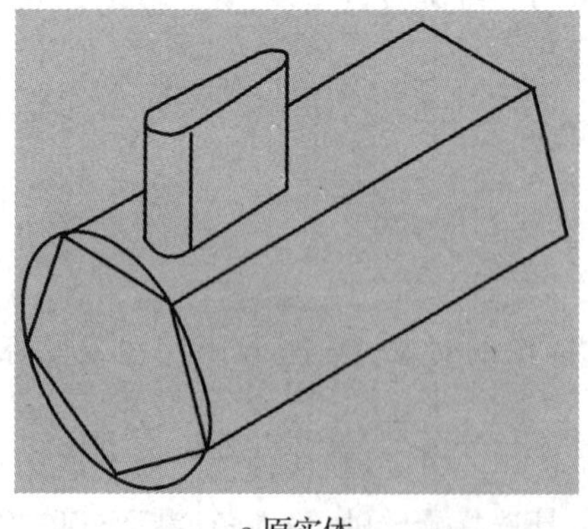

a原实体

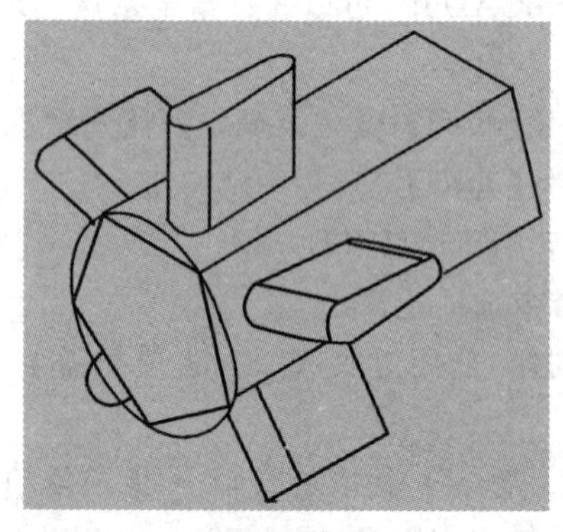

b阵列后实体

图1.79　三维阵列示例

命令：_3darray　　//启动三维阵列命令
选择对象：找到 1 个　　//选择原实体
选择对象：　　//按下[Enter]键，结束选择
输入阵列类型 [矩形(R)/环形(P)]〈矩形〉：p　　//选择环形阵列
输入阵列中的项目数目：5　　//输入项目数 5
指定要填充的角度（+＝逆时针，－＝顺时针）〈360〉：　　//按下[Enter]键，取默认值
旋转阵列对象？[是(Y)/否(N)]〈Y〉：　　//按下[Enter]键，取默认值
指定阵列的中心点：　　//选择圆心
指定旋转轴上的第二点：　　//选择中心轴线上点

1.6.5　三维建模综合练习

※※训练 19：根据图 1.80a 所示三视图完成图 1.80b 所示实体建模。

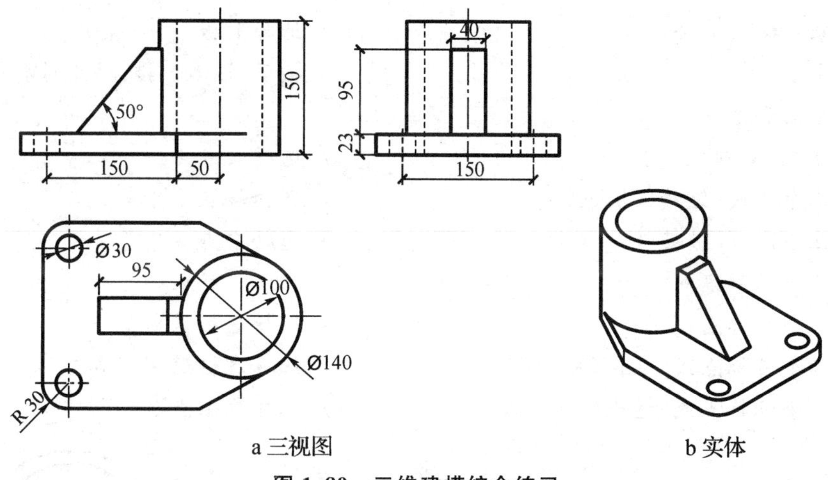

a 三视图　　b 实体

图 1.80　三维建模综合练习

1. 创建底板

(1) 选择平面图，删除部分图形元素、尺寸标注等信息，整理为如图 1.81a 所示图形。

(2) 面域：启动 REGION 命令，选择图 1.81a 所示粗实线线段，生成面域。

(3) 拉伸：启动 EXTRUDE 命令，选择面域与 2 个ϕ30 圆进行拉伸，拉伸高度为 23。初步完成底板创建，如图 1.81b 所示。

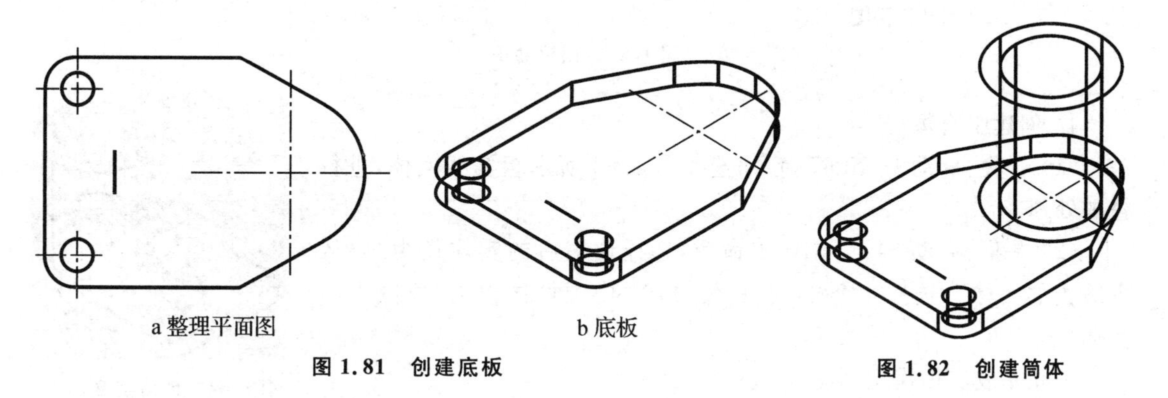

a 整理平面图　　b 底板

图 1.81　创建底板　　图 1.82　创建筒体

2. 创建筒体

(1) 内圆柱体:启动 CYLINDER 命令,以底板上保留的中心线交点作为底圆圆心,底圆直径为 100,圆柱体高度 150。

(2) 外圆柱体:启动 CYLINDER 命令,以底板上保留的中心线交点作为底圆圆心,底圆直径为 140,圆柱体高度 150。

初步完成筒体创建,如图 1.82 所示。

3. 创建肋板

(1) 选择正立面图,整理肋板外轮廓如图 1.83a 所示图形。

(2) 面域:启动 REGION 命令,将图 1.83a 所示图形生成面域。

(3) 拉伸:启动 EXTRUDE 命令,选择面域进行拉伸,拉伸高度为 40。

(4) 对齐:启动 3DALIGN 命令,选择肋板进行三维对齐,如图 1.83b 所示。

```
命令: _3dalign                                //启动三维对齐命令
选择对象: 找到 1 个                            //选择肋板
选择对象:                                      //按下[Enter]键,结束选择
指定源平面和方向 ...
指定基点或[复制(C)]:                          //选择端点 1
指定第二个点或[继续(C)]〈C〉:                  //选择端点 2
指定第三个点或[继续(C)]〈C〉:                  //选择中点 3
指定目标平面和方向 ...
指定第一个目标点:                              //选择底板保留端点 1′
指定第二个目标点或[退出(X)]〈X〉:              //选择底板保留端点 2′
指定第三个目标点或[退出(X)]〈X〉:              //选择象限点 3′
```

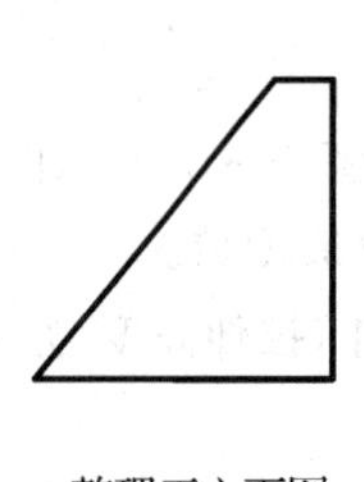

a 整理正立面图

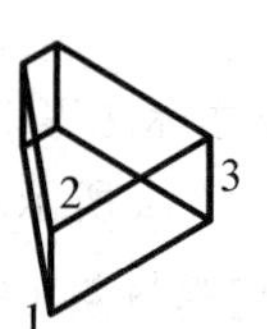

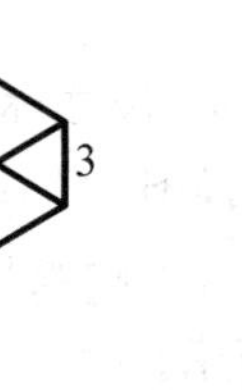

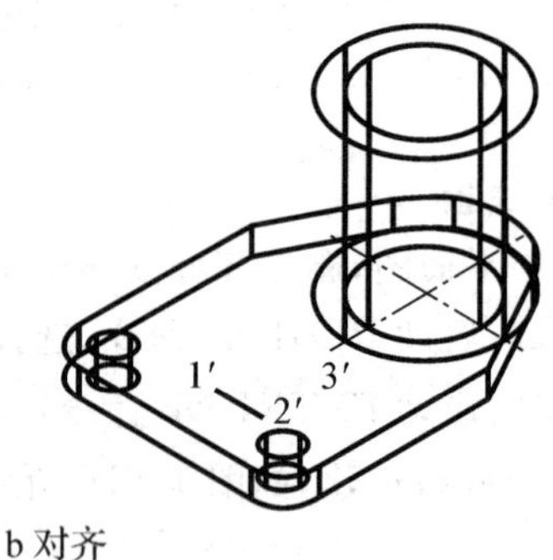

b 对齐

图 1.83 创建肋板

4. 创建组合体

(1) 合集:启动 UNION 命令,选择图 1.84 所示粗实线实体,进行叠加处理。

(2) 差集:启动 SUBTRACT 命令,选择合集后的实体作为“要从中减去的实体”,选择 2 个ϕ30 圆柱体、ϕ100 内圆柱体作为“要减去的实体”。

至此完成实体模型创建。

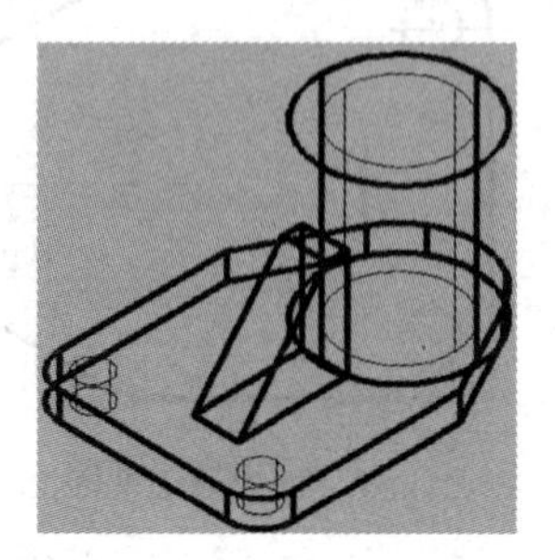

图 1.84 创建组合体

任务 1.7　天正建筑软件基本界面

1.7.1　天正工具条

第一次打开天正建筑软件(TArch)时,在绘图区中会出现如图 1.85 所示的工具条。TArch 将一些常用的命令放在“常用快捷功能”工具条上,单击其中的命令按钮,可以调出相应的命令。为方便绘图,可将此工具条拖放到屏幕一侧。

图 1.85　天正 CAD 常用工具条

在此工具条的任一按钮上按鼠标右键,会出现图 1.86 所示的浮动菜单,它是天正工具条的快捷打开方式。

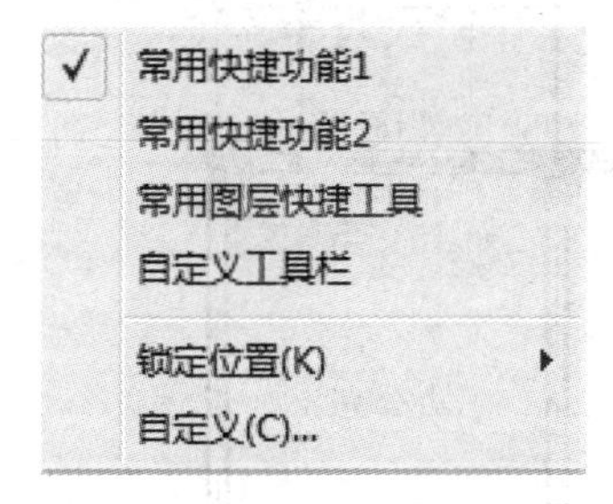

图 1.86　天正 CAD 浮动菜单

1.7.2　天正建筑菜单及命令行命令输入

天正建筑 CAD 菜单是折叠式屏幕菜单,保留了 AutoCAD 的所有下拉菜单和图标菜单,它的默认位置是出现在绘图区的左边,用户可以用鼠标左键拖动;天正 CAD 菜单可以使用“Ctrl”+“+”显示或隐藏。其子菜单的显示方法如图 1.87 所示。

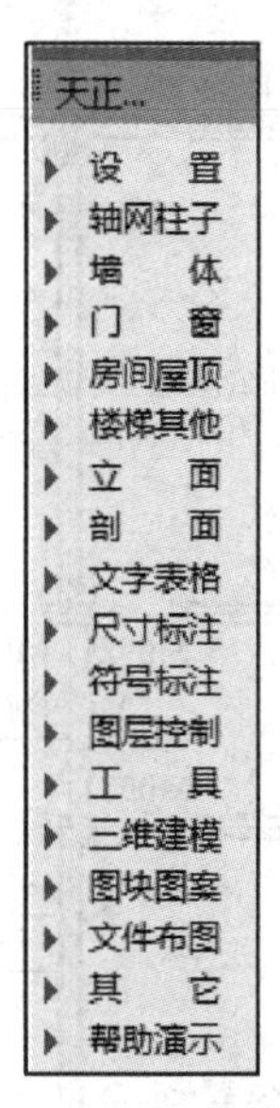

a 天正初始菜单

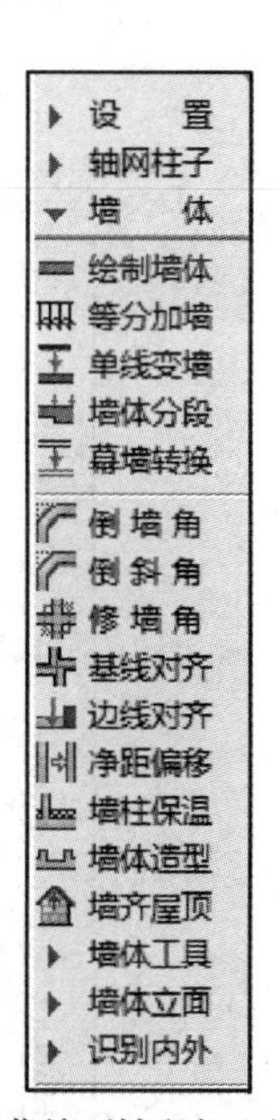

b 菜单项按鼠标左键

图 1.87　天正建筑 CAD 菜单打开方式

天正命令的执行,通常从天正菜单中找到相应的命令后单击鼠标左键,也可从屏幕下方的命令行中输入相关命令。当鼠标停留在相应的天正子菜单命令项时,会在屏幕最下面的状态栏上出现相应的天正命令功能简介及命令字母缩写,如鼠标停留在“绘制墙体”菜单命令项时,会在状态栏上出现“连续绘制双线直墙或弧墙:HZQT”。分析可见,此天正命令的中文名称中每一个汉字拼音的第一个字母组合而成 HZQT,当然,并非完全如此。

1.7.3 天正状态栏

天正建筑软件界面在 AutoCAD 状态栏的基础上增加了比例设置的下拉列表控件以及多个功能切换开关，解决了动态输入、墙基线、填充、墙柱加粗和动态标注的快速切换(图 1.88)。

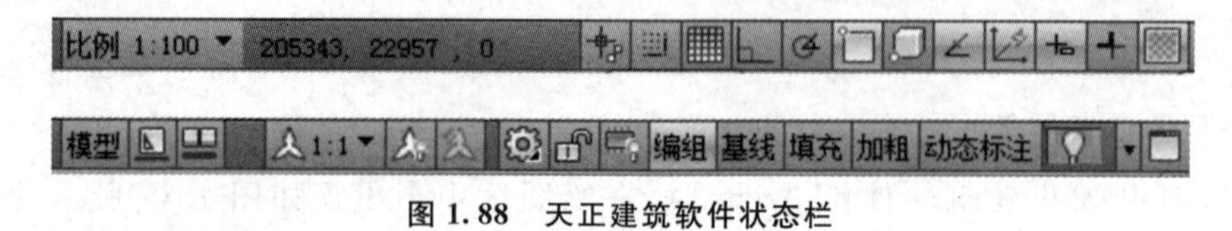

图 1.88 天正建筑软件状态栏

任务 1.8 天正建筑软件入门

作为天正建筑 CAD 的入门，我们选择了一个相对简单的建筑平面图举例，如图 1.89 所示。

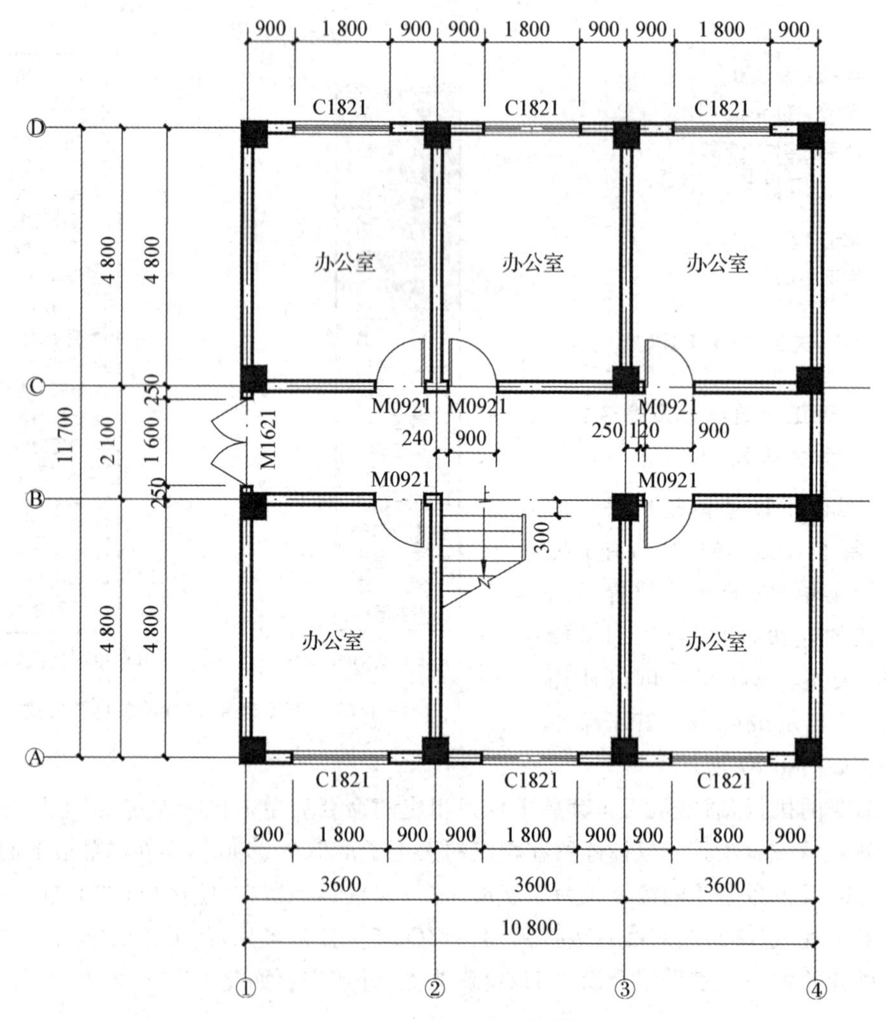

图 1.89 天正 CAD 入门操作图

1.8.1　绘制轴网并进行轴线标注

执行天正菜单【轴网柱子】→【绘制轴网】，在出现的对话框中有“上开、下开、左开、右开”的一组单选按钮，这分别对应图 1.89 所示图形的上下左右四个位置，这四个位置各有一组尺寸数据，图 1.89 中上下、左右数据基本相同，因而在输入数据时，可以只输入下开和左进两组数据，其数据输入顺序为由左向右、由下向上(与轴号顺序对应，如表 1.3)。

表 1.3　轴网数据表

下开	3600	3600	3600
左进	4800	2100	4800

在输入下开数据时，可以点击 3 次“3600”，这时“3600”的右边的数据均显示为“1”；也可以点击 1 次“3600”，然后将其右边的数据“1”修改为“3”。数据输入完毕后，点击对话框的“确定”按钮，在天正绘图区中点击鼠标左键，此时轴网如图 1.90 所示。

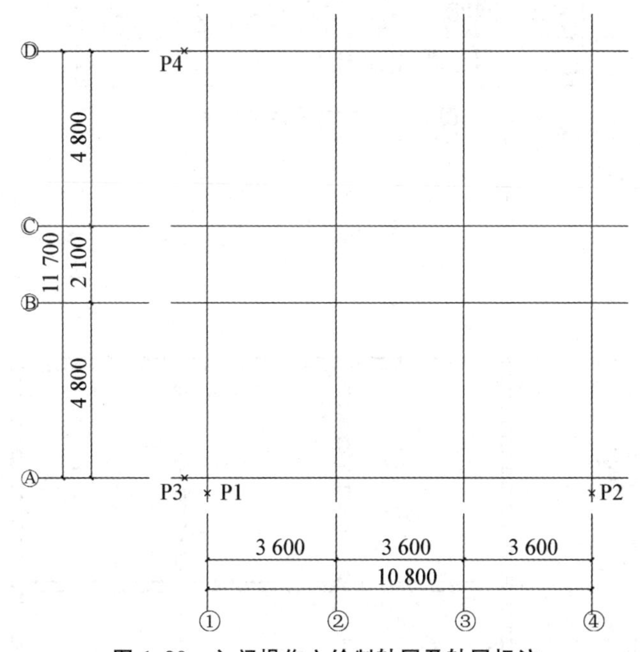

图 1.90　入门操作之绘制轴网及轴网标注

执行天正菜单【轴网柱子】→【轴网标注】，用鼠标左键分别点击图 1.90 所示的 P1 和 P2 两处(此时对象捕捉自动出现最近点捕捉，P1、P2 分别位于水平轴标时的起始轴线和终止轴线)，且在点击 P1、P2 之前会自动出现轴网标注对话框，如图 1.91 所示，此时使用的是默认“双侧标注”选项，可根据需要在“单侧标注”与“双侧标注”间进行切换。同样，可点击 P3、P4 所在的轴线实现垂直方向上的轴标。

图 1.91　轴网标注对话框

1.8.2 绘制墙体、绘制柱子

1. 绘制墙体

执行天正菜单【墙体】→【绘制墙体】命令，出现如图 1.92 所示的对话框，将其中的“左宽”“右宽”均设置成 120。然后采用图 1.92 对话框左下角的绘制直墙命令在所有墙体处用两点直线方式布置墙体，得到图 1.93 所示的结果。墙体加粗方式可点击状态栏的“加粗”按钮，也可执行天正菜单【设置】→【天正选项】命令，在天正选项对话框中点击 “加粗填充”按钮，并选中对话框中的“对墙柱进行向内加粗”，如图 1.94 所示。

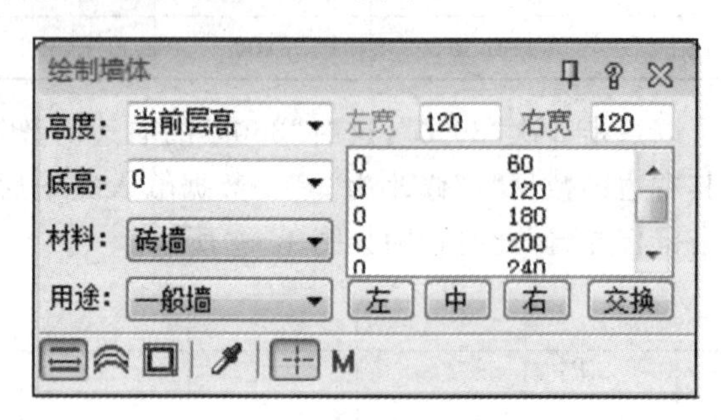

图 1.92　绘制墙体对话框

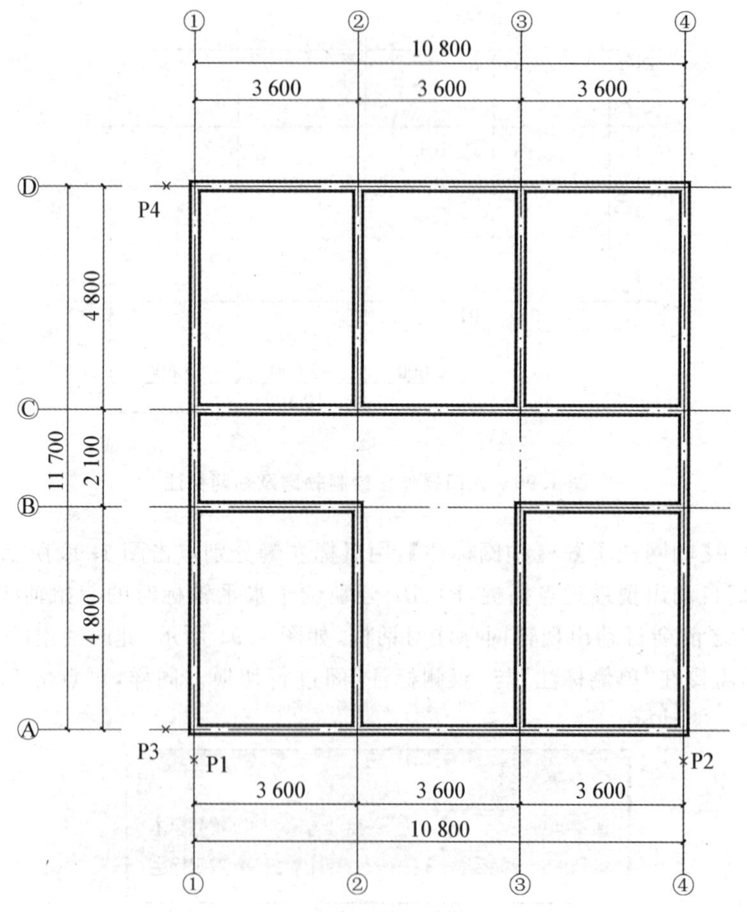

图 1.93　绘制墙体

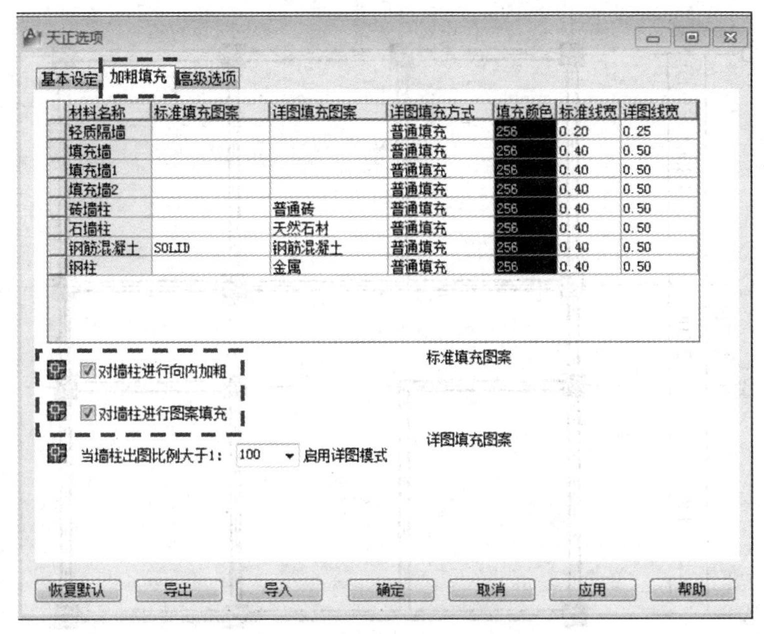

图 1.94　墙柱进行向内加粗对话框

2. 绘制柱子

执行天正菜单【轴网柱子】→【标准柱】命令，出现如图 1.95 所示的标准柱对话框，设置柱子的截面尺寸等参数，此例将柱子的截面尺寸设置为 500×500。对话框的左下角有一组柱的插入方式按钮，本例中采用第三种插入方式，即指定的矩形区域内在轴线交点插入柱子，如图 1.96 所示。

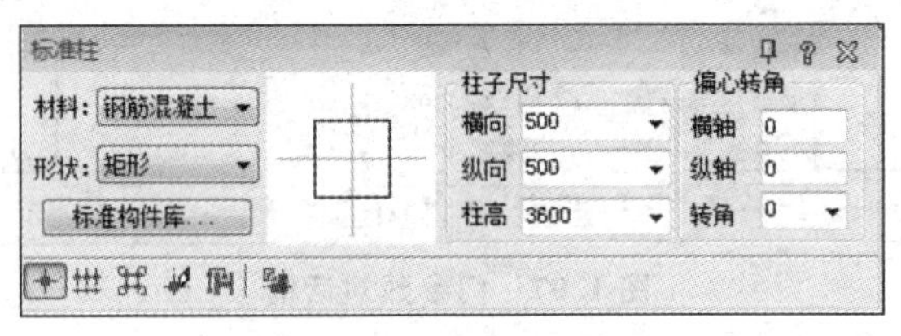

图 1.95　标准柱对话框

图 1.96 的柱子的平面位置与图 1.89 不一致，需要对柱子进行偏移处理，执行天正菜单【轴网柱子】→【柱齐墙边】命令完成柱子偏移，操作中，依据原图，根据命令行的提示信息，循序操作完成。

1.8.3　绘制门窗

执行天正菜单【门窗】→【门窗】命令，出现如图 1.97 所示的门参数对话框，此对话框的最下面有两组按钮，一组是居右的插入构件种类按钮，另一组是居左的插入位置按钮。在图 1.89 中使用了“插门”和“插窗”两种构件，插入的位置通常使用左起的第二个和第三个按钮，分别是“沿墙顺序插入”和“依据点取位置的两侧轴线进行等分插入”。

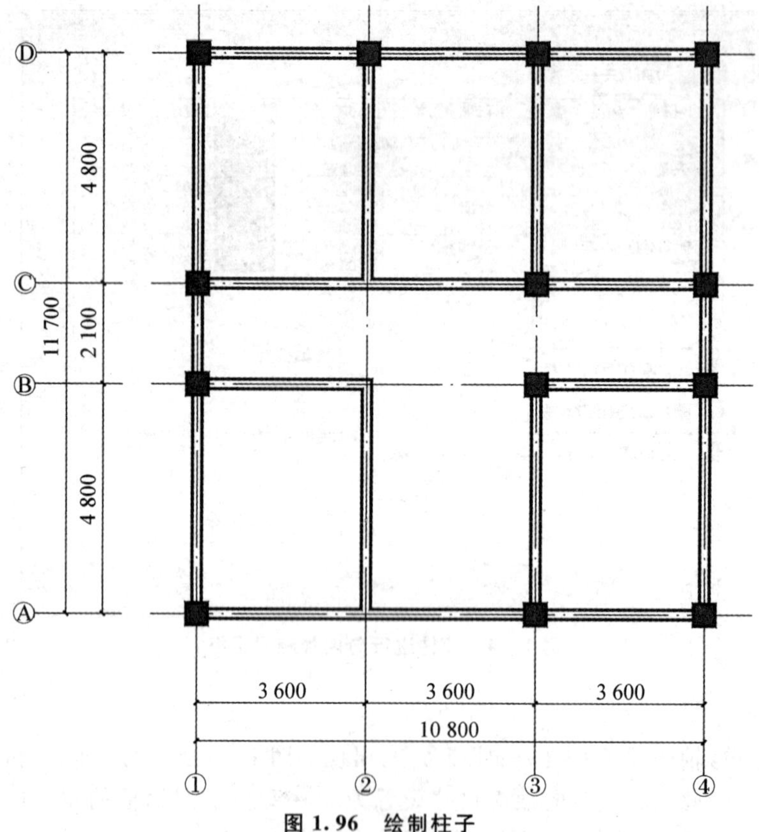

图 1.96　绘制柱子

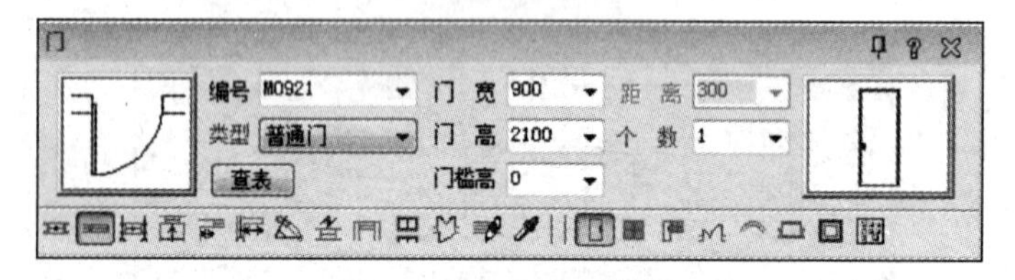

图 1.97　门参数对话框

图 1.89 中的门均可采用“沿墙顺序插入”的方法，依次要求：鼠标左键点取墙体→输入从基点到门窗侧边的距离→对插入的门进行“左右翻转”或“内外翻转”，使门的开启方向、门扇的位置与目标图一致。

图 1.89 中，窗的编号均为 C1821，且在两个相邻的轴线间居中布置，参数设置对话框如图 1.98 所示。

图 1.98　窗参数对话框

1.8.4 绘制楼梯

楼梯绘制前,先确定楼梯的相关参数。楼梯的踏步高度=3 600 mm(层高)/22(踢面数)=163.6 mm,踏步高在 150~170 mm 之间,符合一般建筑的踏步高度要求,因此踢面数按 22 级确定。楼梯形式采用双跑楼梯,每一跑的踢面数量为 11 级,踏面数为 10。每一跑楼梯段的宽度=[3 600 mm(开间尺寸)−120 mm×2−200(楼梯井宽 mm)]/2=1 580 mm。根据中间休息平台净宽不得小于梯段净宽的规范要求,楼梯起步处离 B 轴的距离=4 800 mm(进深尺寸)−120 mm−1 580 mm(中间休息平台净宽)−280 mm×10(梯段总长)=300 mm。

楼梯绘制时,执行天正菜单【楼梯其他】→【双跑楼梯】命令,出现如图 1.99 所示的“双跑楼梯”对话框,此对话框中的“梯间宽”数据改成 3 360(3 600−2×半墙宽 120),休息平台宽度设置为 1 580,踏步宽度取为 280,踏步总数为 22,“层类型”设置成“首层”,插入时注意命令行的提示,要按“A”字母进行适当的旋转和“T”字母将楼梯插在相应的位置。

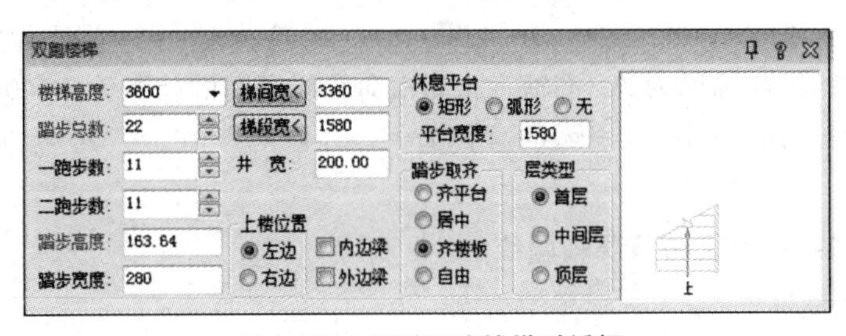

图 1.99 矩形双跑楼梯对话框

1.8.5 尺寸标注

执行【尺寸标注】→【逐点标注】命令,对门窗的位置进行准确定位标注,绘制时注意平面图上的第一、第二、第三道细部尺寸的位置。

第2章 天正建筑软件在建筑施工图绘制中的应用

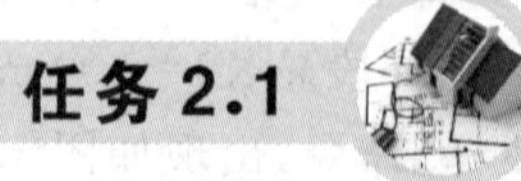

任务2.1 一层建筑平面图绘制

本章各任务均以教材后附录(扫封底二维码关注并读取,下同)——某工程项目的建筑施工图为例展开。读施工图可知,房屋为钢筋混凝土框架结构,层数为三层(局部四层),一、二、三、四各层的层高分别为4 500 mm、4 000 mm、4 000 mm、3 600 mm。从一层平面图上可见,房屋的横向轴标为1—7轴,纵向轴标为A—C轴。相邻横向轴线之间的柱距为7 600 mm,相邻纵向轴线之间的柱距(跨度)为8 000 mm,房屋的总长为38 m,总宽为16 m。房屋的使用功能是机修及机配件车间。

2.1.1 天正初始化设置和首层轴网绘制

1. 天正初始化设置

根据建筑施工图中的南立面图可知底层的层高为4 500 mm。

双击桌面天正建筑图标,进入天正建筑的绘图界面。点击屏幕左侧天正菜单【设置】→【天正选项】,点击对话框中"基本设定"选项卡,对话框界面如图2.1所示,将"当前层高"项内容改为4500,其余不变。

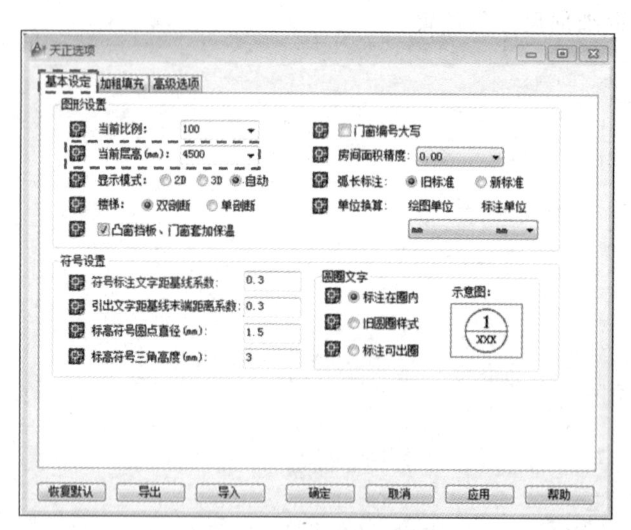

图2.1 天正选项对话框

"显示天正屏幕菜单"的快捷操作为"Ctrl"+"+"形式,即按住Ctrl键不放,再按"+"键,可实现显示与隐藏天正屏幕菜单的切换。天正的功能菜单较多,本书仅按附录图需要使用了其中一部分菜单来熟悉天正CAD绘图方法,较多的功能菜单需要读者举一反三、自主学习。

2. 首层轴网绘制

(1) 建立直线轴网

根据附录的一层平面图，得到表 2.1 中的轴网数据用来绘制直线轴网。图中，“上开”与“下开”数据相同，“右进”与“左进”数据相同。

表 2.1　一层平面轴网数据表

下开(mm)	7600	7600	7600	7600	7600
左进(mm)	8000	8000			

执行菜单命令:【轴网柱子】→【绘制轴网】→【直线轴网】。依次输入“下开”和“左进”的轴间距以及个数，如图 2.2 所示。

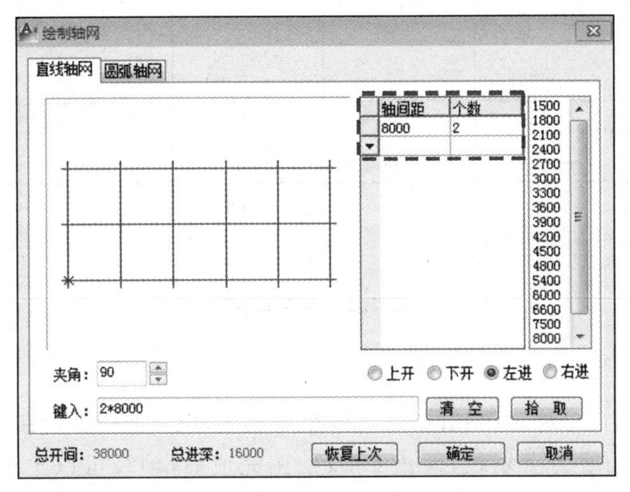

图 2.2　直线轴网参数对话框

用鼠标点击对话框的“确定”按钮后，我们可在命令行中见到如下提示：

命令:T71_TAxisGrid

点击位置或[转 90 度(A)/左右翻(S)/上下翻(D)/对齐(F)/改转角(R)/改基点(T)]〈退出〉:

此处可对轴网按各选项进行操作，输入对应的大写字母即可。本例直接用鼠标在屏幕上点取位置。

(2) 轴网标注

执行菜单命令【轴网柱子】→【两点轴标】。

执行此命令后，会自动出现轴网标注对话框，“双侧标注”默认为选中状态，此例也可选择“单侧标注”。

命令:T71_TAxisDim2p

请选择起始轴线〈退出〉:　　　　//点取 P1 点

请选择终止轴线〈退出〉:　　　　//点取 P2 点

请选择不需要标注的轴线:　　　　//按[Enter]键或空格键

请选择起始轴线〈退出〉:　　　　//点取 P3 点

请选择终止轴线〈退出〉:　　　　//点取 P4 点

请选择不需要标注的轴线:　　　　//按[Enter]键或空格键

请选择起始轴线〈退出〉: //按[Enter]键或空格键,退出两点轴标命令。轴网标注完成后的成果如图 2.3 所示。

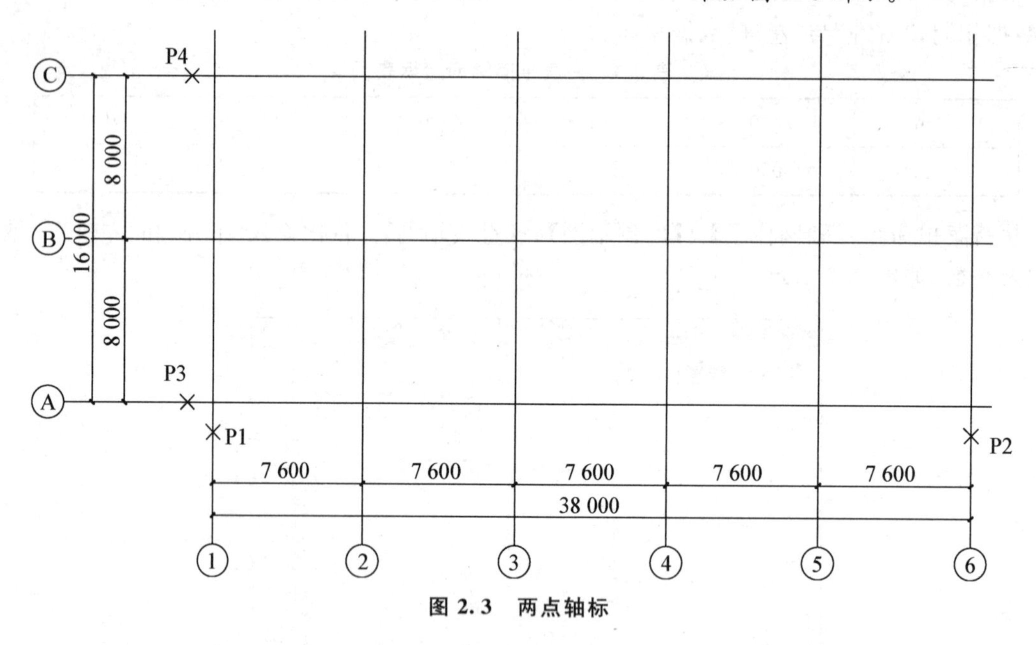

图 2.3 两点轴标

(3) 轴改线型

天正 CAD 的轴网命令绘制的轴网,默认线型是实线,以方便构件绘制时快速捕捉到轴网交点。工程图中使用的轴线为点划线,天正 CAD 绘图完成后,轴线可以菜单命令将实线改成点划线。

执行天正菜单【轴网柱子】→【轴改线型】(或命令行输入:ZGXX),执行此命令后,原来实线轴线将变为点划线;再执行此命令时,会发现点划线还原成为实线。该命令是一个切换开关形式。

2.1.2 首层柱子绘制

读附录 1 结构施工图中的“框架柱平面布置图”可知,首层的框架柱有三种截面尺寸,分别是 500 mm×500 mm,600 mm×600 mm(KZ5、KZ6),500 mm×600 mm(KZ8)。

框架柱的截面尺寸可按“框架柱平面布置图”选定。框架柱的绘制执行命令【轴网柱子】→【标准柱】,输入框架柱的截面参数,点选框架柱所在的轴网交点采用“点选插入柱子”。偏心的正负号规定为:右偏为正、左偏为负;上偏为正、下偏为负。图 2.4 是Ⓐ、⑥轴相交处的框架柱的参数设定值,500 mm×500 mm 的柱子形心与轴线交点之间的位置关系为左偏 125 mm,上偏 125 mm。标准柱绘制完成的阶段成果如图 2.5 所示。

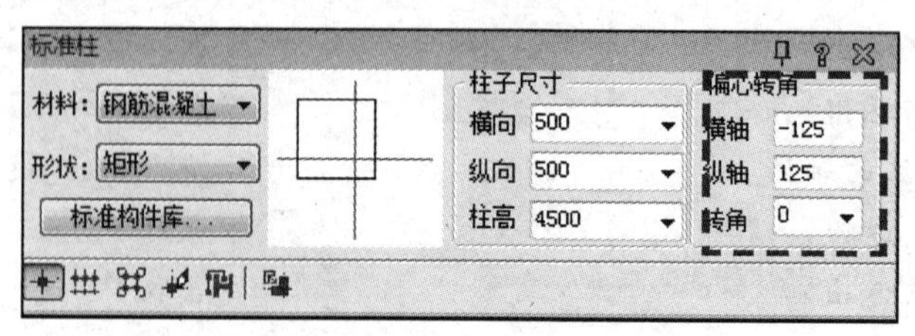

图 2.4 标准柱的参数设定

若框架柱的截面形心初步布置时与轴线交点一致，也可在墙体绘制完成后执行【轴网柱子】→【柱齐墙边】等相关命令，按结构施工图中的柱定位对柱子进行准确定位。

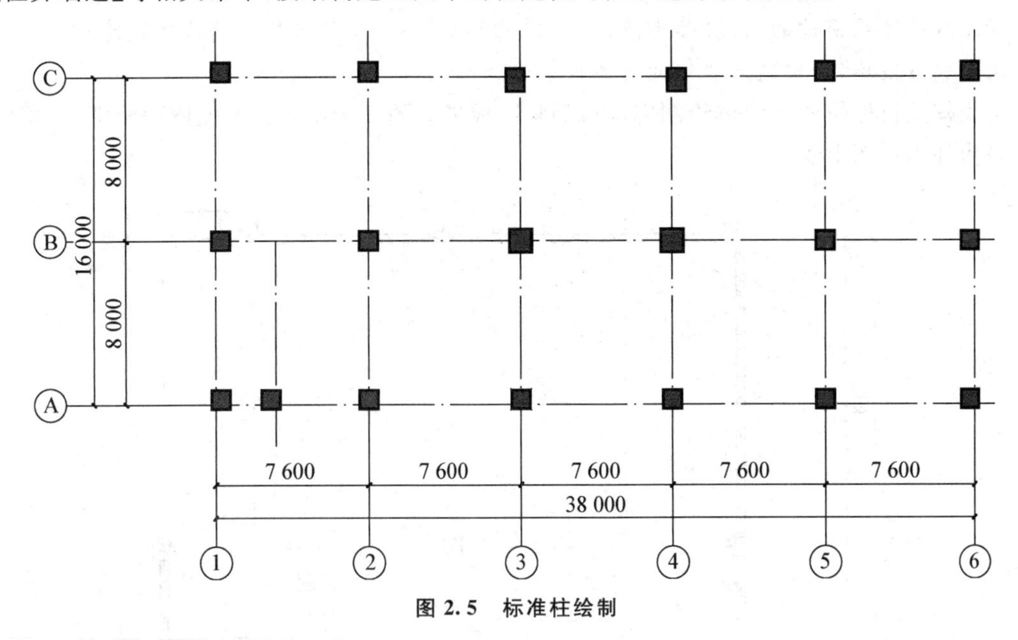

图 2.5　标准柱绘制

附录一层建筑平面图的框架柱布置与结构施工图略有出入，标准柱绘制时，以结构施工图的“框架柱平面布置图”作为绘图依据。

一层建筑平面图中构造柱(GZ)的绘制，参照附录基础平面布置图中的构造柱进行定位绘制。

2.1.3　首层墙体绘制

根据附录“建筑施工图设计说明”中的墙体工程的相关表述，该项目墙体的厚度均为 240 mm，一层即“±0.000 以上采用 240 厚 MU10 混凝土多孔砖，Mb5.0 混合砂浆砌筑”。

为使图面清晰，下述操作引领取附录一层建筑平面图③轴以左部分的平面做介绍。

执行天正菜单【墙体】→【绘制墙体】命令，出现图 2.6 所示对话框，在“左宽”和“右框”的提示中均输入 120。

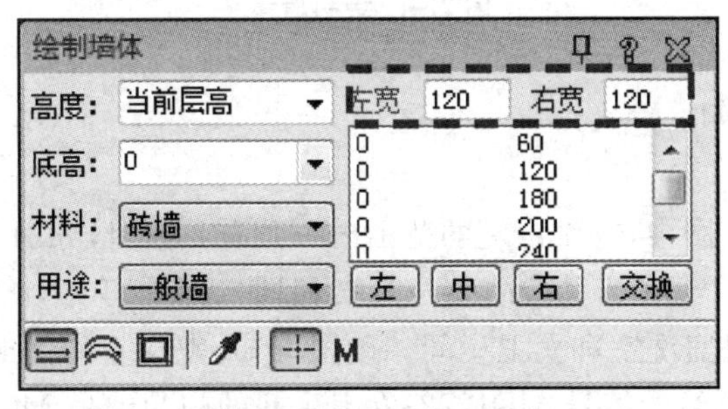

图 2.6　绘制墙体对话框

点选图 2.6 左下角的▤图标绘制直墙，即可在图面上相应位置绘制墙体。

墙体绘制是关于轴线居中的，而部分墙体实际有偏心。可执行【墙体】→【边线对齐】命令，实现偏心操作。

命令行的提示为：

命令：TAlignwall

请点取墙边应通过的点或[参考点(R)]〈退出〉：　　　//鼠标拾取墙边通过的点

请点取一段墙〈退出〉：点取墙的对齐轮廓线。

墙线移至目标位置。墙体绘制完成后的阶段成果如图 2.7 所示。为使图面清晰，一层的构造柱等构件未在图上绘出。

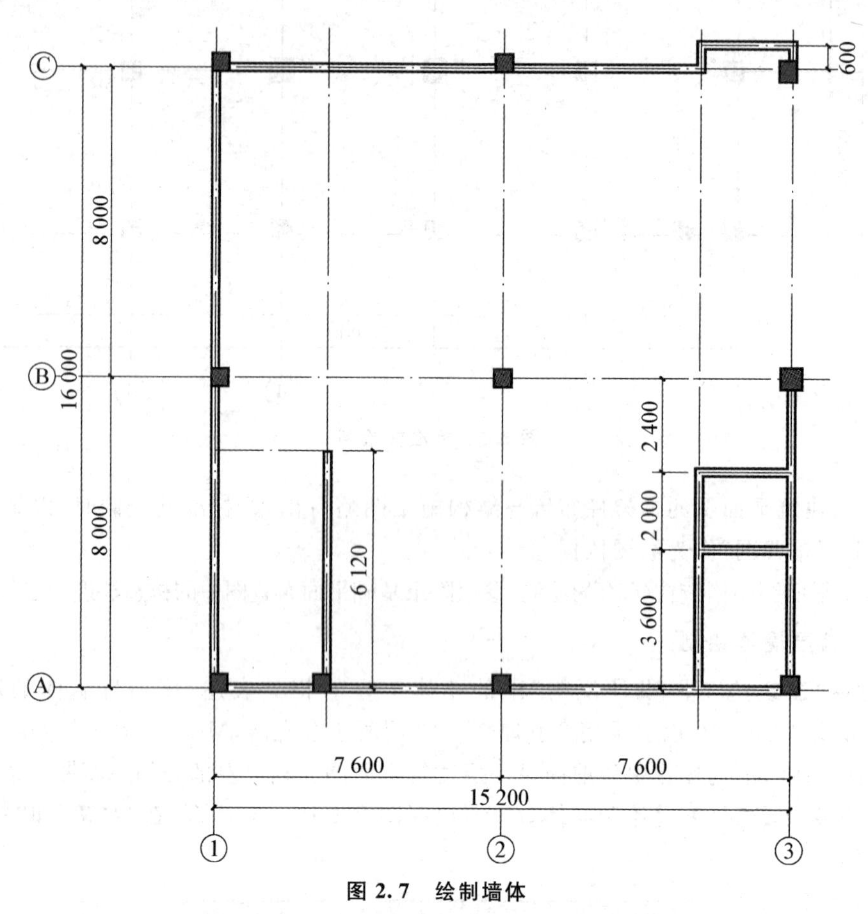

图 2.7　绘制墙体

2.1.4　首层门窗绘制

1. 门及门洞绘制

附录的一层建筑平面图中，③轴以左的范围内一共有 2 樘门，分别是①轴上的门 M1527(表示门宽1 500 mm，门高2 700 mm，其余门编号意义相同)，图上可见，该门为双扇外开门。③轴左侧的两个小房间依次是盥洗室和女卫生间。读图可知，盥洗室的门洞宽度为1 200 mm，门洞高为2 200 mm，绘制时，可给予编号 MD1222；女卫生间的门为编号 M0822 的内开门。

①轴 M1527 的插入：执行天正菜单【门窗】→【门窗】命令，显示图 2.8 所示的“门窗参数”对话框，点击图 2.8 右下方的插门按钮◫，在编号处输入“M1527”，门宽输入“1500”，门高输入“2700”。鼠标单击图 2.8 中的虚线矩形框区域，出现图 2.9 所示平面门的图形选择对话框，选择 M1527 的对应样式。样式选定后，选择对应的插入方式在①轴上插入门，此处选择的插入方

式为“沿墙顺序插入”，即图 2.8 左下角的第二个按钮。女卫生间的 M0822 的绘制方法与 M1527 相同。

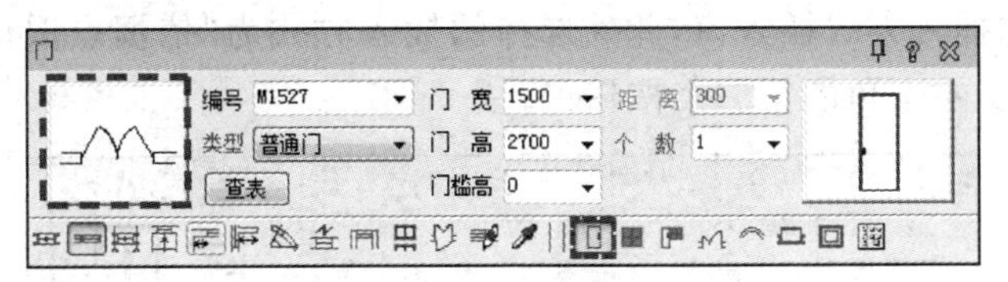

图 2.8　M1527 的类型和参数对话框

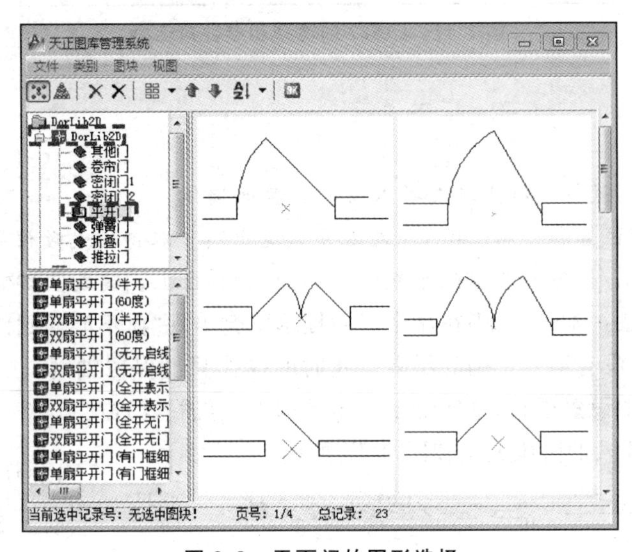

图 2.9　平面门的图形选择

盥洗室门洞插入：执行天正菜单【门窗】→【门窗】命令，显示图 2.10 所示对话框，点击图 2.10 右下角的按钮，在编号处输入“MD1222”，洞宽输入“1200”，洞高输入“2200”。选择对应的插入方式插入门洞，此处选择的插入方式为“沿墙顺序插入”，即图 2.10 左下角的第二个按钮。

图 2.10　MD1222 的类型和参数对话框

2. 窗的绘制

附录的一层建筑平面图（③轴以左的范围）中，Ⓐ轴上的窗有 4 樘，共 3 种规格，分别是 C1527（表示窗宽1 500 mm，窗高2 700 mm，其余窗编号意义相同）、C1827、C1520，从 2－2 剖面图中可清晰地看出一层Ⓐ轴 2700 高度的窗窗台离地高度为1 000 mm。从北立面图可见，③轴左侧女卫生间的窗 C1520 的上口与旁边 C1527 窗的上口平齐，因此该窗窗台的离地高度＝1000＋700＝1 700 mm。一层平面图中 C1520 的线型为虚线，表明该窗为一层剖切平面以上的高窗。Ⓒ轴上窗有三樘，分别是 C6427、C4827 和 C1527，三樘窗户的高度均为2 700 mm，窗户的宽度请注意平面图的标注，不是 100 mm（模数 1M）的倍数。

Ⓐ轴窗的绘制：执行天正菜单【门窗】→【门窗】命令，显示图 2.11 所示对话框，点击图 2.11 右下角的按钮，在编号处输入“C1527”，窗宽输入“1500”，窗高输入“2700”，窗台高输入“1000”。选择对应的插入方式插入窗，此处选择的插入方式为“依据点取位置两侧的轴线进行等分插入”，即图 2.11 左下角的第三个按钮。

图 2.11　C1527 的类型和参数对话框

命令行的提示为：

命令：Topening

点取墙体〈退出〉：鼠标左键点取要插入窗的位置的墙体

点取门窗大致的位置和开向(Shift—左右开)〈退出〉：点取窗的大致位置

指定参考轴线[S]/门窗和门窗组个数(1—2)〈1〉：按[Enter]键或空格键

绘制中，若窗无法正常绘出，则在命令行的提示中会出现“窗不能插到该墙上”，则主要是因为在天正初始设定时没有输入正确的层高。此时的操作只能保留轴网、柱子，其他图元全部删除，重新在初始设定中设置层高，重新绘制墙体等构件，再插入门窗。

③ 轴以左门窗插入的阶段成果如图 2.12 所示。

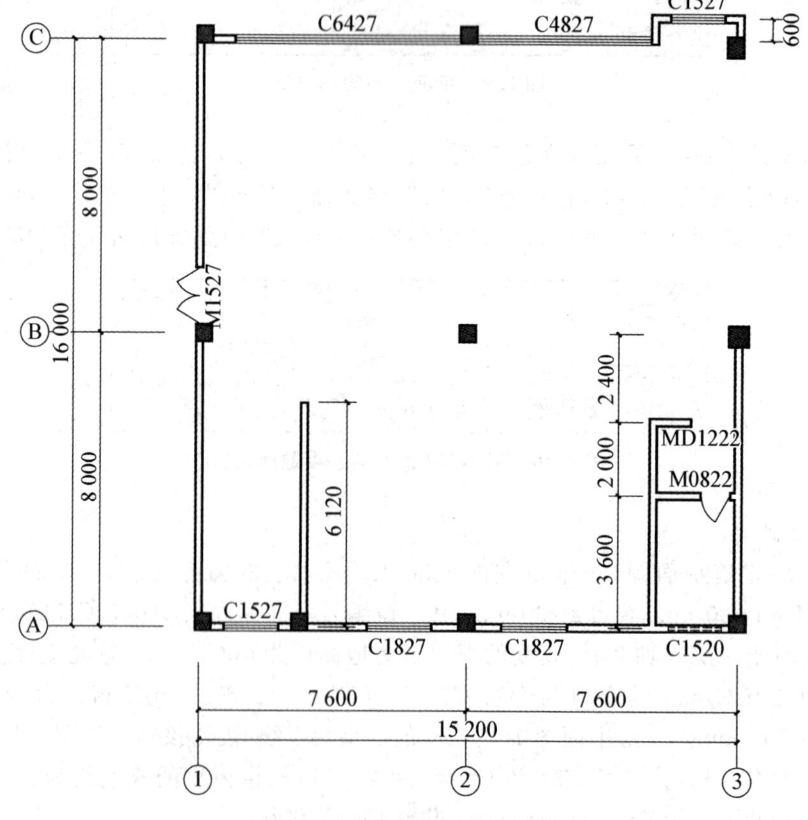

图 2.12　门窗插入后的平面图

2.1.5　楼梯绘制

需要绘制的楼梯在①轴右侧房间。从附录一层平面图可见，①轴右侧的楼梯剖切符号是3—3。读3—3剖面可知，一层楼梯为双跑形式，每跑楼梯13个踏面，14级踢面，踏面宽270 mm，踢面高161 mm。

从二层平面图可知，楼梯井宽100 mm，楼梯间净宽为3000－240＝2 760 mm，中间休息平台宽为1600－120＝1 480 mm。

从一层平面图可定出一层楼梯的起步位置。

执行天正菜单【楼梯其他】→【双跑楼梯】命令，显示如图2.13所示对话框。按上述分析输入相关双跑楼梯参数。根据命令行提示，即可完成楼梯一层平面图绘制。

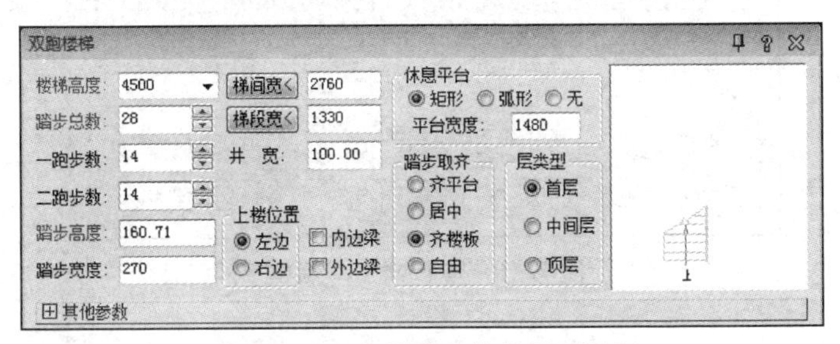

图 2.13　双跑楼梯参数设置对话框

2.1.6　室外台阶和散水绘制

1. 台阶绘制

附录一层平面图可见，①轴房屋山墙入口M1527处设置有台阶，室内外高差为0.3 m，设有2级150 mm高的台阶，每个台阶的踏面宽为300 mm，台阶的形式为三面矩形台阶。

执行天正菜单【楼梯其他】→【台阶】，出现图2.14所示对话框，点击该对话框右下角的第二个按钮“矩形三面台阶”▣，依次输入台阶的相关参数信息。

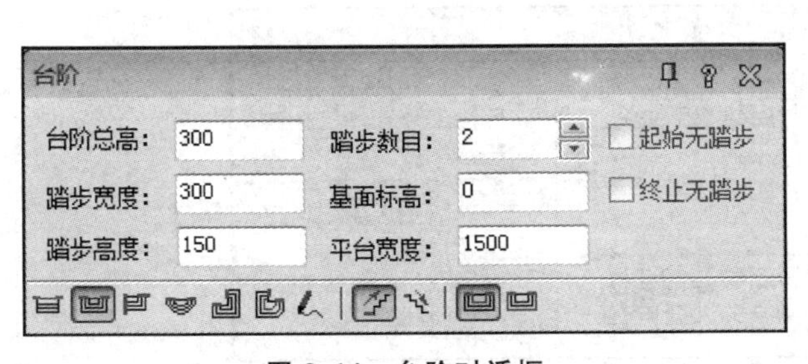

图 2.14　台阶对话框

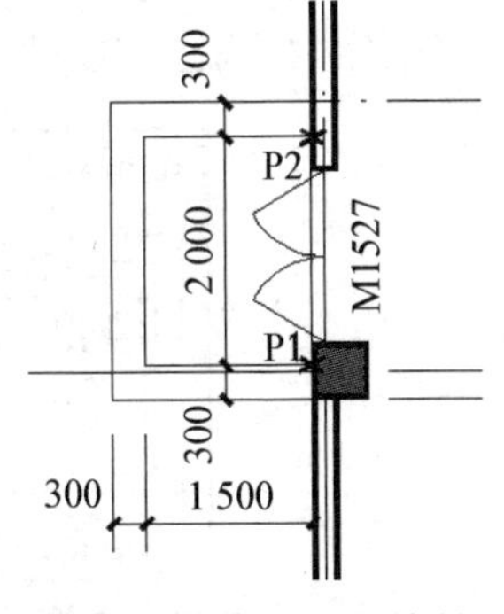

图 2.15　台阶定位绘制

台阶绘制时，先要在图上定出插入基点，如图2.15中的P1、P2点所示。

命令：TStep

台阶平台轮廓线的起点〈退出〉：

指定第一点或[中心定位(C)/门窗对中(D)]〈退出〉：　//拾取P2点

第二点或[翻转到另一侧(F)]〈取消〉：　//拾取P1点

指定第一点或[中心定位(C)/门窗对中(D)]〈退出〉：　//Enter键(回车键)

2. 散水绘制

附录一层平面图可见，散水宽度为 600 mm，可执行天正菜单【楼梯其他】→【散水】命令绘制，也可用 LINE 命令绘制。

2.1.7 文字和尺寸标注

1. 文字标注

执行天正菜单【文字表格】→【单行文字】，出现图 2.16 所示对话框，依次输入文字如“女厕”，选择文字样式、对齐方式，给定字高，根据命令行的提示，点取相应的插入位置，即可完成卫生间的文字标注。

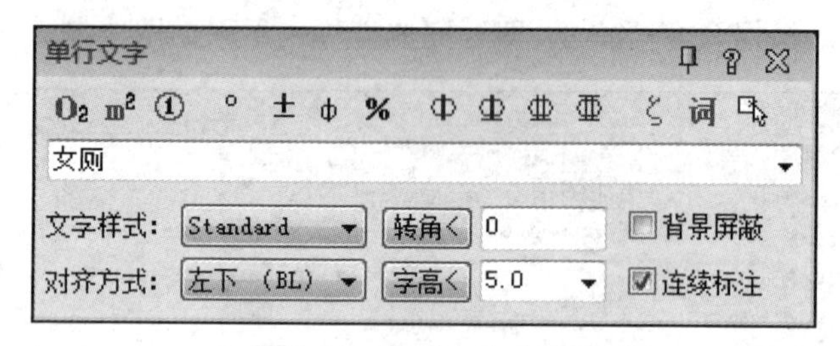

图 2.16 单行文字对话框

2. 尺寸标注

执行天正菜单【尺寸标注】→【逐点标注】，根据命令行的提示，依次选择起点、第二点、其他标注点等，完成相关尺寸标注。

2.1.8 其他细部绘制

1. 标高标注

附录一层平面图可见，一层地面的标高为±0.000，室外地坪的标高为－0.3。

执行天正菜单【符号标注】→【标高标注】，出现图 2.17 所示对话框，依次勾选手工输入，调整字高，输入楼层的相应标高，最后根据命令行的提示，点取相应位置的标高标注点，并根据提示调整标高数字、标高引出线的位置，完成标高标注。

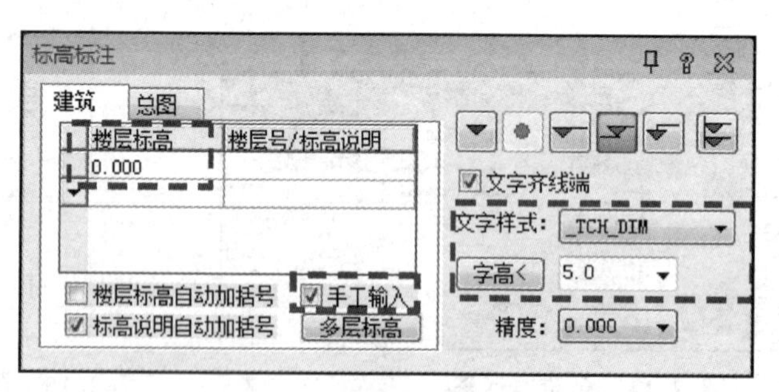

图 2.17 标高标注对话框

2. 剖切符号标注

附录一层平面图可见，①、②轴线间有两个剖切位置，分别是 3－3 和 1－1。执行天正菜单【符号标注】→【剖切符号】，出现图 2.18 所示对话框，输入剖切编号 3，根据需要调整字高值，根据命令行的提示，依次点取第一个剖切点、第二个剖切点，点取剖视方向，完成 3－3 剖切符号标注。

图 2.18　剖切符号对话框

3. 图名标注

执行天正菜单【符号标注】→【图名标注】,在图 2.19 中输入“一层平面图”,调整字高选中“传统”,在图下方点取图名插入位置。

图 2.19　图名标注对话框

2.2.1　二、三层平面图绘制

附录立面图或剖面图均可看出,二层建筑层高 4 m,而底层层高 4.5 m。利用一层平面图,将其另存为二层平面图。由于层高不同,通常只保留一层的轴网和柱子,将墙体删除后重新绘制,根据前述门窗的绘制方法,绘制二层的门窗。二层平面图与一层平面图的比较可以发现,二层平面图上③轴以左的窗户高度都是 2 200 mm;二层楼梯的平面图可以看见全貌;二层①轴左边设置有雨篷。一层①轴设置门的位置,在二层开了窗户 TC—2。根据以上不同,可对楼梯、雨篷等相关构件进行绘制或修改。

三层层高与二层层高相同,均是 4 m。三层平面图与二层平面图最大的不同是:没有雨篷,楼梯平面图上多了水平方向的楼层栏杆,绘制时点取对话框中的“顶层”。

2.2.2　屋顶平面图绘制

在天正建筑软件中,屋顶平面图当做一个楼层绘制。

1. 屋顶平面图文件

利用三层平面图,将三层图形另存为屋顶文件后,打开图形,将图名改为“屋顶平面图”。

按照屋顶平面图的投影情况,三层平面图中能在屋顶平面图中保留的构件基本上没有,保留三层平面图中的轴网,可将其余构件全部删除。

2. 绘制屋顶平面图

读 1－1 剖面图可见,Ⓐ轴女儿墙高度 1 000 mm,女儿墙顶设置有 360 mm×300 mm 的压顶,女儿墙中心线与三层墙体中心线重合;Ⓒ轴女儿墙与三层墙体中心线不重合,墙体中心线由轴线向外偏移了 240 mm。

对照1-1剖面图，分析屋顶平面图（四层平面图），①轴虚线即女儿墙外侧的投影线，由于压顶宽度为360 mm，为不可见线。

依据附录屋顶平面图依次绘制墙体、插入门窗、尺寸标注、符号标注、绘制分水线、绘制雨水口，屋顶平面图绘制完成如图2.20所示。

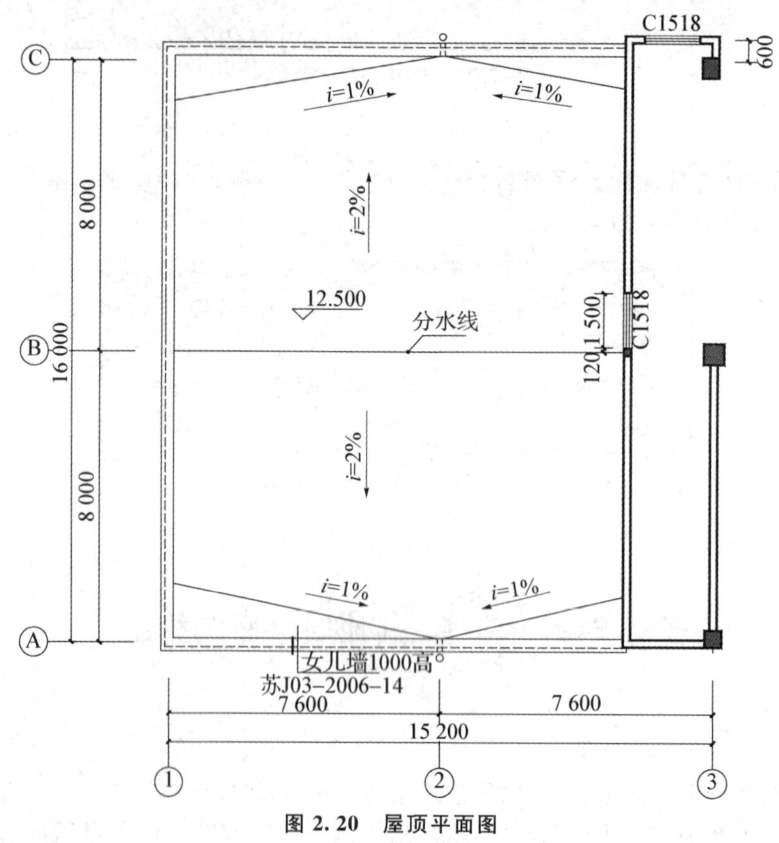

图2.20　屋顶平面图

（1）索引符号标注

女儿墙的具体做法在平面图上进行标注，执行天正菜单【符号标注】→【索引符号】，在图2.21中输入上标及下标文字，选中剖切索引，根据命令行的提示在图上标注出女儿墙的做法索引。

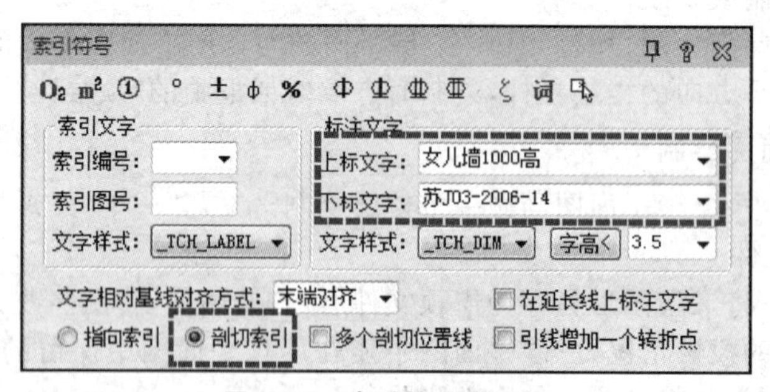

图2.21　索引符号对话框

（2）箭头引注

屋顶为坡度i=2%的横坡，沿纵向女儿墙纵向坡度为i=1%。执行天正菜单【符号标注】→【箭头引注】，在图2.22中输入上标文字，对齐方式选择“齐线中”，根据命令行的提示在图上进行箭头引注。

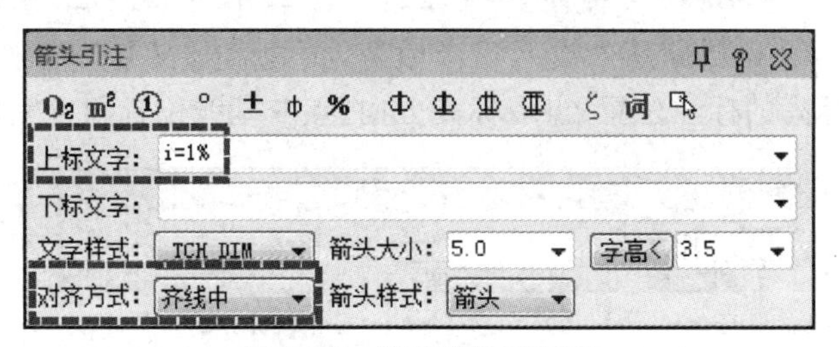

图 2.22　箭头引注对话框

（3）加雨水管

从附录屋顶平面图上可见，②轴上在女儿墙位置处设计有 2 根雨水管。执行天正菜单【房间屋顶】→【加雨水管】，根据命令行的提示，在屋顶平面图上依次给出雨水管入水洞口的起始点、出水口结束点，完成屋顶平面加雨水管。

任务 2.3　建筑立面图绘制

为使图面清晰及表述简洁，立面图绘制仍以①～③区间为例进行。本节建筑立面图的绘制，主要使用 AutoCAD 的命令。尽管天正 CAD 也有生成建筑立面图的命令，但生成的图形仍需花大量的时间修改，故本节使用 AutoCAD 的一些命令来绘制建筑立面图。

2.3.1　立面轴网

①～③区间立面图对应附录“北立面图”，图上可见轴网开间方向尺寸为 7 600 mm×3，层高方向尺寸依次为 4 500 mm、4 000 mm、4 000 mm、3 600 mm，建立立面轴网并标注各层标高，如图 2.23 所示。

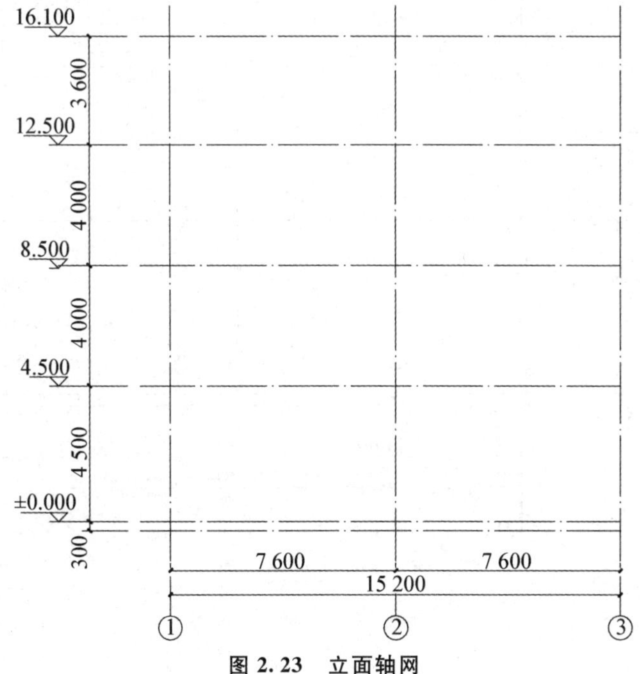

图 2.23　立面轴网

标高标注执行天正菜单【符号标注】→【标高标注】，出现如图 2.24 所示对话框，选中图 2.24 所示“手工输入”，在楼层标高处输入相应标高，在对话框右上角选取标高类型，根据命令行的提示，依次拾取标高的标注位置、点取标高方向、点取基线位置即可完成标注。

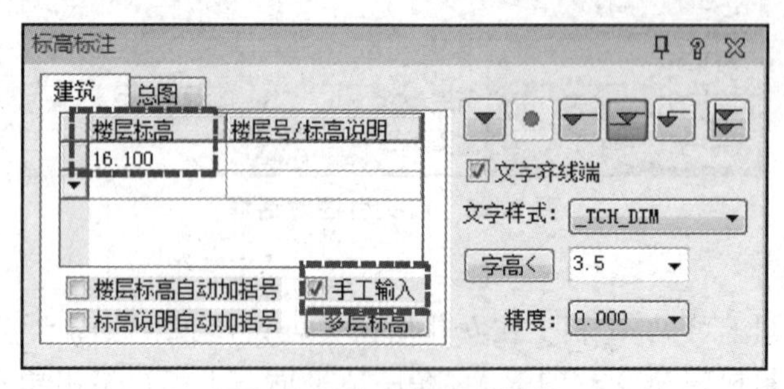

图 2.24　标高标注对话框

2.3.2　立面轮廓线

根据附录“各层平面图”，可知立面图左侧轮廓线由①轴向左 125 mm；由 1－1 等剖面图可见女儿墙高度 1 000 mm，并根据女儿墙压顶的细部尺寸可绘出三层女儿墙、局部四层女儿墙位置的轮廓线，如图 2.25 所示。

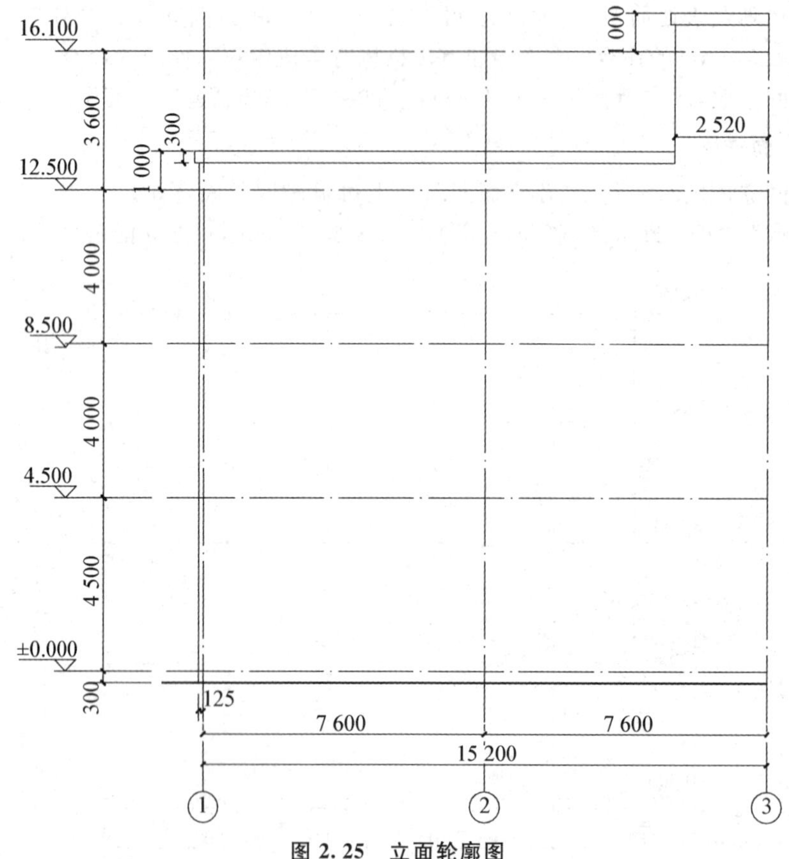

图 2.25　立面轮廓图

2.3.3　立面水平分隔线及立面窗绘制

根据平面图上窗的规格型号以及剖面图上窗的相关尺寸标注，可知立面上窗的规格有 C1527、C1827、C1522、C1822、C1520、C1515，窗的离地高度有 1 000 mm、1 700 mm。根据平面图的窗的位置以及窗的规格型号，可定位立面上窗的位置。

1. 窗的类型选择与窗的绘制

执行天正菜单【立面】→【立面门窗】，弹出“天正图库管理系统”，如图 2.26 所示，选取所需的立面窗的类型。双击所选窗的图块，根据命令行的提示，点取窗的插入点，即在立面上有了一个窗的图块。

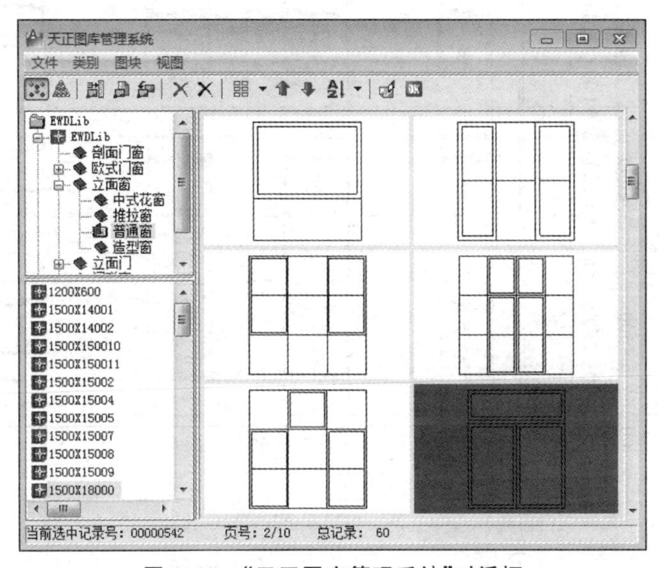

图 2.26　“天正图库管理系统”对话框

此时，窗的尺寸与实际尺寸不符，执行天正菜单【立面】→【门窗参数】，命令行提示如下：

选择立面门窗：　　　　　　　　　　　　　　　　　//选取插入的窗的图块
选择立面门窗：　　　　　　　　　　　　　　　　　//回车
底标高〈18461 弹出值随机〉：　　　　　　　　　　//回车
高度〈1750〉：　　　　　　　　　　　　　　　　　//2700
高度〈1450〉：　　　　　　　　　　　　　　　　　//1500

参照上述步骤完成其他规格窗的绘制。根据平面、剖面图对窗的定位，利用 COPY、ARRAY 等 CAD 基础命令在立面上布置完成所有的窗，如图 2.27 所示。

2. 立面水平分隔线及立面做法标注

根据附录北立面图，在图上相应位置用 LINE 命令绘出立面水平分隔线。

通常在立面图上标注外墙立面具体做法。执行天正菜单【符号标注】→【做法标注】，弹出图 2.28 所示对话框。输入立面水平分隔线做法“20 宽黑色成品塑嵌线”，选中“文字在线上”，调整圆点大小。

命令行的提示为：

命令：TComposin g

请给出标注第一点：　　　　　　　　　　　　　　　//拾取第一点
请给出文字基线位置〈退出〉：　　　　　　　　　　//拾取基线位置

请给出文字基线方向和长度〈退出〉：　　　　　　//拾取基线方向，根据文字多少给出基线大致长度

请输入其他标注点〈结束〉：　　　　　　　　　//依次拾取其他标注点

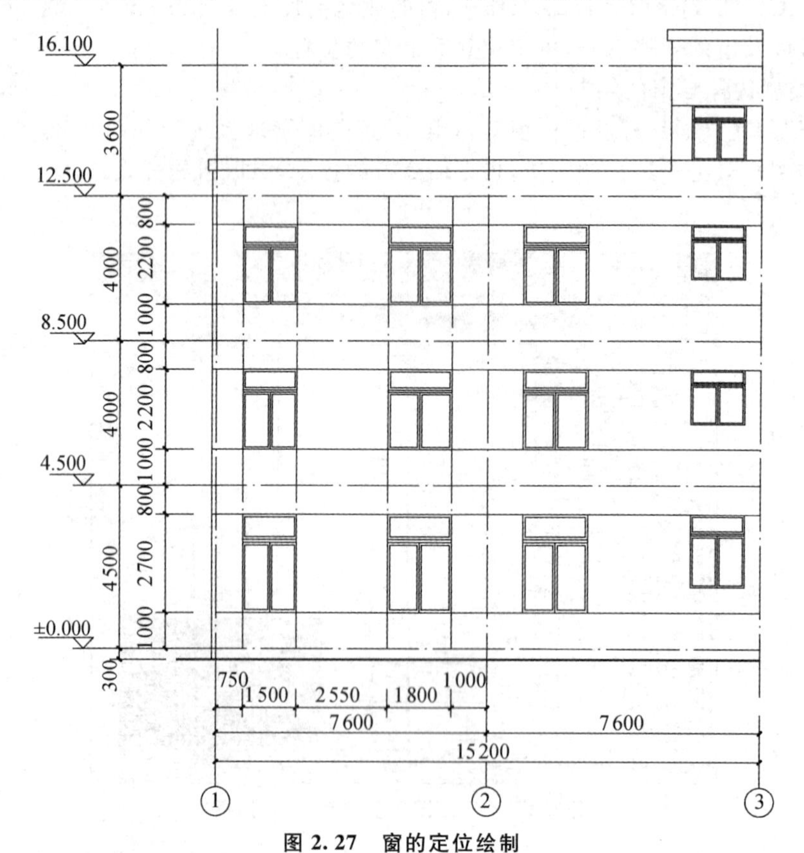

图 2.27　窗的定位绘制

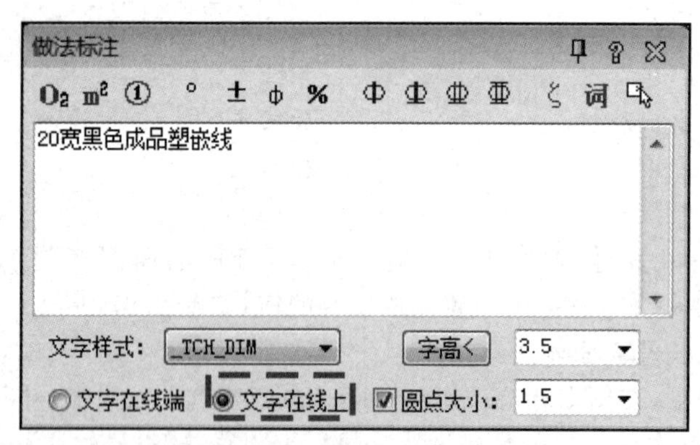

图 2.28　做法标注对话框

同样，标注出其他立面做法“蓝色外墙涂料”“浅灰色外墙涂料”。

执行天正菜单【符号标注】→【加折断线】，根据命令行的提示选取③轴上的上下两个点，完成③轴处折断线绘制。

③ 轴以左立面图如图 2.29 所示。建筑的立面图反映了立面轮廓、门窗的位置、立面做法、层高、女儿墙高、室内外高差等外立面的主要信息。

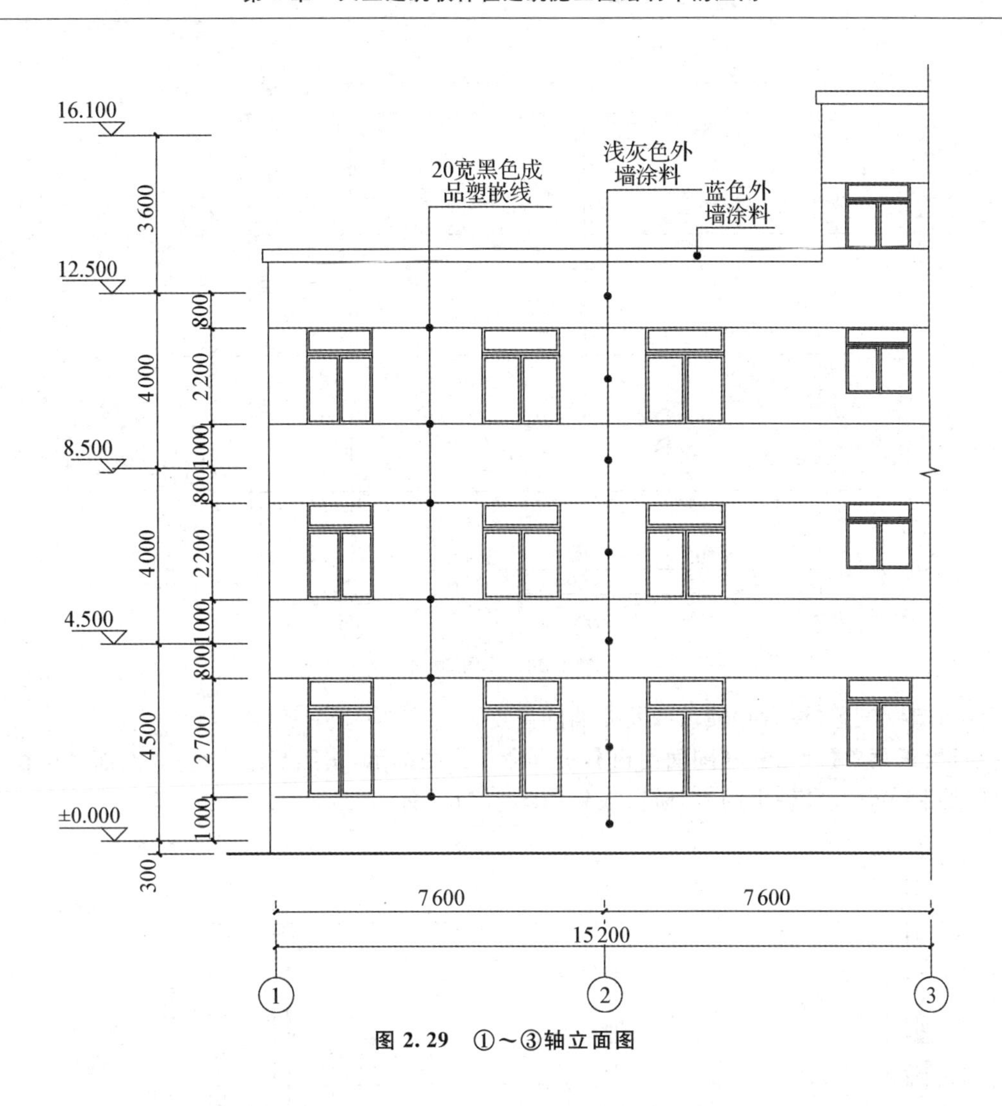

图 2.29　①～③轴立面图

建筑剖面图反映室内外高差、建筑层高、墙柱信息、梁板信息、剖切位置的楼梯参数信息、门窗参数信息，以及剖视方向后的投影可见线信息。本节以附录一层平面图上的 3 - 3 剖切位置定位，绘制该案例 3 层的剖面图。

2.4.1　剖面轴网

横向轴距分别是 8 000 mm，8 000 mm，竖向楼层距离分别是 4 500 mm，4 000 mm，4 000 mm，室内外高差 300 mm，女儿墙高度 1 000 mm，建立剖面轴网如图 2.30 所示。

2.4.2　绘制剖面柱子、墙体与门窗

在剖面图中通常只看到柱子的可见投影线，用 LINE 命令绘制即可。

墙体绘制执行天正菜单【剖面】→【画剖面墙】，根据命令行的提示，在Ⓐ轴和Ⓒ轴绘制剖面

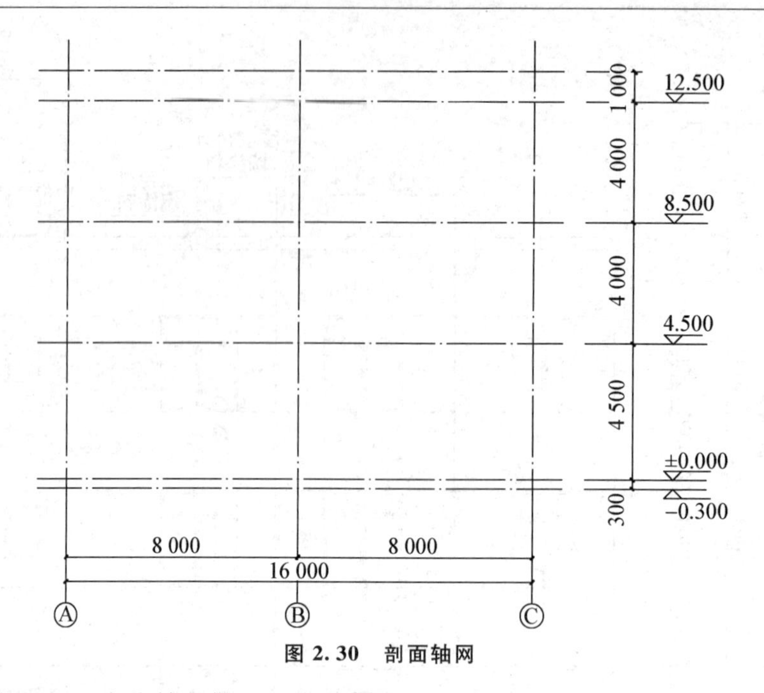

图 2.30　剖面轴网

墙体，注意墙厚设置，注意Ⓒ轴顶部女儿墙的位置。

执行天正菜单【剖面】→【剖面门窗】，根据命令行的提示，按照附录中 3－3 剖面图中窗的定位尺寸，绘制Ⓐ轴和Ⓒ轴上的窗，阶段成果如图 2.31 所示。

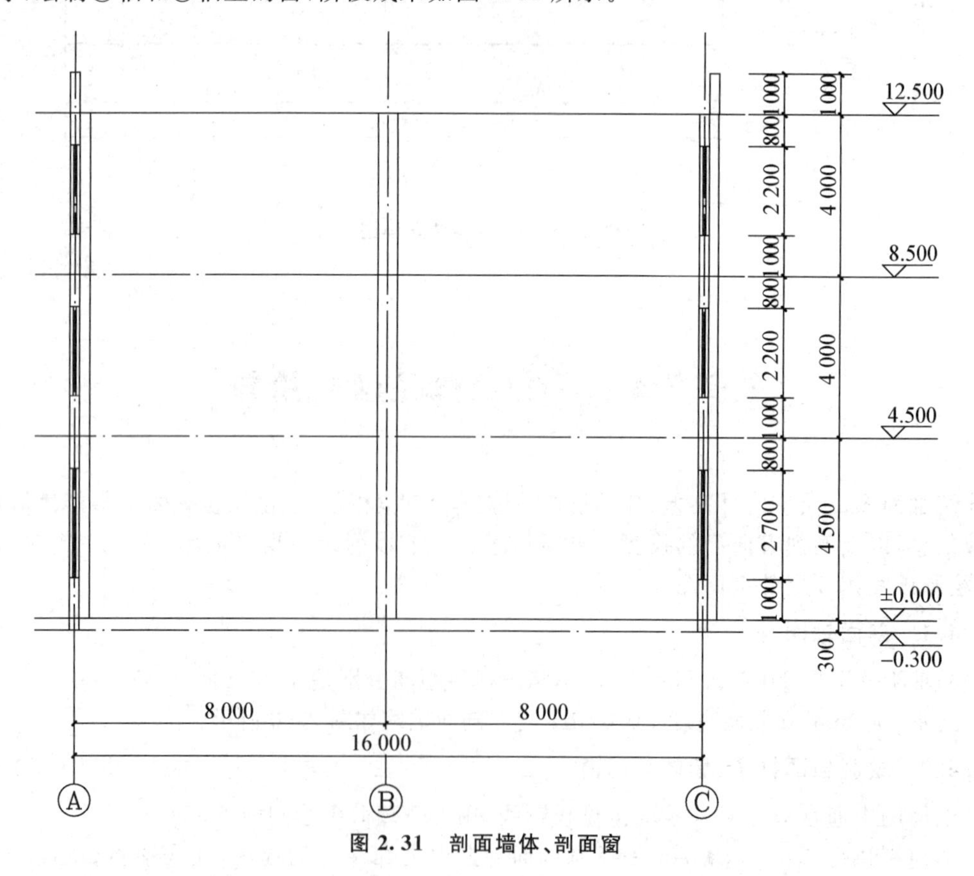

图 2.31　剖面墙体、剖面窗

2.4.3 绘制梁板、梁板填充

天正软件绘制剖面图时，梁板一般分开绘制。

1. 双线楼板

执行天正菜单【剖面】→【双线楼板】命令，根据命令行的提示，依次拾取楼板的起始点、结束点，输入板厚，即可完成双线楼板绘制。

命令：sdfloor.

请输入楼板的起始点〈退出〉： // 点取楼板的起始点

结束点〈退出〉： // 点取楼板的结束点

楼板顶面标高〈23790〉 // 按回车键接受默认值

楼板的厚度(向上加厚输负值)〈200〉： // 输入新值，如120

结束命令后，按指定位置绘出双线楼板。

2. 加剖断梁

执行天正菜单【剖面】→【加剖断梁】命令，根据命令行的提示，完成剖断梁绘制。

命令：sbeam.

请输入剖面梁的参照点〈退出〉： // 点取楼板顶面的定位参考点

梁左侧到参照点的距离〈125〉： // 键入新值或按回车键接受默认值

梁右侧到参照点的距离〈150〉： // 键入新值或按回车键接受默认值

梁底边到参照点的距离〈800〉： // 键入包括楼板厚在内的梁高，按键结束操作

3. 剖面填充

执行天正菜单【剖面】→【剖面填充】命令将剖面墙线与楼梯按指定的材料图例作图案填充，与AutoCAD的图案填充(Bhatch)使用条件不同，本命令不要求墙端封闭即可填充图案。命令行的提示依次为：

命令：FillSect.

请选取要填充的剖面墙线梁板楼梯〈全选〉：

选择对象： // 选择要填充材料图例的成对墙线、板线或剖断梁线，按回车键结束选择弹出【请点取所需的填充图案】对话框，如图2.32所示，从中选择填充图案与比例，单击按钮后执行填充。

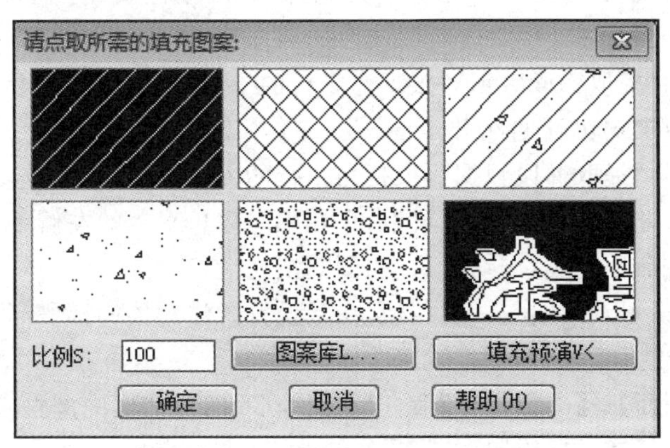

图2.32 填充图案对话框

梁板绘制完成后的阶段成果如图 2.33 所示。

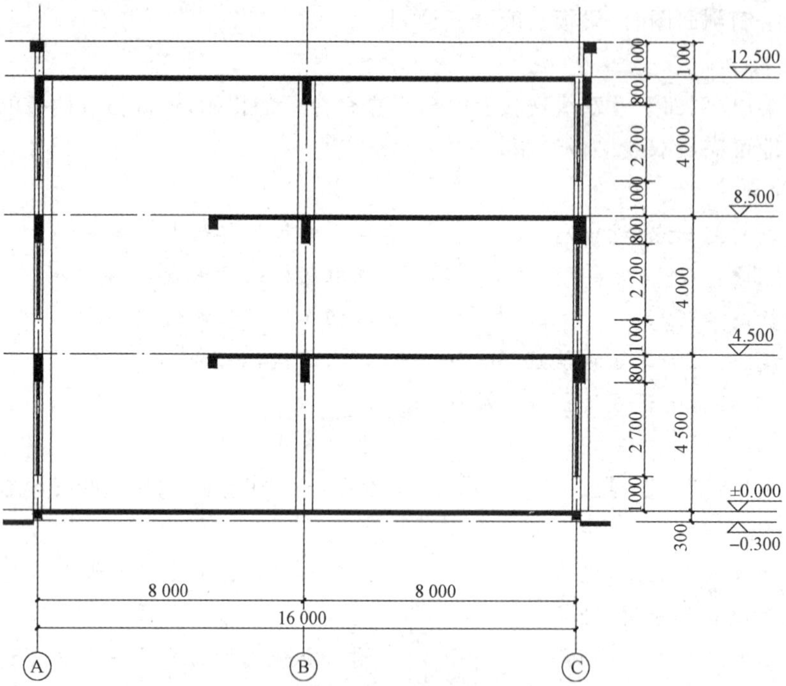

图 2.33　梁板绘制完成的阶段成果

2.4.4　剖面楼梯绘制

读附录的 3－3 剖面图，可以发现，一层楼梯 28 级，踢面高 161 mm，二层楼梯 24 级，踢面高 167 mm，一、二层楼梯的踏面宽均为 270 mm。

1. 参数楼梯绘制

执行天正菜单【剖面】→【参数楼梯】命令，第 1 跑为可见楼梯段，点选剖见可见性。点选走向“左高右低”。确定楼梯的详细参数：梯段高为一跑楼梯的梯段高，为层高的一半尺寸 2 250 mm，输入踏步数 14，踏步宽 270 mm，输入左休息板宽 1 480 mm(为休息平台净宽)，梯间长会自动调整为 4 990 mm(梯段长＋休息平台宽)。输入楼梯梁和扶手的尺寸，即可完成第 1 跑参数楼梯的设置，如图 2.34。

点击图 2.34 中的“提取梯段数据”，根据命令行的提示，完成第 1 跑参数楼梯的绘制。

第 2 跑参数楼梯在“剖切可见性”“走向”及“左休息板宽”方面与第 1 跑有明显区别，见图 2.35，点击图 2.35 中的“提取梯段数据”，根据命令行的提示，完成第 2 跑参数楼梯的绘制。

参数楼梯的绘制，还需利用【加剖断梁】命令在中间休息平台的左侧补上休息平台梁及其翻边；并利用【剖面填充】命令完成“剖切楼梯”的图案填充。

二层楼梯的参数设置及绘制与一层相似，参数设置时注意楼梯梯段高、跑数等的变化。

2. 参数栏杆的绘制

执行天正菜单【剖面】→【参数栏杆】命令，在图 2.36 的对话框中调整参数设置，并选择梯段走向，点击“确定”完成楼梯栏杆绘制。

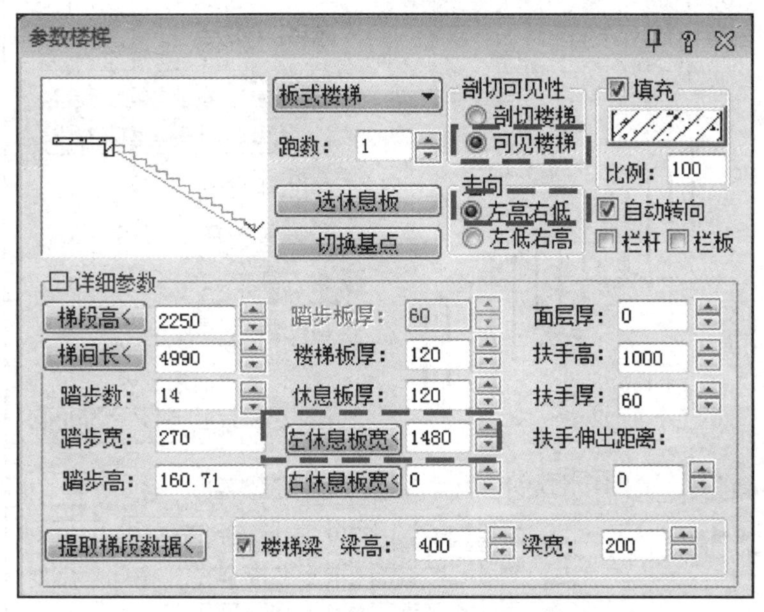

图 2.34　第 1 跑"参数楼梯"设置

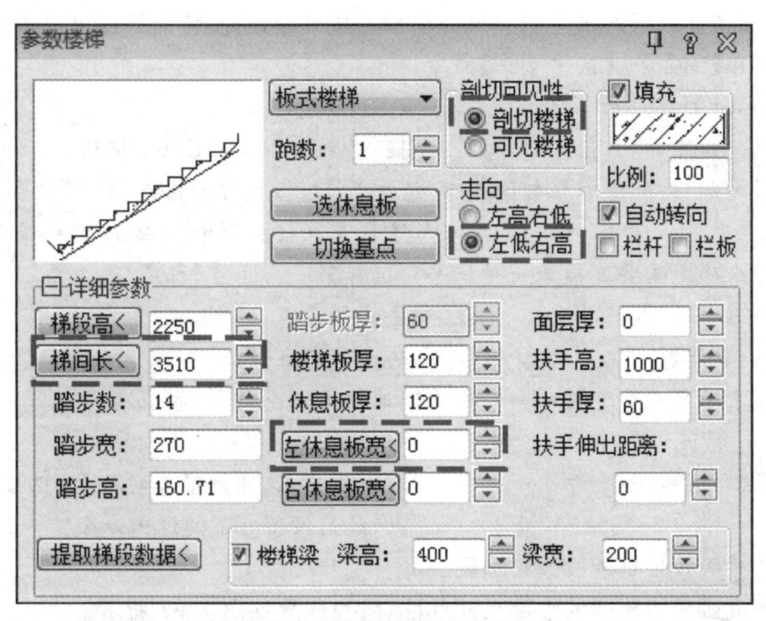

图 2.35　第 2 跑"参数楼梯"设置

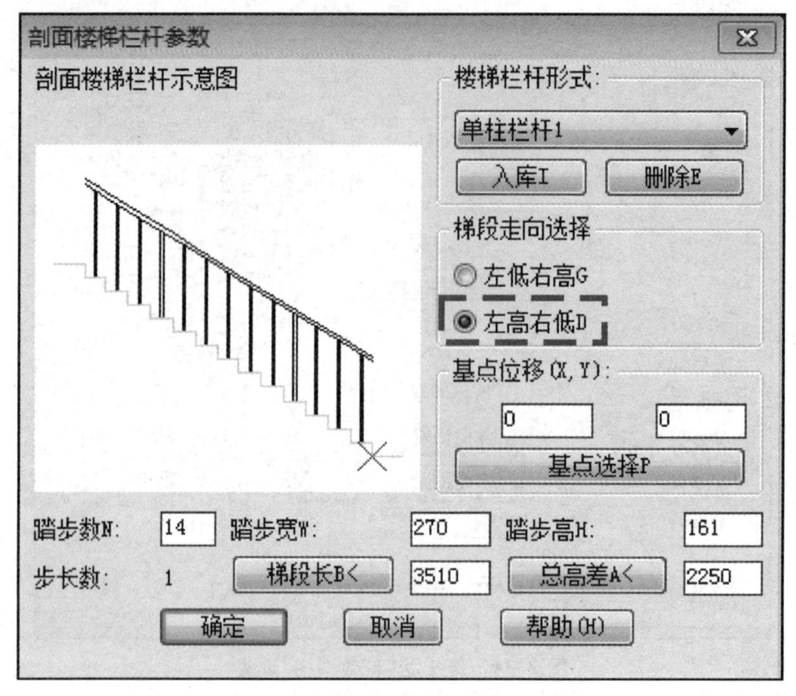

图 2.36　第 1 跑"参数栏杆"设置

3. 扶手接头

【扶手接头】命令与【参数楼梯】、【参数栏杆】、【楼梯栏杆】和【楼梯栏板】等命令均要配合使用，对楼梯扶手和楼梯栏板的接头做倒角与水平连接处理，水平伸出长度可以由用户输入。

执行天正菜单【剖面】→【扶手接头】命令。

命令：TConnectHandRail

请输入扶手伸出距离〈0〉:100　　　　//键入新值 150，按 Enter 键确定

请选择是否增加栏杆[增加栏杆(Y)/不增加栏杆(N)]〈增加栏杆(Y)〉:

　　　　//默认是在接头处增加栏杆(对栏板两者效果相同)

请指定两点来确定需要连接的一对扶手！选择第一个角点〈取消〉:

　　　　//给出第一点

另一个角点〈取消〉:　　　　//给出第二点

请指定两点来确定需要连接的一对扶手！选择第一个角点〈取消〉:

　　　　//给出第一点

另一个角点〈取消〉:　　　　//给出第二点，处理第二对扶手(栏板)，继续提示角点，最后按 Enter 键退出命令

楼梯扶手的接头效果是近段遮盖远段。

楼梯绘制完成后进行楼梯的细部尺寸标注，阶段成果如图 2.37 所示。

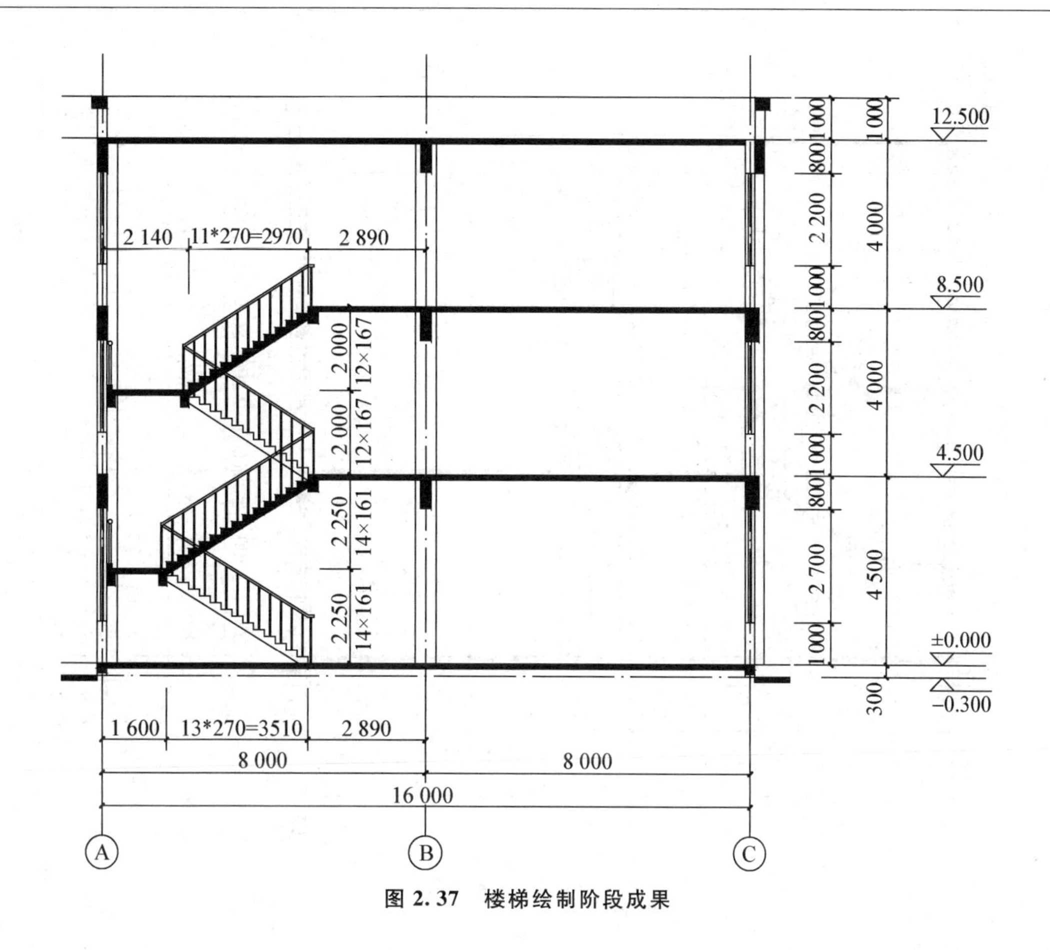

图 2.37　楼梯绘制阶段成果

2.4.5　剖面图完善

剖面图除了反映上述剖切到的墙体、门窗、楼梯、梁板等基本构件的信息外，还反映屋顶构造做法及屋顶坡度，以及剖视方向所看到的构件的投影图形或投影线。

1. 绘制横向框架梁投影可见线

用 LINE 命令绘制标高 4.5 m、8.5 m、12.5 m 处横向框架梁下方投影可见线。

2. 绘制屋顶剖面构造示意

屋顶坡度 2%，双面排水，应用 LINE 命令绘出屋顶排水方向，应用【符号标注】→【箭头标注】标注出屋顶排水坡度。附录 1 的工程项目屋面做法已经写在建筑施工说明的构造做法中。

3. 绘制窗台压顶

应用【剖面】→【加剖断梁】，根据命令行的提示在Ⓒ轴窗台标高处设置窗台压顶。应用【剖面】→【剖面填充】将窗台压顶绘制完成。

完成后的 3 - 3 剖面如图 2.38 所示。

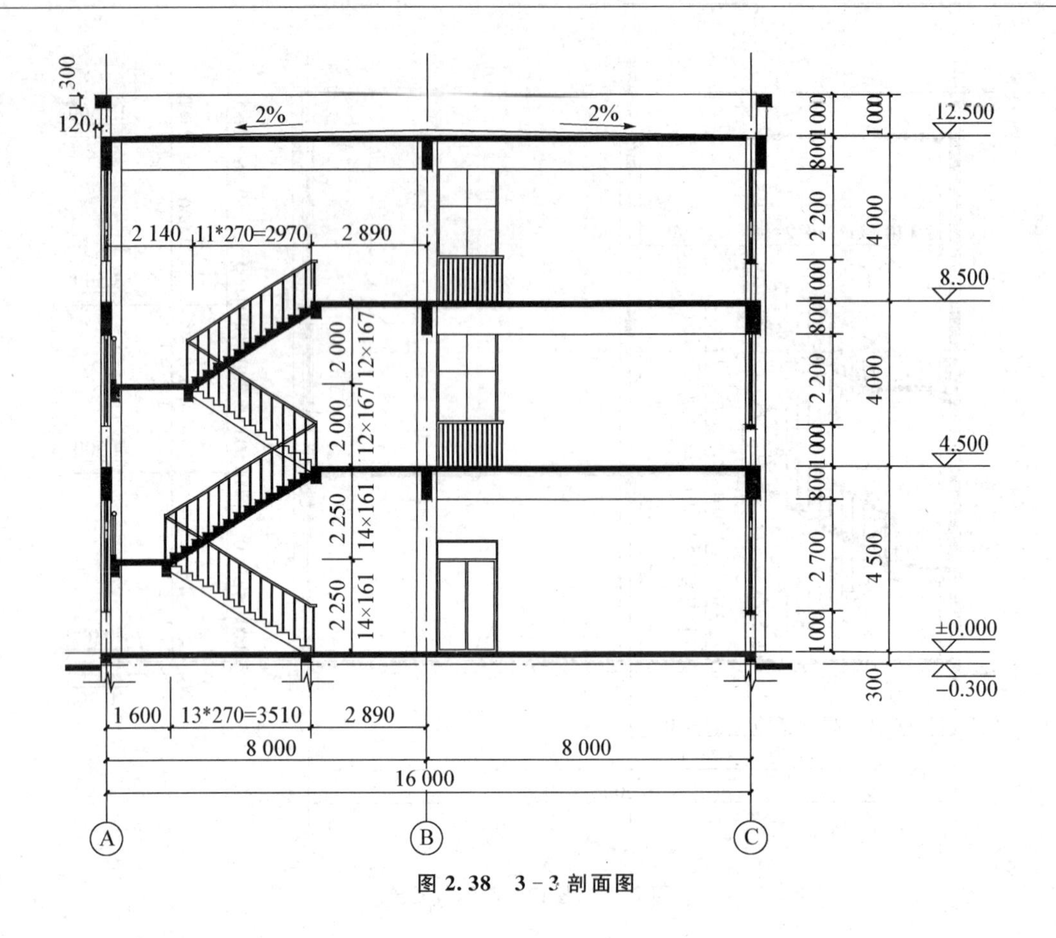
300
120
2%
2%
12.500
8.500
4.500
±0.000
-0.300
2 140
11*270=2970
2 890
1 600
13*270=3510
2 890
8 000
8 000
16 000
A
B
C
2 000
12×167
2 000
12×167
2 250
14×161
2 250
14×161
1 000
800
2 200
1 000
800
2 200
1 000
800
2 700
1 000
1 000
4 000
4 000
4 500
300

图 2.38 3-3 剖面图

第3章

探索者 TSSD 软件的应用与工程实例

任务 3.1 TSSD 软件概况

3.1.1 TSSD 软件的概况及特点

TSSD2012 是以 AutoCAD 为平台，以 Object ARX、Visual C＋＋、AutoLisp 为开发工具进行研制开发的专业结构软件。它被广泛地应用于土木工程绘图领域。它提供了方便的参数化绘图工具；齐备的结构绘图工具集；快捷的钢筋、文字处理功能；方便的表格填写功能；强大的图库和词库功能；独特的小构件计算等，所有工具不仅高效实用，而且充分考虑了设计人员的绘图习惯。

TSSD 的诞生打破了长期困扰广大结构设计人员在结构设计过程中普遍存在的一个怪圈——将大量时间浪费在图形的绘制过程中，而花在结构方案设计和结构计算分析的时间却少得可怜。应用 TSSD 软件可以缩短绘图时间，大大提高设计工作的技术含量、工作深度和决策质量。所以与 AutoCAD 相比，利用 TSSD 软件进行设计具有下列特点：

1. 充分考虑设计人员的绘图习惯

尊重用户绘图习惯，用户可自由设定自己的习惯画法及快捷图标，使用起来得心应手。字体和标注方式可以随意设置。绘图比例可以根据用户的需要随意变换。图层可由用户设定修改。钢筋间距符号、钢筋直径、保护层厚度等均可由用户自由设置，用户可以在 UCS 下使用所有命令。

2. 独特的小构件计算

TSSD 提供的小构件计算可以完全取代手工计算，实现计算、绘图、计算书的一体化，即构件计算完成后根据计算结果可直接生成计算书并绘制出节点详图。目前构件计算包括：连续梁计算、井字梁计算、基础计算、矩形板计算、桩基承台计算、楼梯计算、埋件计算等。

3. 方便的参数化绘图

TSSD 提供了参数化绘图功能。通过人机交互方式，可以非常方便地绘出节点详图。其操作简单、界面友好，无须花费大量精力学习，比起用 AutoCAD 一笔一画地描图，效率大大提高。可绘制截面：梁剖面、梁截面、方柱截面、圆柱截面、复合箍筋柱截面、墙柱截面、板式楼梯、梁式楼梯、板式阳台、桩基承台、基础平面、基础剖面、埋件等。

4. 施工图绘制工具高效实用

TSSD 可以快速生成复杂的直线和圆弧轴网，可成批布置梁、柱、墙、基础，并对其平面尺寸、位置、编号等进行编辑，自动处理梁、柱、墙、基础的交线，完全满足结构平面图绘制的需要。

可自动布置楼板正筋、负筋、附加箍筋、附加吊筋，标注配筋值和尺寸，快速绘制楼板配筋图。

5. 平法绘图响应最新图集

根据《混凝土结构施工图平面整体表示方法制图规则和构造详图》(16G101)的要求，通过集中标注、原位标注、截面详图等功能，可快速绘制梁、柱、墙的平法施工图。另外，TSSD开发了灵活的单独平法标注功能，可以完成任何形式的平法标注。

6. 强大的文字处理功能

文字标注是结构绘图的一个重要组成部分，使用TSSD可方便地输入文字及结构专业特殊符号，并对文字进行多种形式的编辑。此外，TSSD还可以对文字进行查找替换，从文件导入文字或从存有结构专业常用词条的词库中提取文字，其文字排版功能如同Word般方便。

7. 齐备的结构绘图辅助工具

包括钢筋、尺寸、文字、表格、符号、钢结构等结构专业的绘图工具，可绘制楼板配筋图，对施工图进行文字、尺寸、标高、符号的标注、编辑、修改。

8. 强大的图库功能

Windows资源管理器风格的图库，无需图形文件入库，便可直接浏览。TSSD不仅提供系统图库和用户图库，而且可直接浏览本地硬盘上或网上邻居中的.dwg文件，并将显示出来的图形文件以图块的形式直接插入到图中。

9. 齐全的接口类型

使用TSSD，可以快速方便地与其他软件结合工作，最大限度地减少结构工程师的重复劳动。TSSD提供三种软件接口，即：天正建筑、PKPM、广厦。天正建筑接口及PKPM接口、广厦接口可以自动对其生成的图形进行转换，使其可以直接用TSSD进行编辑处理。

3.1.2 TSSD软件的用途及与PKPM的差别

TSSD在工程设计过程中，一般用来图纸的后期处理以及结构详图的绘制。比如钢筋修改和基础设计等，由于本软件是内嵌于CAD的设计软件，因此使用起来比较方便。

其与结构设计软件PKPM的不同，首先要明确，PKPM是计算软件，而TSSD是绘图软件，两者不是一个概念。可以用结构设计步骤中的先后关系说明其两者的联系：

(1) PKPM实现以下步骤：结构建模—输入荷载、结构布置、设计参数等信息—计算、配筋—电算—将PKPM模型图导出，转为CAD图。

(2) 将PKPM导出的图进一步深化，修改配筋、美化图面、细化构造等，使其用于现实的施工当中，俗称施工图，比较CAD而言，TSSD让这部分操作变得更加简单、快捷。

3.1.3 TSSD的运行环境

TSSD 2012版基于AutoCAD 2007/2009/2010版软件开发，对计算机软硬件环境的要求与AutoCAD完全相同。在安装时，只需有上述版本的CAD即可安装成功。

3.1.4 TSSD的功能特点

TSSD的功能特点，如图3.1，主要分为四个方面：

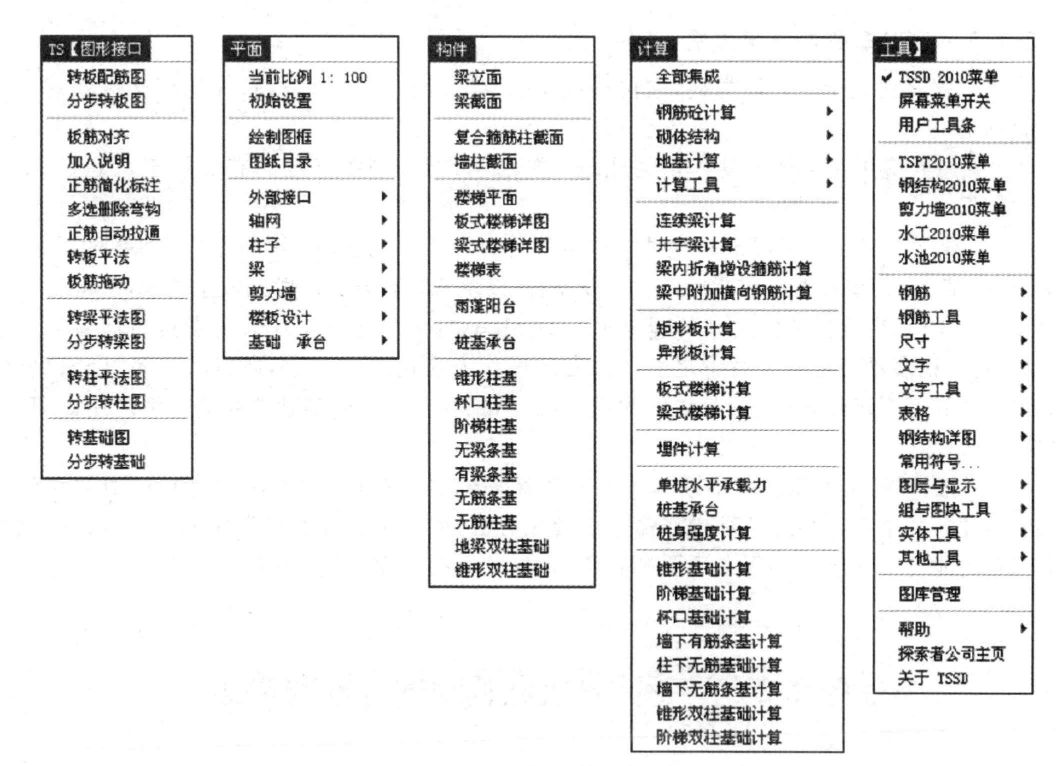

图 3.1　TSSD 菜单栏

(1) TS 平面

主要功能是画结构平面布置图,其中有梁、柱、墙、基础的平面布置图。平面布置图不但可以绘制,更可以方便地编辑修改。每种构件均配有复制、移动、修改、删除的功能。这些功能不是简单的 CAD 功能,而是再深入开发的专项功能。例如,删除柱线,在删除柱线之后,程序自动将与该柱线相交的梁线或墙线修补齐全,不需要用户再手工修改了。板设计是集成型大工具的典范,可在图中自动搜索板边,即时计算板内力,再画出板配筋。整个操作过程一气呵成,成图速度安全快速。与其他结构类软件图形的接口主要有天正建筑、PKPM 系列施工图、广厦 CAD,转化完成的图形可以使用 TSSD 的所有工具再编辑。

(2) TS 构件

主要功能是结构中常用构件的详图绘制,有梁、柱、墙、楼梯、雨篷阳台、承台、基础。只要输入几个参数,就可以轻松地完成各详图节点的绘制。

(3) TS 计算

主要功能是结构中常用构件的边算边画,既可以整个工程系统进行计算,也可以分别计算。可以计算的构件主要有板、梁、柱、基础、承台、楼梯等,这些计算均可以实现透明计算过程,生成 WORD 计算书。

(4) TS 工具

主要是结构绘图中常用的图面标注编辑工具,包括:尺寸、文字、钢筋、表格、符号、比例变换、图形比对等共有 200 多个工具,囊括了所有在图中可能遇到的问题解决方案,可以大幅度提高工程师的绘图速度。

3.1.5 TSSD软件的学习方法

建筑工程专业是个综合性学科，它包括数学、力学、计算机图形学、软件工程学以及建筑结构专业理论。

(1) 熟悉并应用建筑结构设计相关规范，遵守现行结构制图标准的有关规定，做到一切以标准为依据。

(2) 认真学习专业知识，TSSD软件提供构件计算和绘图功能，里面涉及许多参数的设定，所以在绘图之前，一定要理解参数背后的含义及来源，以及其计算方法。做到概念清楚，逻辑清晰。

(3) 掌握CAD软件的使用和环境要求。TSSD软件的基础是CAD，前者是以后者为平台而开发，前者很多功能建立在后者之上。两者的操作方法也基本一致，所以要熟悉TSSD软件的主要功能和基本操作，掌握专业软件的设计流程和使用范围，最基础的要能灵活应用CAD的各种操作命令。

(4) 坚持自学，学习软件要不断摸索和不断练习，在绘图过程中不断提高自己对规范和制图标准的理解和掌握。掌握各种操作命令的使用方法，同时不断提高自学能力以及分析问题和解决问题的能力。在绘图过程中还要勤查资料，做到有根有据，条理分明。

任务3.2  建筑结构绘图标准与表达

3.2.1 结构设计规范、规程、标准

TSSD软件提供了许多构件的计算工具，这些工具图形界面友好，操作简单易掌握，且能自动生成计算书。TSSD的计算原理是现行的规范、规程，只有熟悉并遵守这些规则、规程才能在以后的设计中游刃有余，事半功倍。TSSD中涉及的规范有：

(1)《混凝土结构设计规范》(GB 50010—2010)(2015年版)

(2)《建筑抗震设计规范》(GB 50011—2010)(2016年版)

(3)《建筑地基基础设计规范》(GB 50007—2011)

(4)《建筑结构荷载规范》(GB 50009—2012)

(5)《高层建筑混凝土结构技术规程》(JGJ 3—2010)

(6)《钢结构设计标准》(GB 50017—2017)

(7)《冷弯薄壁型钢结构技术规范》(GB 50018—2002)

(8)《门式钢架轻型房屋钢结构技术规范》(GB 51022—2015)

(9)《建筑结构可靠度设计统一标准》(GB 50068—2001)

(10)《建筑结构制图标准》(GB/T 50105—2010)

(11)《工程结构设计基本术语标准》(GB/T 50083—2014)

(12)《混凝土结构施工图平面整体表示方法制图规则和构造详图》(16G101系列)

3.2.2 TSSD的文字、线条及尺寸标注等

TSSD软件基于CAD平台进行开发，所以其字体、线条和尺寸标注等基本的构图元素与CAD基本一致，只是增加了一些特殊的字符和一些集成的功能块。TSSDENG.SHX(单线字体)，基于SIMPLEX修改而成。TSSDENG2.SHX—双行字体，基于ROMAND.SHX修改而成；HZTXT—中文大字体。TSSD字体在TSSD软件使用过程中，自动拷入到CAD的Fonts文件夹中。

用 TSSD 提供的字体文件写出的中、西文字符的一行文字是一个字符串，而且西文字符的高度是中文字符的 0.8 倍，特殊字符编码如表 3.1。

表 3.1　特殊字符编码

编　码	输出样式	编　码	输出样式
%%130	一级钢符号 Φ	%%150	Ⅰ
%%131	二级钢符号 Φ	%%151	Ⅱ
%%132	三级钢符号 Φ	%%152	Ⅲ
%%133	四级钢符号 $Φ^R$	%%153	Ⅳ
%%134	特殊钢筋Φ	%%154	Ⅴ
%%135	L 型钢	%%155	Ⅵ
%%136	H 型钢	%%156	Ⅶ
%%137	槽型钢	%%157	Ⅷ
%%138	工字钢	%%158	Ⅸ
%%140	上标文字^{开}	%%159	Ⅹ
%%141	上标文字^{关}	%%200	圆中有一个字符的特殊文字的开始，如①
%%142	下标文字$_{开}$	%%201	圆中有一个字符的特殊文字的结束
%%143	下标文字$_{关}$	%%202	圆中有两个字符的特殊文字的开始
%%144	文字放大 1.25 倍	%%203	圆中有两个字符的特殊文字的结束
%%145	文字缩小 0.8 倍	%%204	圆中有三个字符的特殊文字的开始
%%146	小于等于号≤	%%205	圆中有三个字符的特殊文字的结束
%%147	大于等于号≥	%%p	正负号±
%%u	带下划线字体	%%c	直径符号Φ

任务 3.3 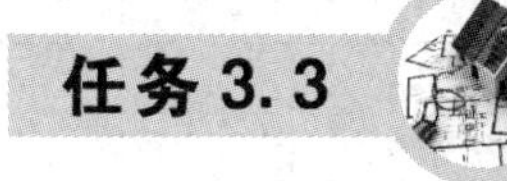 混凝土结构平法制图规则

混凝土结构施工图平面整体表示方法(简称平法)是把结构构件的尺寸和钢筋等，按照平面整体表示方法的制图规则，直接表达在结构平面布置图上，再补上标准构件的详图，即得到一套完整的结构施工图的方法。平法制图主要用于混凝土构件的梁柱剪力墙板等施工图的表达，具体制图标准请参照国家标准图集(16G101 系列)。

平法施工图，一般是由各类结构构件的平法施工图和标准构造详图两大部分构成，对于复杂的工程，有时还需增加模板、开洞和预埋件等平面图，只有在特殊的情况下才增加剖面配筋图。

为了确保施工工作能准确高效的按照平法施工图进行，在具体的工程中，在施工说明中还需增加与施工图密切相关的内容，包括：

① 选定平法施工图的图集号；

② 抗震设防烈度及抗震等级；

③ 混凝土强度等级和钢筋级别以及混凝土的环境类别；

④ 结构的使用年限；

⑤ 具体构造做法；

⑥ 钢筋接头、弯钩做法、长度及相关要求；

⑦ 其他相关的特殊要求。

3.3.1 柱平法施工图

柱的平法施工图有两种不同方式，列表注写方式和截面注写方式，这两种方式均需要先对柱进行型号编号，编号由类型号和序号组成，具体方式可参考表 3.2。编号时，柱的总高、分段截面尺寸和配筋均对应一致，而只是分段截面的轴线不同时，仍将其编为同一柱号。如：XZ2 表示第 2 种芯柱，而 QZ5 则表示第 5 种剪力墙上柱。

表 3.2 柱编号

柱类型	代号	序号	柱类型	代号	序号
框架柱	KZ	××	梁上柱	LZ	××
框支柱	KZZ	××	剪力墙上柱	QZ	××
芯柱	XZ	××			

在绘图之前首先要确定图纸的比例，然后按比例画一张柱的平面布置图，也可与剪力墙平法布置图一起绘制，然后采用一定的方式表达柱施工图。此外，在图纸上还应该表示出楼面标高、结构标高以及相应的结构层高。当图纸上出现重叠和覆盖、挤压等情况时，宜在该处采用另一种比例绘制，交代各个部分的具体信息。

下面以某工程为例来说明，如图 3.2。

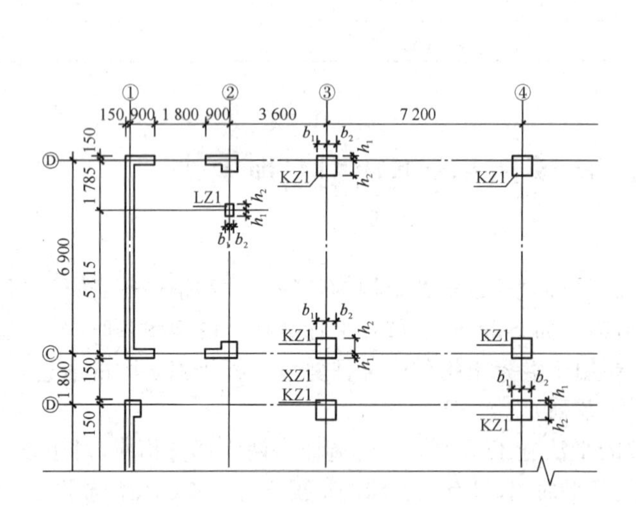

层号	标高(m)	层高(mm)
屋面 2	65.670	
塔层 2	62.370	3.30
屋面 1 (塔层 1)	59.070	3.30
16	55.470	3.60
15	51.870	3.60
14	48.270	3.60
13	44.670	3.60
12	41.070	3.60
11	37.470	3.60
10	33.870	3.60
9	30.270	3.60
8	26.670	3.60
7	23.070	3.60
6	19.470	3.60
5	15.870	3.60
4	12.270	3.60
3	8.670	3.60
2	4.470	4.20
1	−0.030	4.50
−1	−4.530	4.50
−2	−9.030	4.50

图 3.2 柱平面布置图(局部)和结构层楼高标高图

1. 列表注写方式

列表注写方式，是在柱的结构平面布置图上，于同一编号柱中选择一个截面标注柱的结构几何参数，然后在柱表中注写柱号、柱段起止标高、几何尺寸（含偏心时的偏心距）与配筋的具体信息，此外还要注明各种柱的截面形式以及箍筋类型等信息，综合起来表达柱平法施工图。柱表注写内容规定如下：

（1）柱编号

按表 3.2 原则编号。

（2）柱的起止标高

自柱根部往上以变截面位置或截面未变但配筋改变处为分界，分段标注。

这里，框架柱和框支柱的根部标高是指基础顶面标高，芯柱的根部标高是指根据结构实际需要而定的起始位置标高，梁上柱的根部标高是指梁顶面标高。剪力墙上柱的根部标高分两种，当柱纵筋锚固在墙顶部时，其根部标高为墙顶面标高；当柱与剪力墙重叠一层时，其根部标高为墙顶面往下一层的结构层楼面标高。

（3）柱截面尺寸及柱与轴线的定位尺寸

对于矩形柱，要标注清楚柱的尺寸 $b \times h$ 以及柱与轴线关系的相关尺寸 b_1、b_2 和 h_1、h_2。当截面某一边收缩至与轴线重合或者偏到轴线另一侧时，也要确保 $b=b_1+b_2$，$h=h_1+h_2$。对于圆柱，$b \times h$ 就改为直径 d 表示，其与轴线的位置同样也用 b_1、b_2 和 h_1、h_2 来确定。此时要确保 $d=b_1+b_2=h_1+h_2$。芯柱截面尺寸按构造确定，并按标准构造详图施工；当设计者采用与标准做法不同时，应该另行注明具体做法。芯柱的定位与框架柱一致，因而无需注明其与轴线的关系。

（4）柱纵筋

当柱纵筋和各边根数均相同时，可将纵筋注写在“全部纵筋”一栏中。当前两者不相同时，柱的纵筋分角筋、截面 b 边中部筋和 h 边中部筋 3 项分别注写，对于对称配筋，可只注明其中的一条边，另一条边可省略不注明。柱表主筋见表 3.3。

表 3.3　柱表主筋

柱号	标　高	$b \times h$（圆柱直径 d）	b_1	b_2	h_1	h_2	全部纵筋	角筋	b 边一侧中部筋	h 边一侧中部筋
KZ1	−0.030～19.470	750×700	375	375	150	550	24Φ25			
	19.470～37.470	650×600	325	325	150	450		4Φ22	5Φ22	4Φ20
	37.470～59.070	550×500	275	275	150	350		4Φ22	5Φ22	4Φ20
XZ1	−0.030～8.670						8Φ25			

（5）柱的箍筋类型及箍筋肢数

在箍筋栏内绘制柱截面形状并注写箍筋的类型号。设计的各种箍筋类型图以及箍筋复合的具体方式，需要画在柱表的上部或图中的适当位置，并在其上标注柱的尺寸 b 和 h 的数值和类型号。箍筋类型如图 3.3 所示。

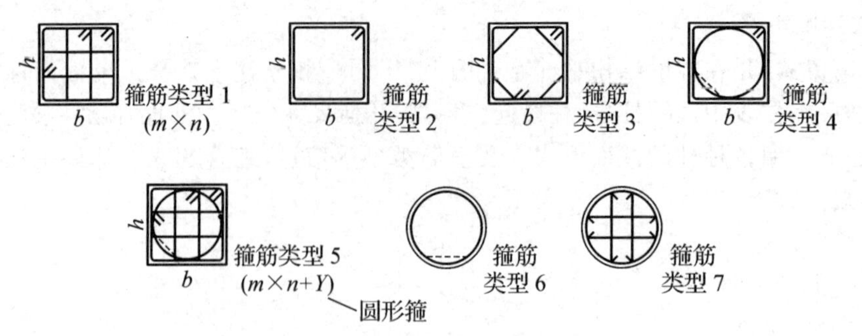

图 3.3　箍筋截面形式

(6) 柱箍筋(包括箍筋的级别、直径与间距)

当为抗震设计时,用斜线"/"区分柱端箍筋加密区域与柱身非加密区域。例如Φ 8@100/200 表示加密区的间距为 100 而非加密区为 200;当箍筋沿柱身均匀布置时,不使用"/";当采用螺旋箍筋时,需在箍筋前加"L",例如 LΦ 8@100,则表示采用 HRB400 级的螺旋箍筋,直径为Φ 8,加密区和非加密区的间距均为 100,表 3.4 为本例的柱表(箍筋)。

表 3.4　箍筋表

柱号	标高	b×h(圆柱直径 d)	箍筋类型号	箍筋	备注
KZ1	−0.030～19.470	750×700	1(5×4)	Φ 10@100/200	—
	19.470～37.470	650×600	1(4×4)	Φ 10@100/20	
	37.470～59.070	550×500	1(4×4)	Φ 8@100/200	

2. 截面注写方式

系在柱平面布置图上,分别在同一编号的柱中选择一个截面,以直接注写截面尺寸和配筋具体数值的方式来表达柱平法施工图,与柱的列表注写方式相比,两者内容相同,只是省去了柱表。图 3.4 为标高从 19.470～37.470 的柱的平法施工图。

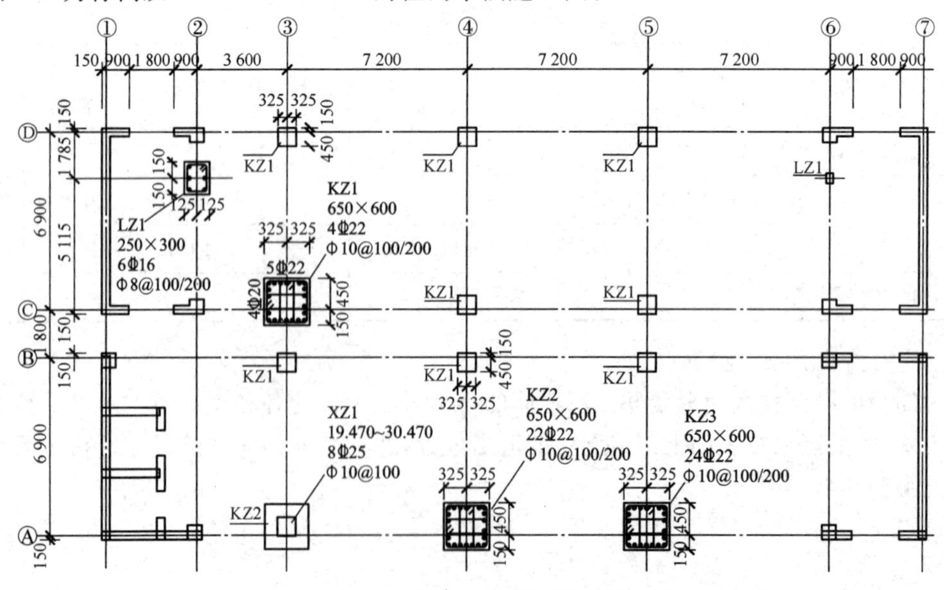

图 3.4　19.470～37.470 柱的平法施工图

对配筋、与定位轴线位置不同而其他相同的框架柱，可采用合并标注，如图 3.5 所示，图中编号为 KZ1 的框架柱有两种尺寸，相应的配筋和定位尺寸(即和轴线的关系)也不同。

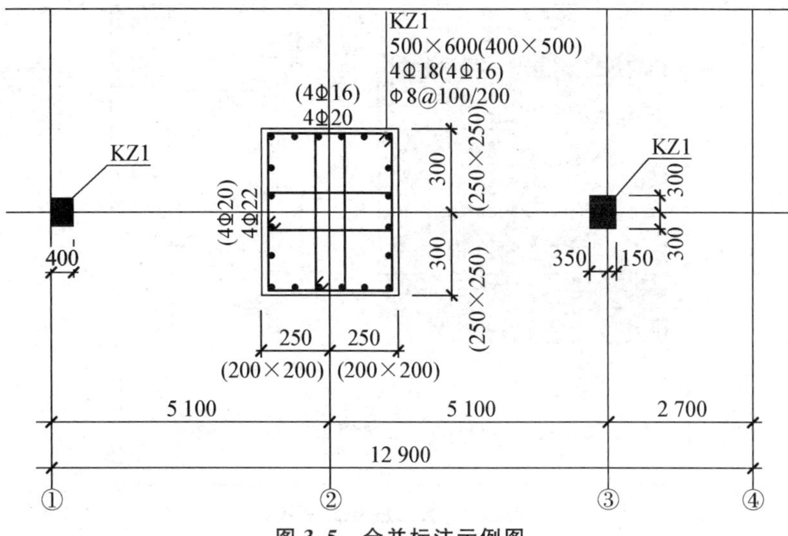

图 3.5　合并标注示例图

3.3.2　利用 TSSD 进行柱的平法配筋

探索者软件提供了丰富的构件绘图功能，通常的梁、板、柱、楼梯、基础等都能够实行参数绘图，输入构件的尺寸、配筋情况、钢筋布置方式等数据，即可绘制出柱的施工图。在已经布置好轴网的平面上，根据路径【平面】→【柱】，首先布置柱的位置，如图 3.6 所示。

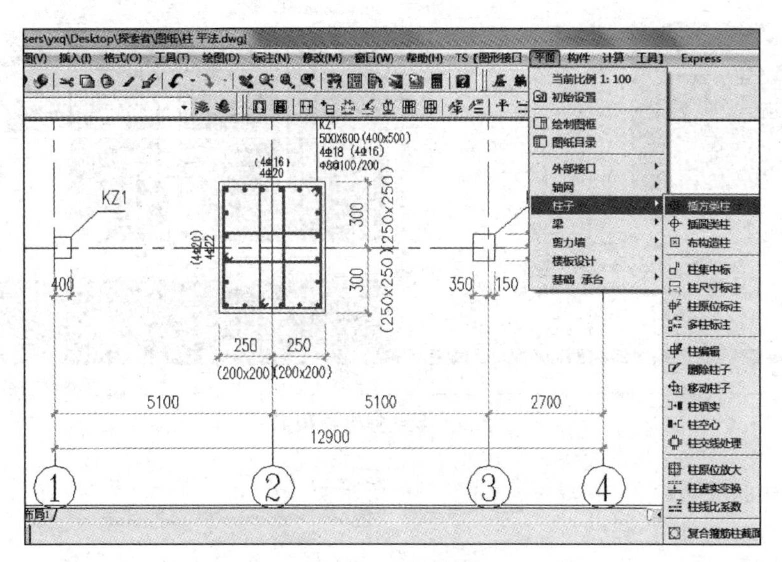

图 3.6　平面插柱

在弹出的对话框中选择柱的截面形式、截面尺寸、与轴线的位置关系，如图 3.7 所示，插入方形柱。

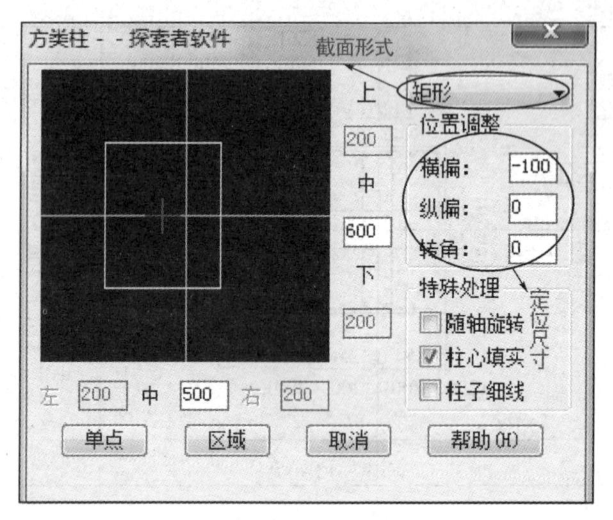

图 3.7 方形柱参数设置

绘制柱的截面信息，在【构件】→【复合箍筋柱截面】中，选择柱截面尺寸、箍筋形式、配筋信息等数据，如图 3.8 所示对话框。

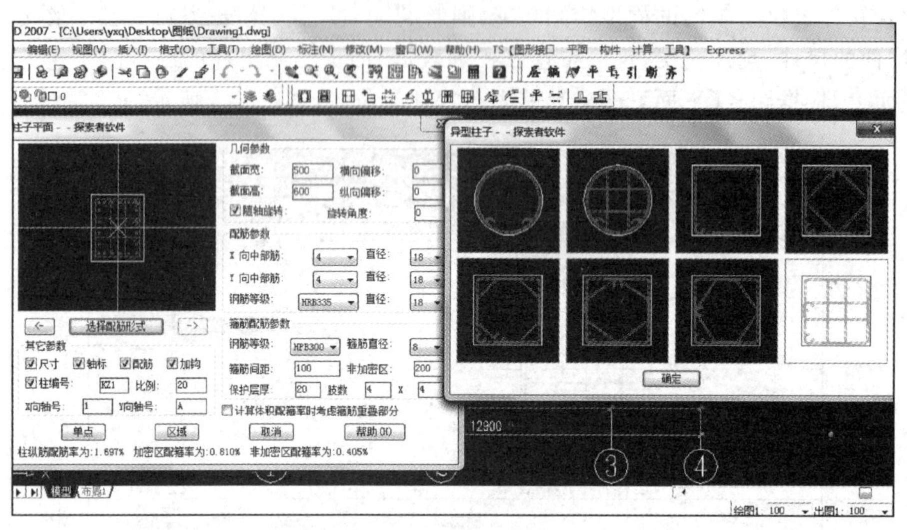

图 3.8 复合箍筋柱截面

即可得到柱的平法施工图(局部)，如图 3.9 所示。

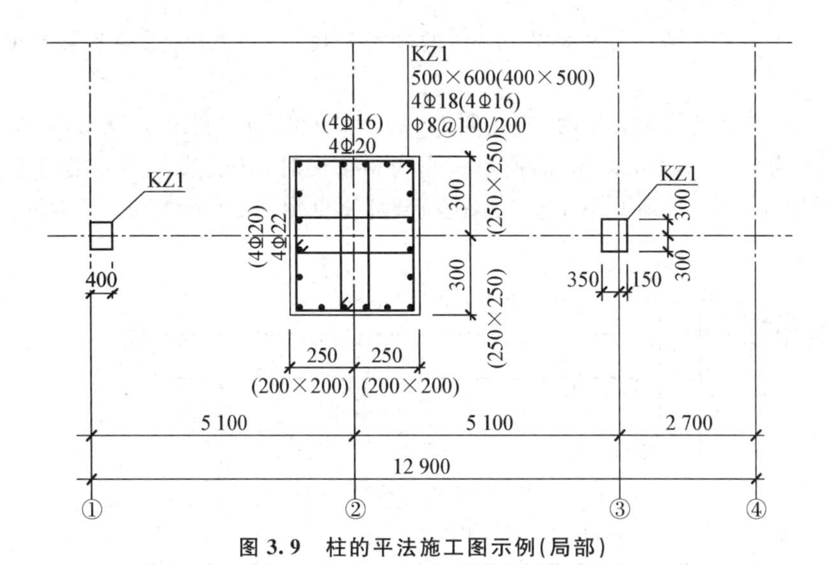

图 3.9　柱的平法施工图示例(局部)

3.3.3　梁的平法施工图

梁的平法施工图系在梁平面布置图上,采用平面注写方式或截面注写方式表达。在绘制梁的布置图时,应按照梁所在楼层的不同,将全部的梁和与其相关联的柱、墙、板一起采用适当的比例绘制,还需注明各层的顶面标高以及结构层号。

1. 平面注写方式

系在梁平面布置图上,分别在不同编号的梁中各选一根梁,在其上注写截面尺寸和配筋具体数值的方式来表达梁平法施工图。

平面注写方式包括集中标注和原位标注。集中标注表达梁的通用数值,原位标注表达梁的特殊数值。当集中标注中的某项数值不适用与梁的某部位时,则该项数值原位标注,施工时原位标注取值优先。

(1) 集中标注

集中标注的主要内容有:梁编号、梁截面尺寸、梁箍筋、梁上部通长筋或架立筋配置、梁侧面纵向构造钢筋或受扭钢筋配置、梁顶面标高高差(该项为选注值)。

梁的编号,梁的编号由梁的类型号、序号、跨数及有无悬挑代号组成,具体应符合表 3.5 规定。

表 3.5　梁编号

梁的类型	代号	序号	跨数及是否带有悬挑	备注
楼层框架梁	KL	××	(××)、(××A) (××B)	(××A)为一段有悬挑,(××B)为两段有悬挑,悬挑不计入跨数
屋面框架梁	WKL	××		
框支梁	KZL	××		
非框架梁	L	××		
悬挑梁	XL	××		
井字梁	JZL	××	(××)、(××A)或(××B)	

例如：KL8(4B)表示第 8 号框架梁，4 跨，两端都悬挑；L6(9A)表示第 6 号非框架梁，9 跨，一端悬挑。

梁截面尺寸，当梁是等截面梁时，直接用 $b\times h$。当梁加腋时，利用 $b\times h$ Y$c_1\times c_2$ 表示，其中 c_1 表示腋长，c_2 为腋高。如图 3.10(a)所示。当为悬臂梁时，且根部和端部梁高不同时，用“/”来区分根部和端部的高度，即采用 bh_1/h_2 来表示，具体见图 3.10(b)所示，其中 h_1 为梁的根部高度，h_2 为梁的端部高度。

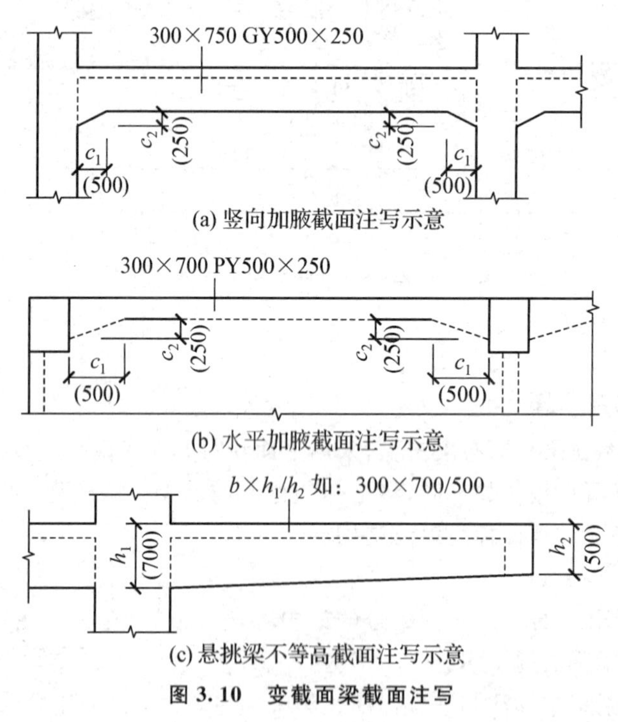

(a) 竖向加腋截面注写示意

(b) 水平加腋截面注写示意

(c) 悬挑梁不等高截面注写示意

图 3.10　变截面梁截面注写

梁箍筋。包括钢筋级别、直径、加密与非加密区间距和箍筋肢数。具体的标注与柱的箍筋标注相同，但是增加了箍筋的说明，当加密区与非加密区的箍筋肢数相同时，箍筋的肢数只标注一次，否则分别注写。例如Φ8@100/200(2)表示箍筋为 HRB400 级钢筋，直径为 8，加密区间距为 100，非加密区的间距为 200，均为双肢箍，而标注Φ10@100(4)/200(2)，表示箍筋 HRB400 级钢筋，直径为 10，加密区的箍筋间距为 100，肢数位 4。而非加密区的间距为 200 肢数为 2。

梁上部通长筋或者架立筋。所注钢筋规格与根数应该满足结构的受力要求，同时还要满足相关规范的构造要求，当上部的纵向钢筋既有架立钢筋，又有通长钢筋时，应用“＋”将通长钢筋和架立钢筋相连。注写时需将角部纵筋写在“＋”号的前面，架立筋写在“＋”号后面的括号内，以示不同直径与通长钢筋区别。当全部为架立筋时，则将其写入括号内。例如：标注为 2Φ18＋(4Φ12)，表示通长筋为 2 根Φ18，而架立筋为 4 根Φ12。

梁侧面纵向构造钢筋或者受扭钢筋。当梁腹板高度 $h_w\geqslant 450$ mm，需配置纵向构造钢筋(腰筋)，此项注写以 G 打头，随后注写设置在梁两个侧面的总配筋值，称为对称配置。例如标注为 G4Φ10，表示梁的两个侧面共配置 4Φ10 的纵向构造钢筋，每侧各配置 2Φ10。当梁的侧面需配置受扭纵向钢筋时，此项注写则要用 N 打头，随后注写两个侧面的受扭钢筋总配筋值，且采用对称配置。例如，标注 N6Φ20，表示梁的两个侧面各配置 3Φ20。

梁顶面标高差。该项为选注值，有高差时，需将其写入括号内，无高差时则不注写。这里的高差是指相对于结构层楼面标高，对于位于结构层夹层的梁，则指相对于结构夹层楼面的高差。若某梁的顶面高于所在结构层的楼面时，则其标高为正，反之为负。例如，某结构楼层的标高为36.450和39.450时，梁顶面标高高差为（－0.050）时，及表明该梁的顶面标高为36.400和39.400，比对应结构层标高低0.050 m。

（2）原位标注

梁的原位标注包含梁支座上部纵筋、梁下部纵筋、附加箍筋或吊筋。

梁支座上部纵筋。标注该处含通长钢筋在内的所有钢筋。当上部纵筋多于一排时，用斜线“/”将各排纵筋自上而下分开，例如梁支座上部纵筋标注为6Φ25 4/2，则表示上一排纵筋为4Φ25，下排纵筋为2Φ25。若同排钢筋有两种直径，用“＋”将两种钢筋直径的纵筋相连，标注时应将角部纵筋放在前面。如梁上部纵筋有4根钢筋，2Φ25放在角部，2Φ22放在中部，梁的支座标注为2Φ25＋2Φ22。当梁中间支座两侧配筋不同时，应在支座两边分别标注；当梁的中间支座两边的上部纵筋相同时，可仅在一边标注配筋值，另一边可不标注，具体如图3.11所示。

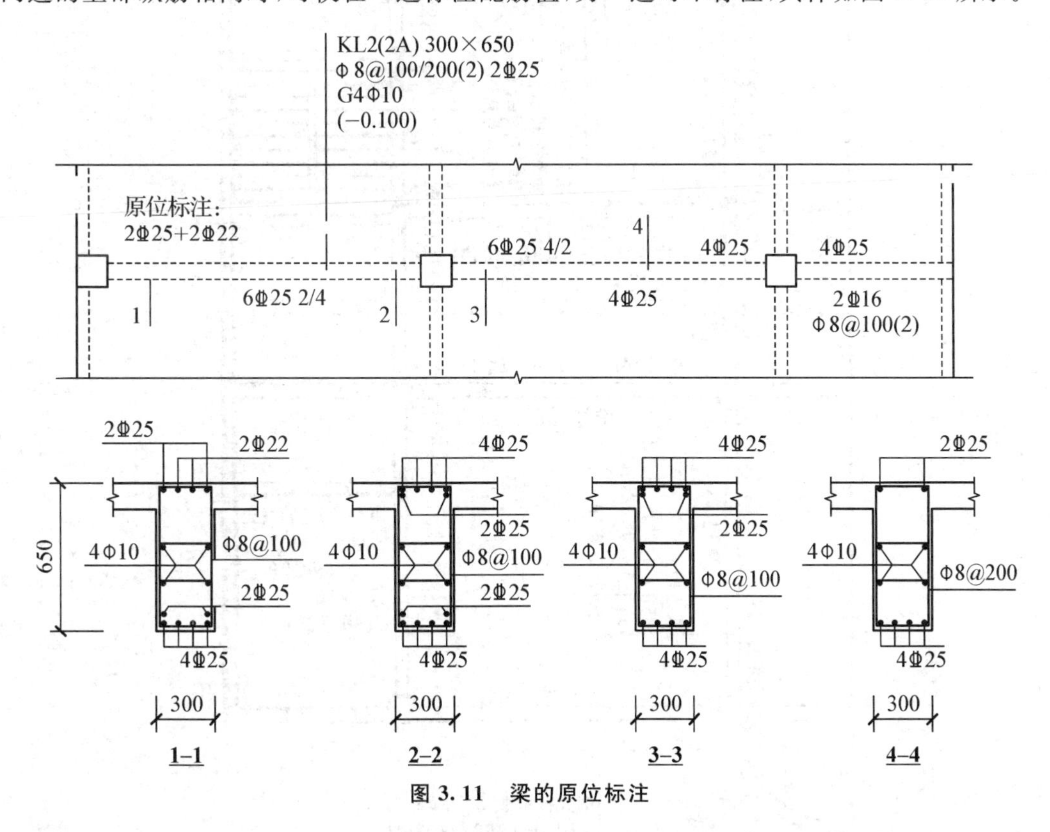

图3.11 梁的原位标注

梁下部纵筋。注写规则与梁支座钢筋相似。若梁下部纵筋不全部伸入支座时，将梁支座下部纵筋减少的数量写在括号内。如梁下部纵筋写为2Φ25＋3Φ22(－3)/5Φ25，则表示上部纵筋为2Φ25和3Φ22，其中3Φ22不伸入支座，下一排的纵筋为5Φ25，全部伸入支座。

附加箍筋或吊筋。附加箍筋和吊筋直接画在平面图中的主梁上，用线引注总配筋值（附加箍筋的肢数标注在括号内，如图3.12所示）。当多数附加箍筋或吊筋相同时，可在梁平法施工图上统一注明，少数与统一注明值不同时，再原位标注。

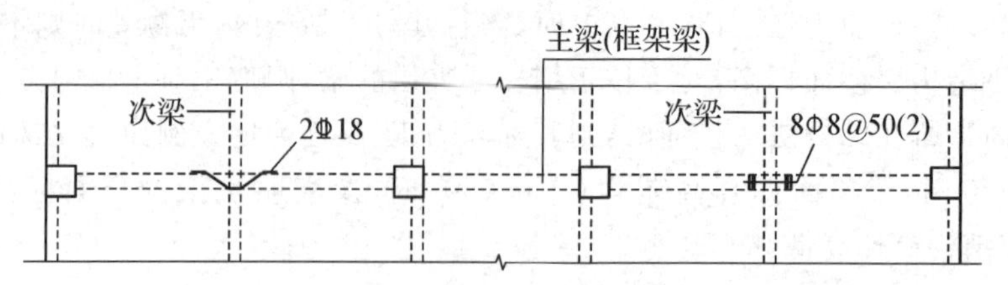

图 3.12　附加箍筋和吊筋的画法示例

图 3.13 为采用平面注写方式表达的梁平法施工图。

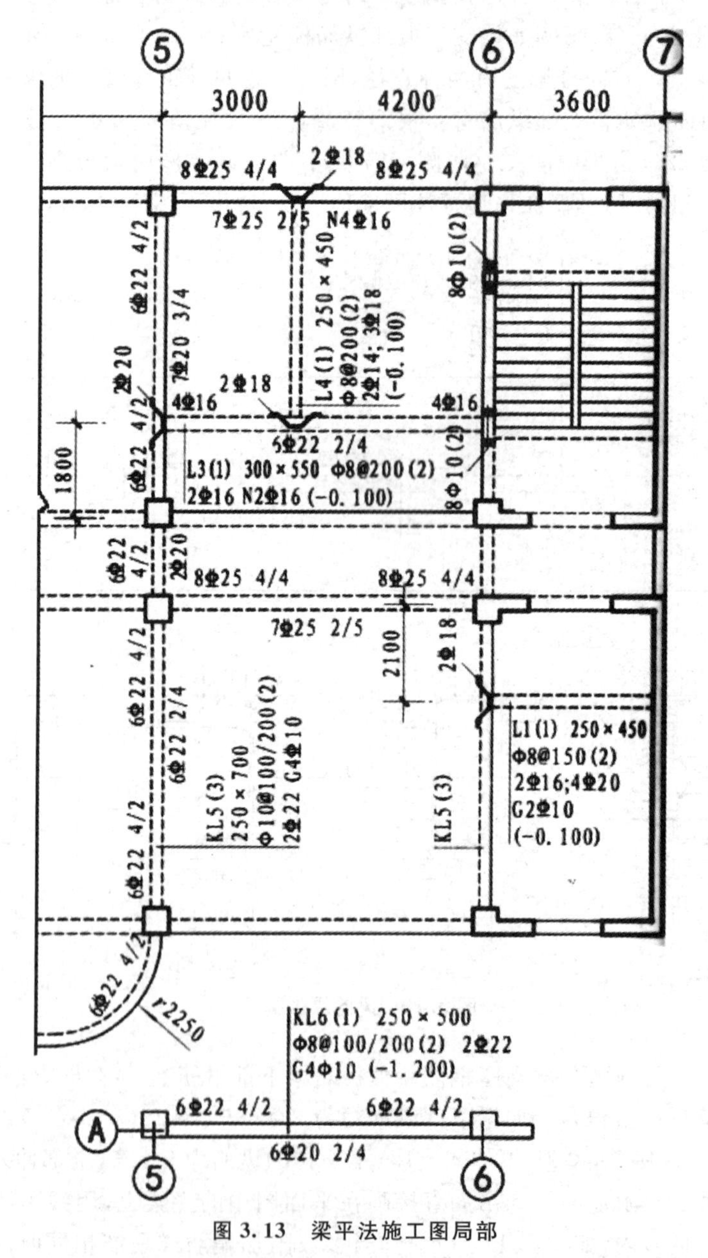

图 3.13　梁平法施工图局部

2. 截面注写方式

截面注写方式，系在分标准层绘制的梁平面布置图上，分别在不同编号的梁中，各选择一根梁用剖面号引出配筋图，并在其上注写截面尺寸和配筋具体数值的方式来表达梁平法施工图。

采用截面注写方式时，首先对所有梁进行编号，在编号相同的一组梁中选择一根，先将“单边截面号”画在该梁上，再将截面配筋详图画在本页图或其他图上。当某梁的顶面标高与结构层的楼面标高不同时，尚应在该梁编号后注写梁顶面标高高差(注写方式规定与平面注写方式相同)。

在截面配筋详图标注截面尺寸 $b \times h$、上部筋、下部筋、侧面构造筋或受扭钢筋，以及箍筋的具体数值，具体的表达方式和平面注写方式相同。截面注写方式可以单独使用，也可与平面注写方式配合使用。

图3.14为采用截面注写方式表达的梁平法施工图(局部)示例。

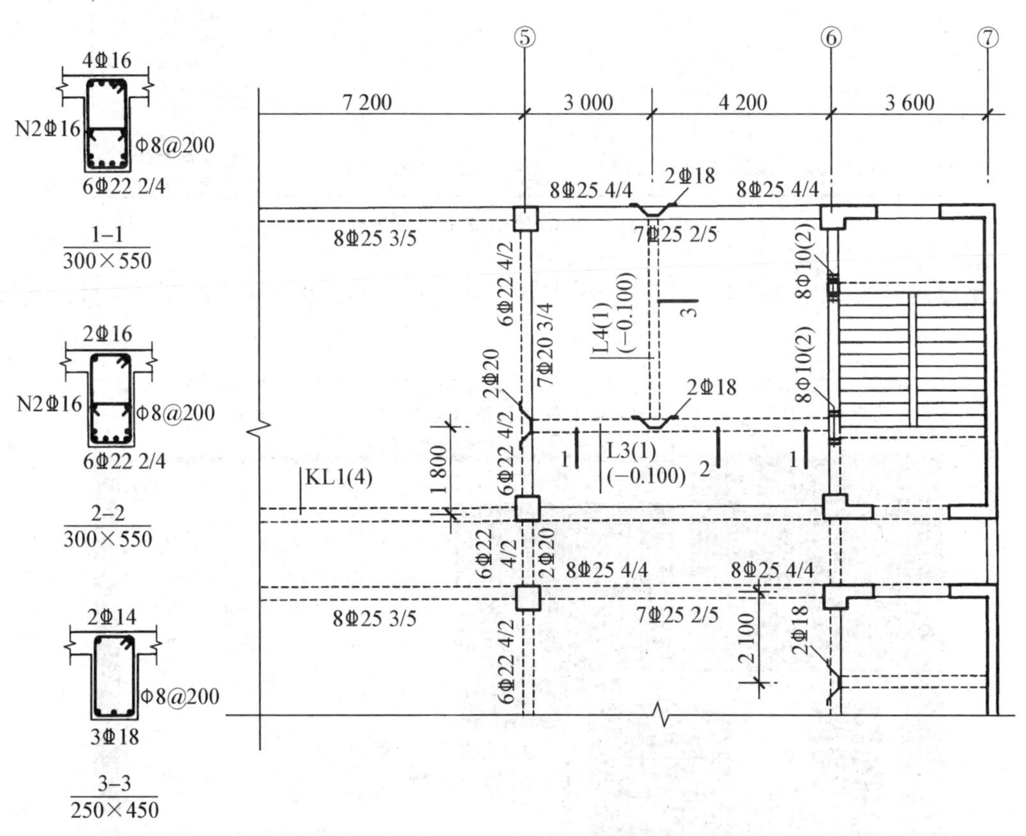

图3.14　15.870—26.670梁平法施工图(局部)

3.3.4 TSSD软件的梁平法施工图绘制

与绘制柱的平法施工图类似，TSSD菜单【平面】→【梁】(图3.15)，首先布梁，再选用集中或截面标注，利用【连续标梁】标注梁的上下纵筋，【集中标注】用来标注梁的截面尺寸、箍筋、腰筋、标高等信息。

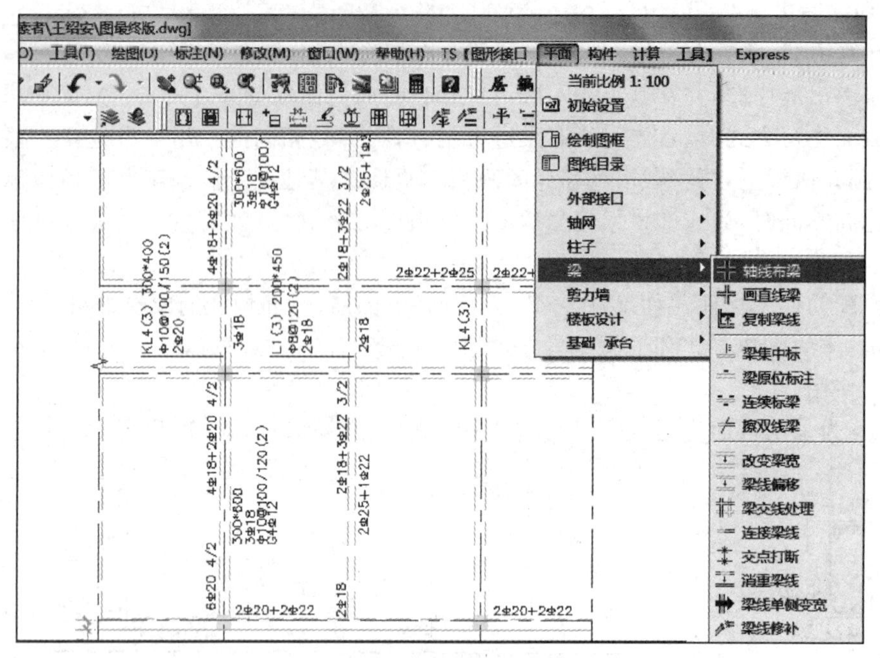

图 3.15　TSSD 绘制梁平法施工图

当采用截面标注时，利用【构件】中梁的截面绘制功能，将绘图的有关数据以参数对话框输入，如图 3.16。

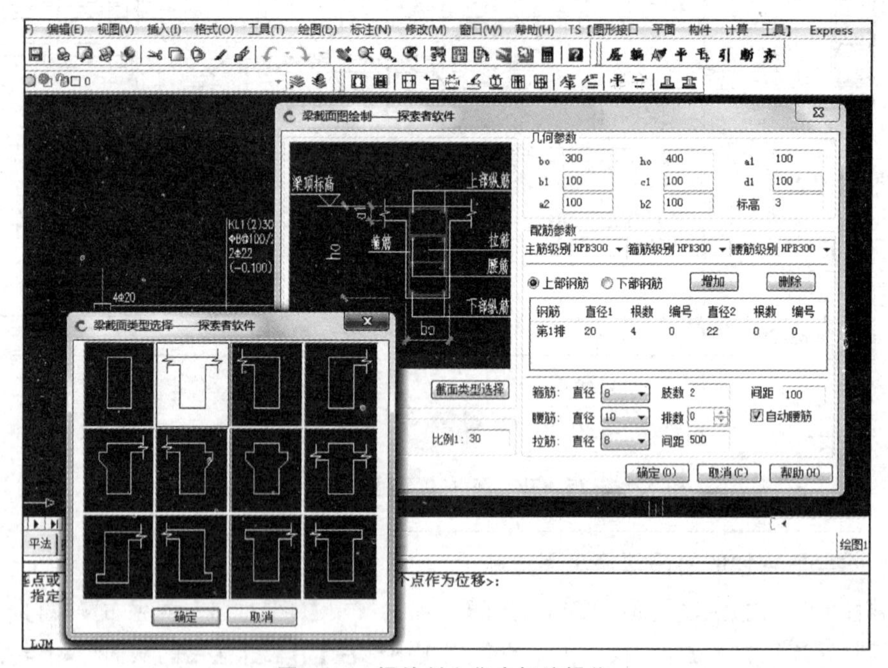

图 3.16　梁绘制之集中标注操作

3.3.5　剪力墙平法施工图

框架结构中有时把框架梁柱之间的矩形空间设置一道现浇钢筋混凝土墙，用以加强结构的空间刚度和抗剪能力，这面墙就是剪力墙，这样的结构就称之为“框架—剪力墙结构”。

剪力墙平法施工图系在剪力墙平面布置图上采用列表注写方式或截面注写方式表达。下面将重点介绍列表注写方式，有关截面注写方式请参照 16G101 标准图集。与柱一样，首先绘制剪力墙平面布置图，并注明各结构层的楼层标高、结构层高和相应的结构层号。图 3.17 为某高层建筑的剪力墙平面布置图。

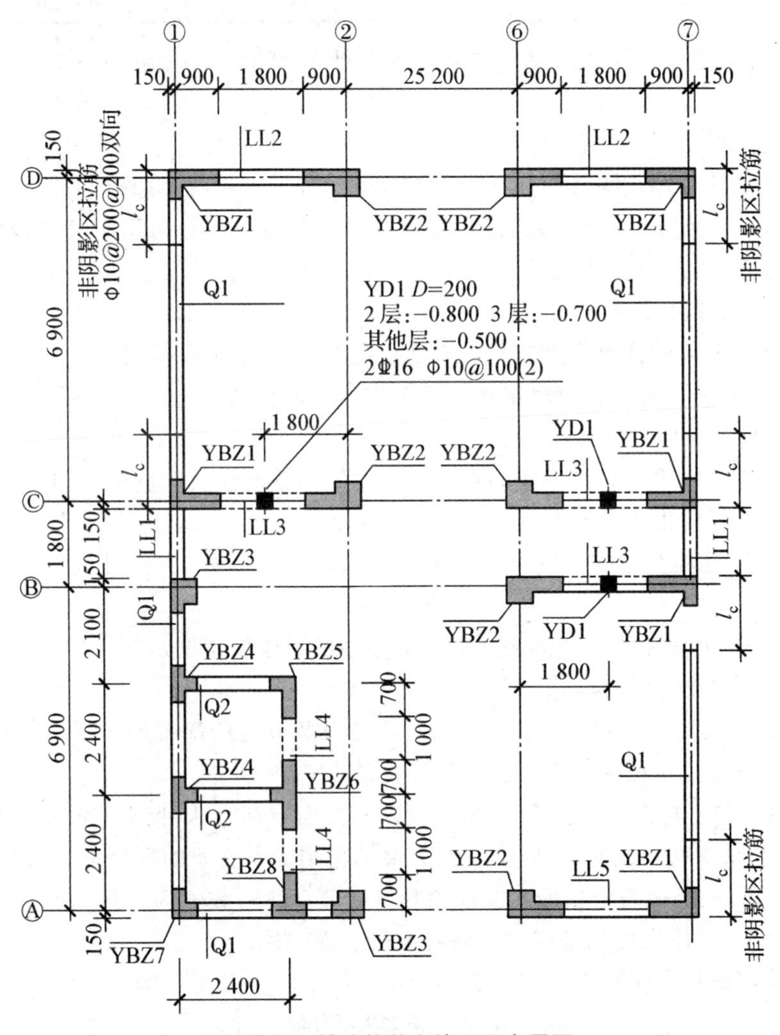

图 3.17　某建筑剪力墙平面布置图

为方便表达，剪力墙可视为由剪力墙柱、剪力墙身和剪力墙梁（简称墙柱、墙身、墙梁）等 3 类构件组成。

列表注写方式即分别在剪力墙柱表、剪力墙身表、剪力墙梁表中，对应于剪力墙平面布置图上的编号，用绘制截面配筋图并注写几何尺寸与配筋具体数值的方式来表达剪力墙平法施工图。

1. 剪力墙柱表中注写的内容

(1) 墙柱编号　墙柱编号由墙柱类型代号和序号组成，并应符合表 3.6 的规定。

表 3.6　墙柱编号

墙柱类型	代号	序号	墙柱类型	代号	序号
约束边缘暗柱	YAZ	××	构造边缘暗柱	GAZ	××
约束边缘端柱	YDZ	××	构造边缘翼柱(柱)	GYZ	××
约束边缘翼墙(柱)	YYZ	××	构造边缘转角柱(柱)	GZY	××
约束边缘转角柱(柱)	YJZ	××	非边缘暗柱	AZ	××
构造边缘端柱	GDZ	××	扶壁柱	FBZ	××

在编号中，如若干墙柱的截面尺寸与配筋均相同，仅截面与轴线的关系不同时，可将其编为同一墙柱号。

(2) 绘制截面配筋图

截面配筋图应注明墙柱构件的几何尺寸和配筋情况。对于约束边缘端柱 YDZ 和构造边缘端柱 GDZ，需标注几何尺寸 $b_c \times h_c$；其他几类墙柱构件在墙身部分的几何尺寸按照相关图集的标准构造详图取值，设计时不注明。

(3) 各段墙柱的起止标高

自墙柱根部往上以变截面位置或截面未变但是配筋改变处为界，分段注写(墙柱根部标高系指基础顶面标高，如为框支剪力墙结构则为框支梁顶面标高)。

(4) 各段墙柱的纵向钢筋和箍筋

注写值应与在表中绘制的截面配筋对应一致。纵向钢筋注总配筋值，墙柱箍筋的注写方式与柱箍筋相同。对于约束边缘端柱 YDZ、约束边缘暗柱 YAZ、约束边缘翼墙(柱)YYZ、约束边缘转角墙(柱)YJZ，除注写标准构造详图中阴影部位内的箍筋外，尚需注写非阴影区内布置的拉筋(或箍筋)。

图 3.18 为采用列表注写方式的表达剪力墙墙柱的平法施工图示例。

2. 剪力墙身表中注写的内容

(1) 墙身编号　墙身编号由墙身代号(Q)、序号以及墙身所配置的水平与竖向分布钢筋的排数组成，其中，排数注写在括号内，表达形式为：Q××(×排)。

(2) 各段墙身起止标高　自墙身根部往上以变截面或截面未变但配筋改变处为界分段注写(墙身根部标高系指基础顶面标高，框支剪力墙结构则为框支梁的顶面标高)。

(3) 水平分布筋、竖向筋分布筋和拉筋的具体数值　注写数值为一排水平分布钢筋和竖向钢筋的规格与间距，具体设置几排应该在墙身编号后面表达。

表 3.7 为采用列柱表注写方式表达剪力墙墙身的平法施工图示例。

表 3.7　剪力墙墙身表

编号	标高	墙厚	水平分布筋	垂直分布筋	拉筋(双向)
Q1	−0.030～30.270	300	Φ12@200	Φ12@200	Φ6@600@600
	30.270～59.070	250	Φ10@200	Φ10@200	Φ6@600@600
Q2	−0.030～30.270	250	Φ10@200	Φ10@200	Φ6@600@600
	30.270～59.070	200	Φ10@200	Φ10@200	Φ6@600@600

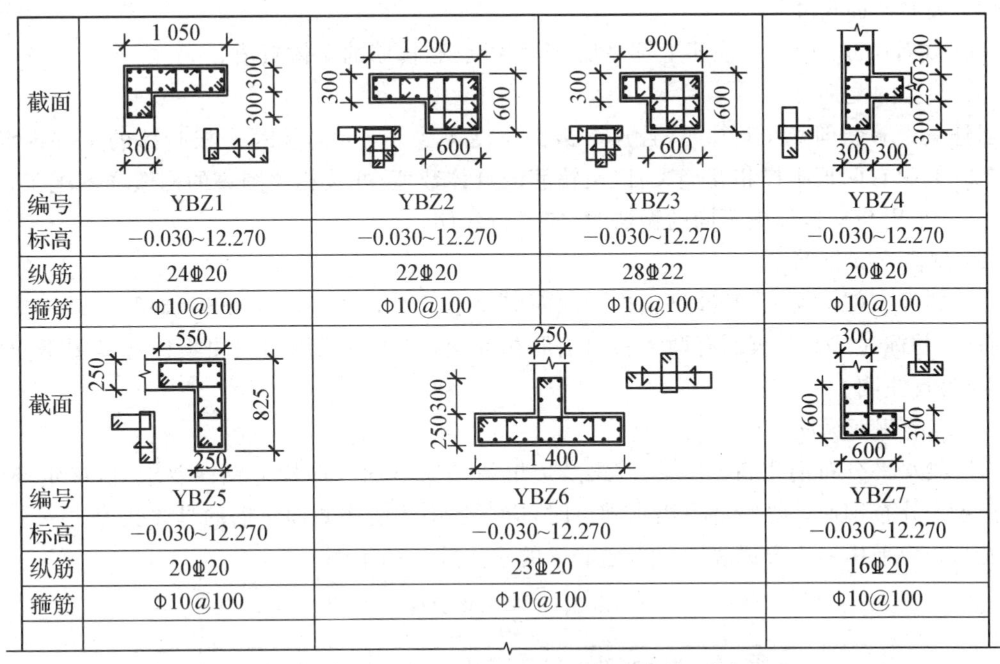

截面				
编号	YBZ1	YBZ2	YBZ3	YBZ4
标高	−0.030~12.270	−0.030~12.270	−0.030~12.270	−0.030~12.270
纵筋	24Φ20	22Φ20	28Φ22	20Φ20
箍筋	Φ10@100	Φ10@100	Φ10@100	Φ10@100

截面			
编号	YBZ5	YBZ6	YBZ7
标高	−0.030~12.270	−0.030~12.270	−0.030~12.270
纵筋	20Φ20	23Φ20	16Φ20
箍筋	Φ10@100	Φ10@100	Φ10@100

−0.030~12.270 剪力墙平法施工图(部分剪力墙柱表)

图 3.18　剪力墙墙柱列表注写

3. 剪力墙梁表中注写的内容

(1) 墙梁编号

墙梁编号由墙梁的类型代号和序号组成，且应符合表 3.8 规定。

表 3.8　墙梁编号

墙梁类型	代号	序号	墙梁类型	代号	序号
连梁(无交叉暗撑及交叉钢筋)	LL	××	暗梁	AL	××
连梁(有交叉暗撑)	LL(JC)	××	边框梁	BKL	×
连梁(有交叉钢筋)	LL(JG)	×			

在编号中，如若干墙身的厚度尺寸和配筋均相同，仅墙厚与轴线的关系不同，或墙身长度不同时，可将其为同一编号。在具体工程中，当某些墙身需要设置暗梁或边框梁时，宜在剪力墙平法施工图中绘制暗梁或边框梁的平面布置图编号，以明确其具体位置。需要注意的是这里的 LL 是连梁，即剪力墙结构中与剪力墙相连的梁。

(2) 墙梁所在楼层

按实际所在楼层号注写。

(3) 墙梁顶面标高高差

墙梁顶面标高高差系指相对于墙梁所在结构层楼面标高的高差值，高于者为正值，反之为负值，等于高差值不注写。

(4) 墙梁截面尺寸

注写截面尺寸 $b\times h$,并注明上部纵筋、下部纵筋和箍筋的具体数值。

(5) 暗撑的配筋

当连梁设有斜向交叉暗撑时(且连梁截面宽度不少于 400),注写一根暗撑的全部纵筋,并标注×2(表明有两根暗撑相互交叉)以及箍筋的具体数值,并按相关图集的构造详图施工,设计时不注;当采用与构造详图不同的做法时,应另行注明。

(6) 斜向交叉钢筋

当连梁设有斜向交叉钢筋时(且连梁截面宽度小于 400,但不小于 200),注写一道斜向钢筋的配筋值,并标注"×2"(表明有两道斜向钢筋相互交叉)。当采用相关图集构造详图不同的做法时,应另行注明。

(7) 墙梁侧面纵筋

当墙梁水平分布钢筋满足连梁、暗梁及边框梁的梁侧面纵向构造钢筋要求时,该钢筋配置同墙身水平分布钢筋,表中不注;当不满足时,应在表中注明梁侧面纵筋的具体数值。

表 3.9 为采用列表方式表达剪力墙墙梁的平法施工图示例。

表 3.9 剪力墙梁表

编号	所在楼层号	梁顶相对标高高差	梁截面 $b\times h$	上部纵筋	下部纵筋	箍筋
LL1	2~9	0.800	300×2 000	4Φ22	4Φ22	Φ10@100(2)
	10~16	0.800	250×2 000	4Φ20	4Φ20	Φ10@100(2)
	屋面 1		250×1 200	4Φ20	4Φ20	Φ10@100(2)
LL2	3	−1.200	300×2 520	4Φ22	4Φ22	Φ10@150(2)
	4	−0.900	300×2 070	4Φ22	4Φ22	Φ10@150(2)
	5~9	−0.900	300×1 770	4Φ22	4Φ22	Φ10@150(2)
	10~屋面 1	−0.900	250×1 770	3Φ22	3Φ22	Φ10@150(2)
LL3	2		300×2 070	4Φ22	4Φ22	Φ10@100(2)
	3		300×1 770	4Φ22	4Φ22	Φ10@100(2)
	4~9		300×1 170	4Φ22	4Φ22	Φ10@100(2)
	10~屋面 1		250×1 170	3Φ22	3Φ22	Φ10@100(2)
LL4	2		250×2 070	3Φ20	3Φ20	Φ10@120(2)
	3		250×1 770	3Φ20	3Φ20	Φ10@120(2)
	4~屋面 1		250×1 170	3Φ20	3Φ20	Φ10@120(2)
AL1	2~9		300×600	3Φ20	3Φ20	Φ8@150(2)
	10~16		250×500	3Φ18	3Φ18	Φ8@150(2)
BKL1	屋面 1		500×750	4Φ22	4Φ22	Φ10@150(2)

4. 剪力墙洞口的表示方法

剪力墙上的洞口在剪力墙平面布置图上原位表达,如图 3.17 所示。洞口的具体表示方法如下:

(1) 在剪力墙平面布置图上绘制洞口示意,并标注洞口中心的平面定位尺寸。

(2) 在洞口中心位置引注洞口编号、洞口几何尺寸。洞口中心相对标高、洞口每边补强钢筋共 4 项内容,具体如下:

① 洞口编号:圆形、矩形洞口分别为 YD××和 JD××,这里××表示序号。

② 洞口几何尺寸：矩形洞口为洞宽×洞高($b\times h$)，圆形洞口为洞口直径 D。

③ 洞口中心相对标高，系相对于结构层楼(地)面标高的洞口中心高度。当其高于结构层楼面时为正值，低于结构层楼面时为负值。

④ 洞口每边补强钢筋：当矩形洞口的洞宽、洞高均不大于 800 时，如果设置构造补强纵筋，即洞口每边加钢筋≥2 Φ 12 且不少于同向被切断钢筋总面积的 50%，本项免注。例如 JD3 400×300＋3.100，表示 3 号矩形洞口，洞宽 400，洞高 300，洞口中心距本结构层楼面 3.1 m，洞口每边补强钢筋按构造配置。

5. TSSD 绘制剪力墙墙柱

TSSD 绘制剪力墙平法施工图示例如图 3.19 所示。

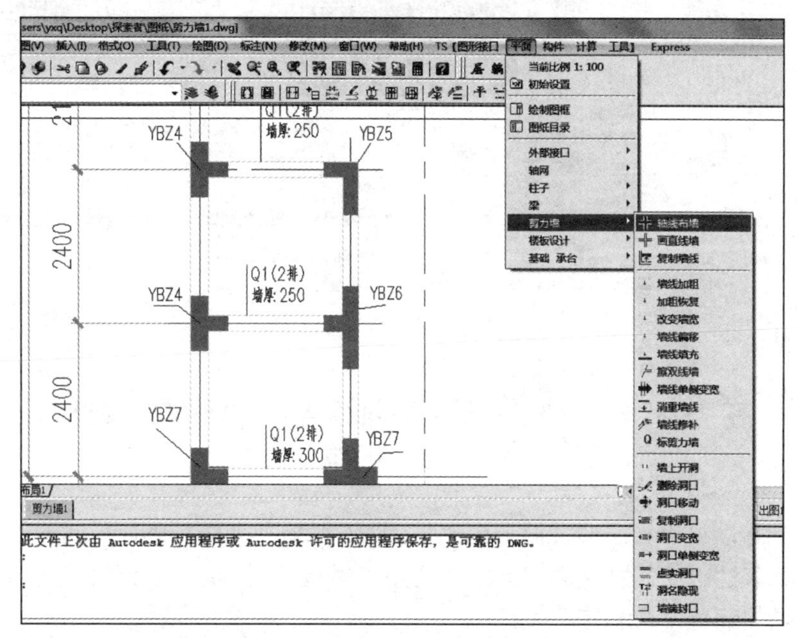

图 3.19　TSSD 绘剪力墙平法施工图示例

对于墙柱。其布置可以根据图 3.20 绘制。

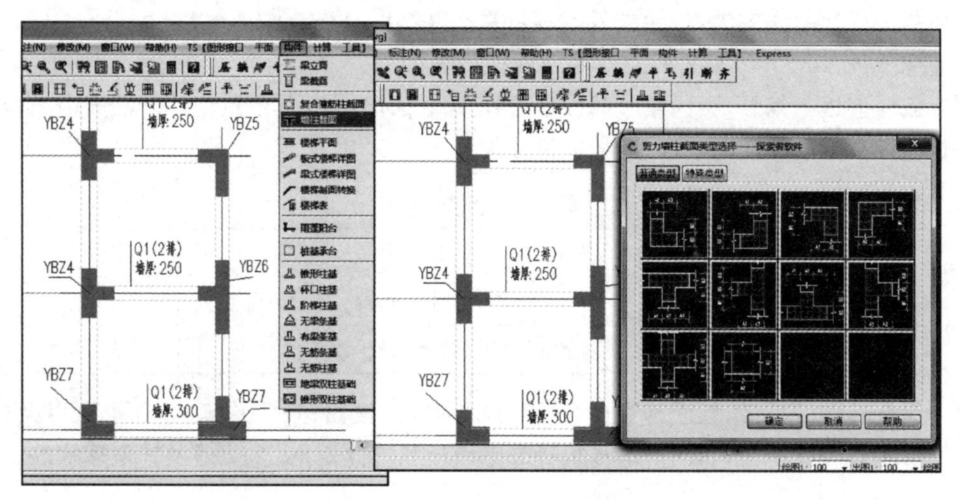

图 3.20　剪力墙墙柱绘制示例

根据配筋信息，配置墙柱截面及钢筋信息，根据图 3.21 提示输入信息。

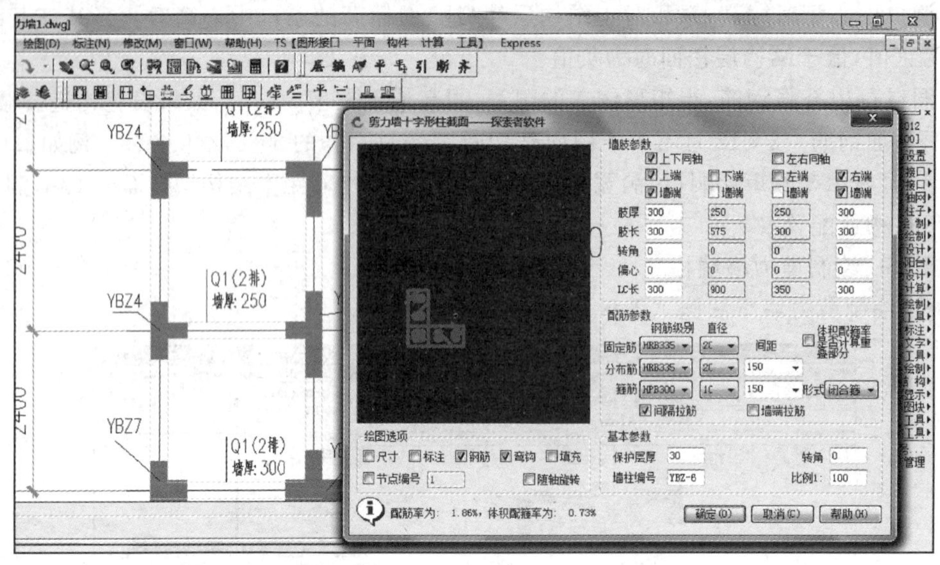

图 3.21　剪力墙墙柱截面及钢筋信息

任务 3.4　有梁楼盖板的平法施工图

有梁楼盖板指以梁为支座的楼面与屋面板，其平法施工图是在楼面板和屋面板布置图上，采用平面注写的表达方式。该制图规则同样适用于梁板式转换层、剪力墙结构、砌体以及有梁地下室的楼面与屋面板平法施工图设计。

板平法注写内容主要包括板块集中标注和板支座原位标注。

3.4.1　板块集中标注

板块集中标注的内容为：板块编号、板厚、贯通纵筋以及板面标高高差。

1. 板块编号

所有板块应逐一编号，相同编号的板块可择其做集中标注，其他仅注写于圆圈内的板编号，以及当板面标高不同时的标高高差，板块编号规则如表 3.10 所示。

表 3.10　板块编号

板类型	代号	序号	板类型	代号	序号
楼面板	LB	××	延伸悬挑板	YXB	××
屋面板	WB	××	纯悬挑板	XB	××

同一编号板块的类型、板厚和贯通纵筋均应相同，但板面标高、跨度、平面形状以及板支座上部非贯通纵筋可以不同，如同一编号板块的平面形状可为矩形、多边形及其他形状等。

2. 板厚

板厚为垂直于板面的厚度，注写为 $h=\times\times\times$。当悬挑板的端部改变截面厚度时，用斜线分隔根部与端部的高度值，注写为 $h=\times\times\times/\times\times\times$。已在图中统一注明板厚时，此项可不注写。

3. 贯通纵筋

贯通纵筋按板块的下部和上部分别注写，并以 B 代表下部，以 T 代表上部，B&T 代表下部与上部，X 向贯通纵筋以 X 打头，Y 向贯通纵筋以 Y 打头，两向贯通纵筋配置相同时则以 X&Y 打头。当为单向板时，另一向贯通的分布筋可不必注写，而在图中统一注明。当在某些板内（如在延伸悬挑板 YXB，或纯悬挑板 XB 的下部）配置有构造钢筋时，则 X 向以 Xc，Y 向以 Yc 打头注写。

结构平面的坐标规定如下：当两向轴网正交布置时，图面从左至右为 X 向，从上至下为 Y 向；当轴网转折时，局部坐标方向顺轴网转折角度做相应转折；当轴网向心布置时，切向为 X 向，径向为 Y 向，特殊情况由设计另行规定并在图上标明。

4. 板面标高高差

板面标高高差指相对于结构层楼面标高的高差，应将其注写在括号内，且有高差时注，无高差时不注明。

例如：有一楼面板块标注为：LB5 $h=110$，B：XΦ12@120；YΦ10@150，表示 5 号楼面板，板厚 110 mm，板下部配置的贯通纵筋 X 向为Φ12@120，Y 向为Φ10@150，板上部位配置贯通纵筋。

又如：某板标注为：YXB3 h=140/100，B：Xc&YcΦ8@200，表示 3 号延伸悬挑板，板根部厚 140 mm，端部厚 100 mm，板下部配置构造钢筋双向均为Φ8@200。

3.4.2　板支座原位标注

板支座原位标注的内容为：板支座上部非贯通纵筋和纯悬挑板上部受力钢筋。

板支座原位标注的钢筋，应在配置相同跨的第一跨（当在梁悬挑部分单独配置时则在原位表达）。具体标注方法为：在配置相同跨的第一跨（或梁悬挑部分），垂直于板支座（梁或墙）绘制一段示意长度的中粗实线，以该线段代表支座上部非贯通纵筋，并在线段上方注写钢筋编号（如①，②等）、配筋值、横向连续布置的跨数（注写在括号内，且为一跨时可不注）以及是否横向布置到梁的悬挑端。例如：（××）为横向布置的跨数，（××A）为横向布置的跨数及一端的悬挑部位，（××B）为横向布置的跨数及两端的悬挑部分。

板支座上部非贯通钢筋自支座中线向跨内的延伸长度，注写在线段的下方位置。当中间支座上部非贯通纵筋向支座两侧对称延伸时，可仅在支座一侧线段下方标注延伸长度；当向支座两侧非对称延伸时，应分别在支座两侧线段下方注写延伸长度。贯通全跨或贯通全悬挑长度的上部通长钢筋，贯通全跨或延伸至全悬挑一侧的长度值不注，只注明非贯通筋另一侧的延伸长度值。

悬挑板的标注中，不同部位的板支座上部非贯通纵筋及纯悬挑板上部受力钢筋，可仅在一个部位注写，对其他相同者则仅需在代表钢筋的线段上注写编号及横向连续布置的跨数（当为一跨时可不注）即可。例如在板平面布置图某部位，横跨支承梁绘制的对称线段上注有⑦Φ12@100(5A)和 1500，表示支座上部⑦号非贯通纵筋为Φ12@100，从该跨起沿支承梁连续布置 5 跨加梁一端的悬挑端，该筋自支座中线向两侧跨内的延伸长度均为 1 500 mm。在同一板平面布置图的另一部位横跨梁支座绘制的对称线段上注有⑦(2)，系表示该筋同⑦号纵筋，沿支承梁连续布置 2 跨，且无梁悬挑端布置。

图 3.22 为高层建筑楼面板平法施工图。

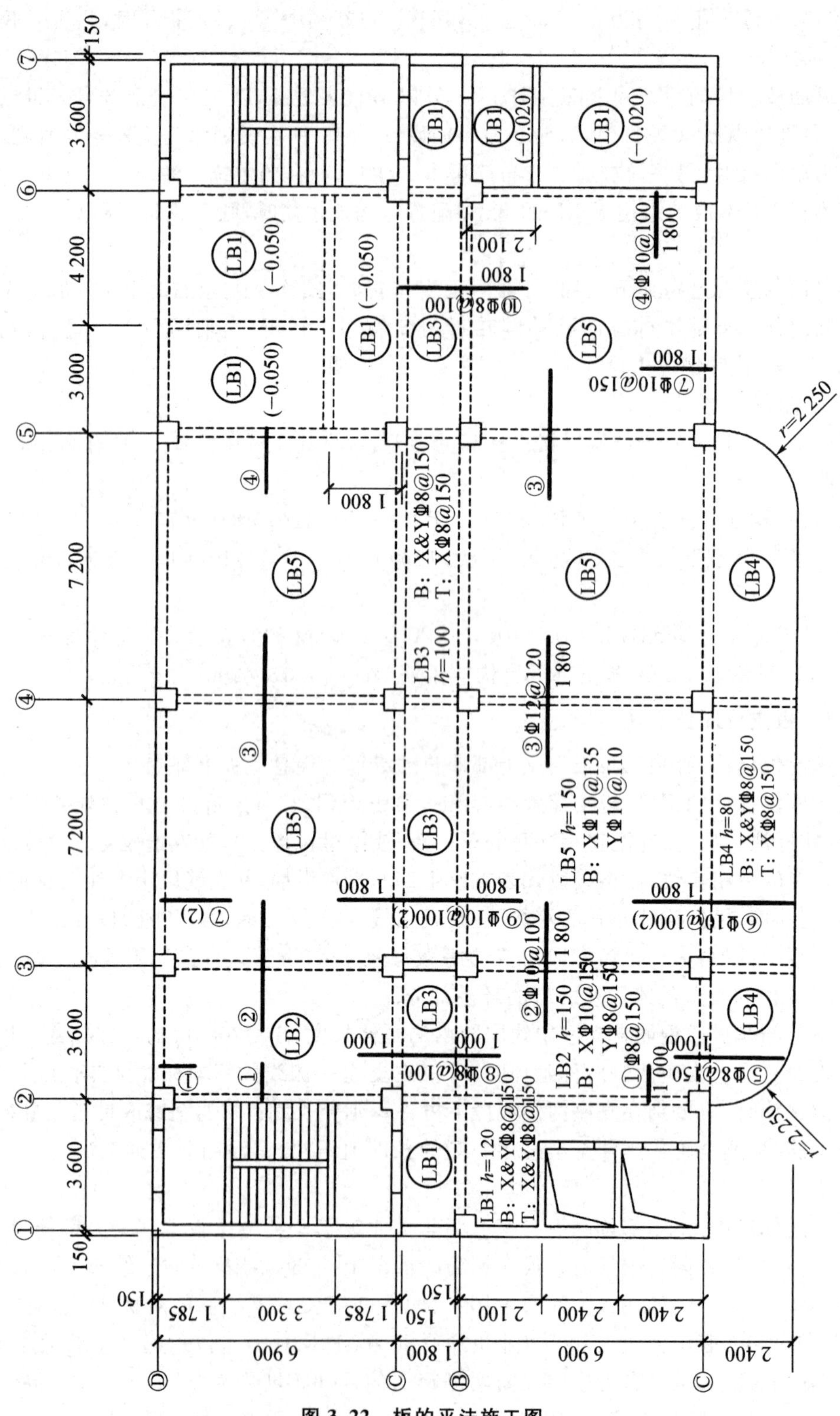

图 3.22 板的平法施工图

任务 3.5  TSSD 软件的构件计算

TSSD 软件是一个功能强大的软件，用户输入初始数据，软件直接生成计算书和施工图。且计算结果准确，界面友好，使用简单，易于操作，很好地把用户从重复繁重的手算劳动中解放出来，熟练地掌握这些功能，在以后的设计工作中往往能够带来事半功倍的效果。但是，TSSD 软件只能计算一些基本的构件如梁、柱、基础、楼梯等，而对于一些大型的整体结构，要计算其内力，我们还是只能求助 PKPM、SAP2000 等专业结构软件。

3.5.1　钢筋混凝土构件计算

TSSD 软件能够对许多钢筋混凝土构件进行计算。包括受弯构件正截面、斜截面承载能力计算，轴心受压、受扭等多种受力构件的计算。在计算之前，要已知构件所受外力。

例题 1　一 T 形截面梁，截面尺寸 $h=700$ mm，$b=250$ mm，$h_f'=100$ mm，$h_f'=600$ mm，弯矩设计值为 150 kN·m，剪力设计值 120 kN。受力钢筋采用 HRB335 级，箍筋采用 HPB300 级，间距为 200，混凝土为 C30 级，构件重要性系数为 1。试为该简支梁配置正截面钢筋，并验算箍筋抗剪承载力是否满足。

首先配置正截面钢筋，根据路径【TS 计算】→【全部集成】→【钢筋砼计算】→【受弯构件正截面承载力】，在弹出的对话菜单中输入相关的数据，计算流程如图 3.23 所示。

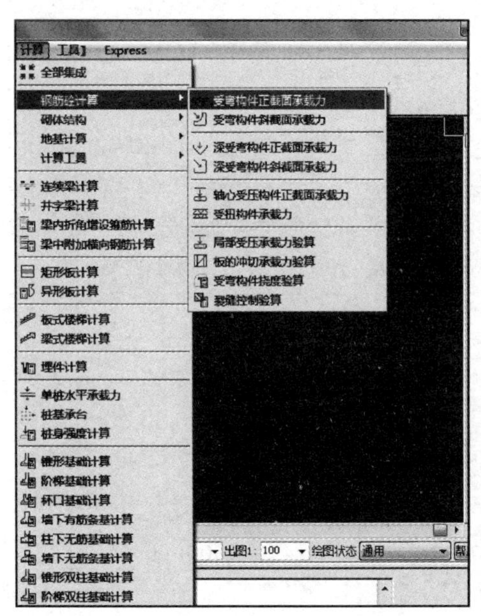

图 3.23　T 形截面梁计算流程框图

点击图 3.23 对话框中左上角的【计算书】，即可查看计算结果，如果需要输出计算结果，点击右下角的【计算书】选项即可得到，本题的计算结果如下：

1. 构件编号：L－1

2. 设计依据

《混凝土结构设计规范》GB 50010－2010（2015 年版）

3. 计算信息

(1) 几何参数

截面类型：T 形

截面宽度：$b=250$ mm

截面高度：$h=700$ mm

上翼缘计算宽度：$b'_f=600$ mm

上翼缘计算高度：$h'_f=100$ mm

(2) 材料信息

混凝土等级：C30，$f_c=14.3\ \mathrm{N/mm^2}$，$f_t=1.43\mathrm{N/mm^2}$

受拉纵筋种类：HRB335，$f_y=300\ \mathrm{N/mm^2}$

最小配筋率：

$\rho_{\min}=\max(0.200, 45\times f_t/f_y)=\max(0.200, 45\times 1.43/300)=\max(0.200, 0.214)$
$=0.214\%$（自动计算）

受拉纵筋合力点至近边距离：$a_s=35$ mm

(3) 受力信息

$M=150.000\ \mathrm{kN\cdot m}$

(4) 设计参数

结构重要性系数：$\gamma_o=1.0$

4. 计算过程

(1) 计算截面有效高度

$h_o=h-a_s=700-35=665$ mm

(2) 判断截面类型

$\alpha_1\times f_c\times b'_f\times h'_f\times(h_o-h'_f/2)=1.0\times 14.3\times 600\times 100\times(665-100/2)$
$=527.670\ \mathrm{kN\cdot m}\geqslant M\times\gamma_o=150\times 10^6\times 1$
$=150\ \mathrm{kN\cdot m}$

属于第一类 T 形截面，可按 $b'_f\times h$ 的单筋矩形截面进行计算。

(3) 确定相对界限受压区高度

$$\xi_b=\beta_1/(1+f_y/(Es\times\varepsilon_{cu}))=0.80/\left(1+\frac{300}{2\times 10^5\times 0.0033}\right)=0.5504$$

(4) 确定计算系数

$\alpha_s=\gamma_o\times M/(\alpha_1\times f_c\times b'_f\times h_o\times h_o)=1.0\times 150\times 10^6/(1.0\times 14.3\times 600\times 665^2)$
$=0.040$

(5) 计算相对受压区高度

$\xi=1-\sqrt{(1-2\alpha s)}=1-\sqrt{(1-2\times 0.040)}=0.040\leqslant\xi_b=0.550$ 满足要求。

(6) 计算纵向受拉钢筋面积

$A_s=\alpha_1\times f_c\times b'_f\times h_o\times\xi/f_y=1.0\times 13.3\times 600\times 665\times 0.040/300=767\ \mathrm{mm^2}$

(7) 验算最小配筋率

$\rho=As/(b\times h)=767/(250\times 700)=0.438\%$

$\rho=0.438\%\geqslant\rho_{min}=0.214\%$

满足最小配筋率要求。

再进行斜截面抗剪承载力计算选择箍筋大小，同样的路径输入数据对话框如图 3.24 所示。

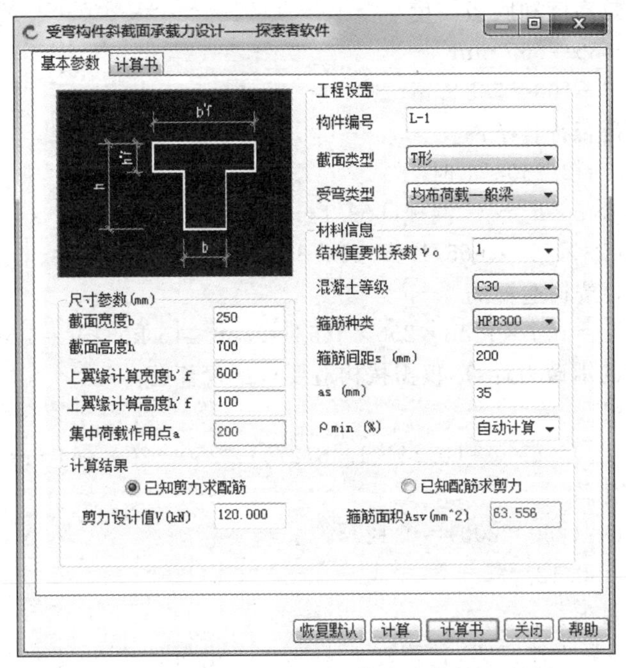

图 3.24　受弯构件斜截面承载力计算参数对话框

同上步计算步骤，查看其计算结果：

1. 构件编号：L－1

2. 设计依据

《混凝土结构设计规范》GB 50010—2010(2015 年版)

3. 计算信息

(1) 几何参数

截面类型：T 形

截面宽度：$b=250$ mm

截面高度：$h=700$ mm

上翼缘计算宽度：$b'_f=600$ mm

上翼缘计算高度：$h'_f=100$ mm

(2) 材料信息

混凝土等级：C30，$f_c=14.3\ \text{N/mm}^2$，$f_t=1.43\ \text{N/mm}^2$

箍筋种类：HPB 300，$f_y=270\ \text{N/mm}^2$

箍筋间距：$s=200$ mm

最小配箍率：$\rho_{min}=0.24\times f_t/f_y=0.24\times1.43/270=0.127\%$(自动计算)

纵筋合力点至近边距离：$a_s=35$ mm

(3) 荷载信息

$V=120$ kN

(4) 设计参数

结构重要性系数：$\gamma_o=1.0$

4. 计算过程

(1) 计算截面有效高度和腹板高度

$h_o=h-a_s=700-35=665$ mm

$h_w=h_o-h'_f=665-100=565$ mm

(2) 确定受剪面是否符合条件

当 $h_w/b=565/250=2.260\leqslant 4$ 时

$V\leqslant 0.25\times\beta_c\times f_c\times b\times h_o/\gamma_o$　混规(6.3.1－1)

$=0.25\times 1.0\times 14.3\times 250\times 665/1.0=594.344$ kN 截面符合条件。

(3) 确定是否需要按构造箍筋

$0.7\times f_t\times b\times h_o/\gamma_o=0.7\times 1.43\times 250\times 665/1=166.416$ kN$\geqslant V=120.000$ kN

无需进行斜截面的承载力计算，仅需按构造要求配置箍筋。

(4) 计算箍筋面积

$A_{sv}=(0.24\times f_t/f_{yv})\times b\times s=(0.24\times 1.43/270)\times 250\times 200=64$ mm^2

(5) 验算最小配箍率

$\rho=A_{sv}/(b\times s)=64/(250\times 200)=0.127\%$

$\rho=0.127\%\geqslant\rho_{min}=0.127\%$

满足最小配箍率要求。

例题 2　某钢筋混凝土伸臂梁，其跨度 $L_1=5.0$m，截面尺寸 $b\times h=250$ mm$\times 600$ mm，伸臂长度$L_2=2.0$ m，截面尺寸 $b\times h=250$ mm$\times 400$ mm。由楼面传来的永久荷载标准值 $g_{1k}=28.6$ kN/m(不包括梁自重)，$g_{2k}=19.8$ kN/m。活荷载标准值 $q_{1k}=21.43$ kN/m，$q_{2k}=51.43$ kN/m。采用强度等级为 C30 的混凝土，纵向受力钢筋为 HRB335 级，箍筋为 HPB300 级。设计类别为一类，试设计该梁。

根据路径：【TS 计算】→【连续梁计算】，得到如下对话框内容：

把基本的信息输入后(见图 3.25)，点击计算结果，即可查看跨中和支座的弯矩及剪力的数值，

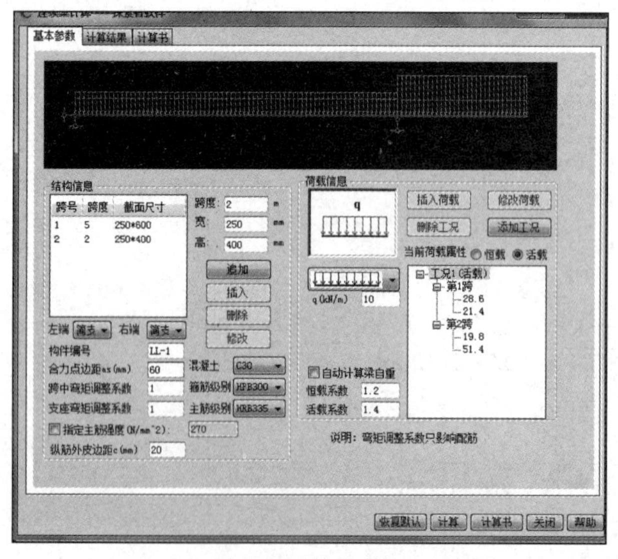

图 3.25　连续梁计算基本参数对话框

如图 3.26 所示。

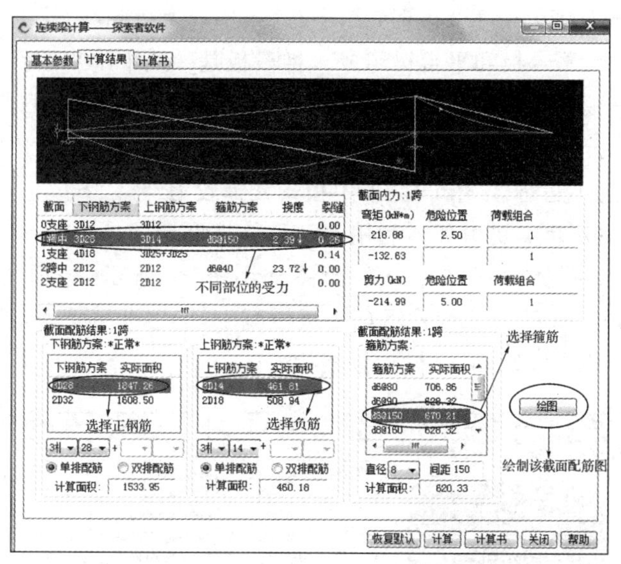

图 3.26　连续梁计算之计算结果

有时,电脑给出的配筋方案实际是合适的,但本例题,正筋截面显然过大,而且前面设计的是双筋配置。当出现这种情况时,在最后绘制配筋图时,可将正筋进行修改,如图 3.27 所示。

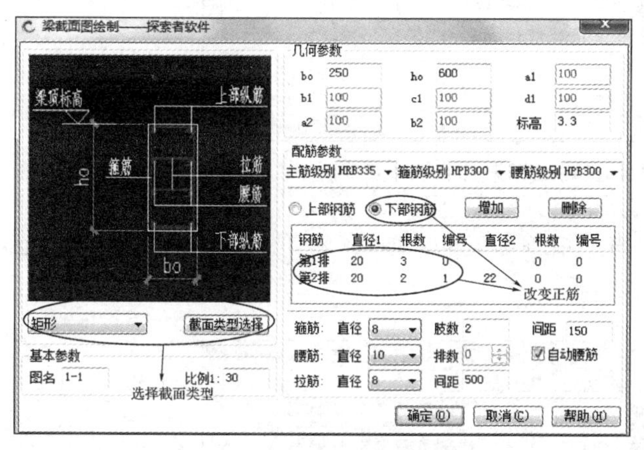

图 3.27　配筋图修改对话框

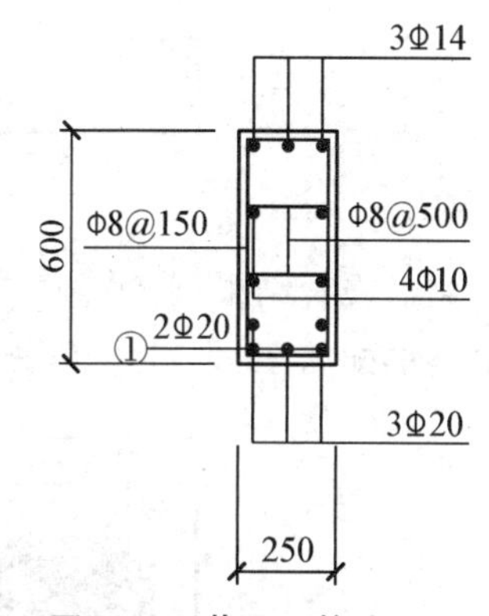

图 3.28　截面配筋结果图

最后得到该截面的配筋图如图 3.28 所示。

按照上述步骤,可将其他截面的钢筋配置好,但是在计算配筋过程中,不能完全依赖电脑,对于有些明显不合适的地方,要根据构造要求调整。

3.5.2　楼梯的计算

楼梯是建筑的竖直通道,是建筑物的重要组成部分。只是与常见的板不一样,它是一种斜向梁板结构,一般按受力方式可分为板式、梁式等。

梁式楼梯由踏步板、梯段斜梁、平台板和平台梁组成。踏步板支承在斜梁上,斜梁支承在平台梁上,平台板一般支撑于平台梁和墙体上,而平台梁一般支承在楼梯两端的承重墙体或者立柱上。其力流方向是荷载由踏步板传递给斜梁，斜梁再传给平台梁，再由平台梁传给两端的墙或者柱。当楼梯水平方向跨度大于 3.3 m 时，采用梁式楼梯较为经济。

板式楼梯由梯段板、平台板和平台梁组成。梯段板是一块带踏步的斜板斜向支承于上下平台梁上，最下端的梯段板可支承在地梁或者基础墙上，为便于施工，保证墙体安全，不得将梯段板伸入墙体内。它的力流方向是荷载由梯段板传给平台梁，再由平台梁传给两端的墙和柱。一般当楼梯水平方向跨度不超过 3.3 m 时，采用板式楼梯较为经济。

下面就以一具体案例重点讲解如何利用 TSSD 软件设计梁式楼梯。

例题 3　某教学楼楼梯平面布置及剖面图如图 3.29 所示，楼梯使用活荷载标准值为 2.5 kN/m^2，面层荷载取 1.7 kN/m^2，采用 C30 级混凝土，梁中纵向受力钢筋采用 HRB335 级别钢筋，其余钢筋采用 HPB300 级别，试设计该楼梯。

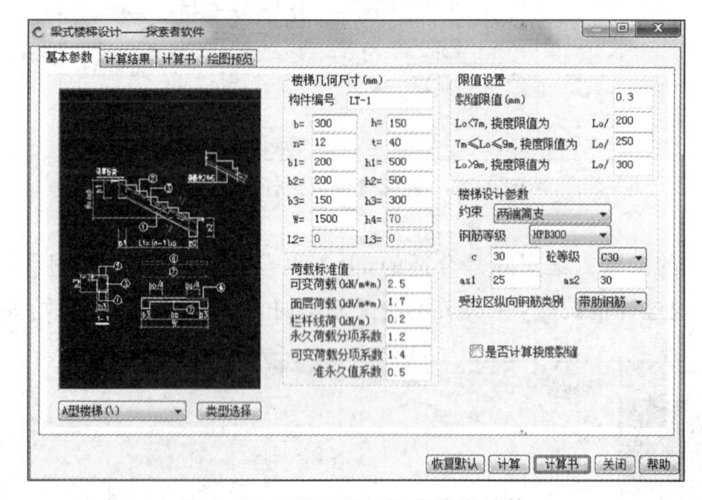

图 3.29　TSSD 进行梁式楼梯计算

之后查看结果，要注意，有时电脑出来的结果不完全合理，需认真分析数据，并根据规范，绘制最终的配筋图，如图 3.30 查看计算结果。

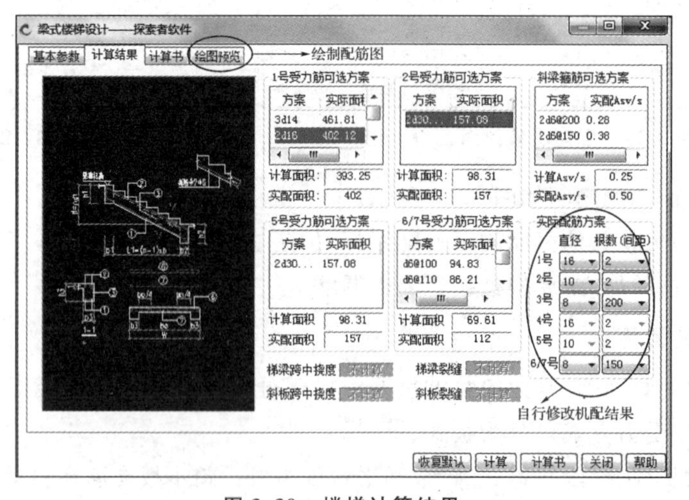

图 3.30　楼梯计算结果

最后利用自动出图功能查看配筋图,点击绘图预览项,得到对话框如图 3.31。

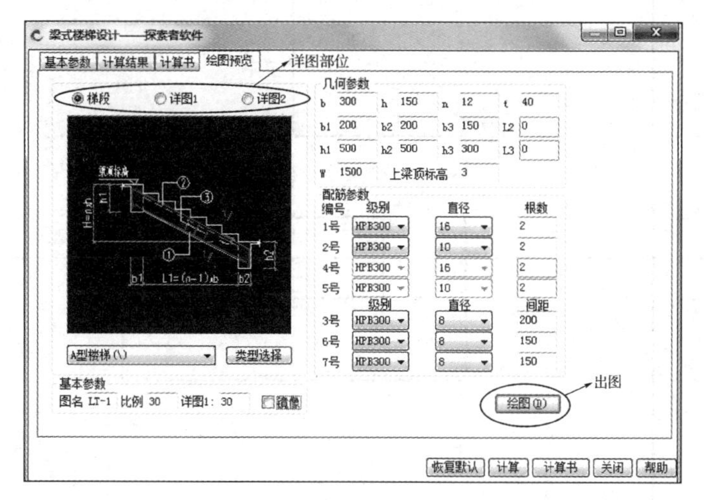

图 3.31　绘图预览

最后配筋结果如图 3.32。

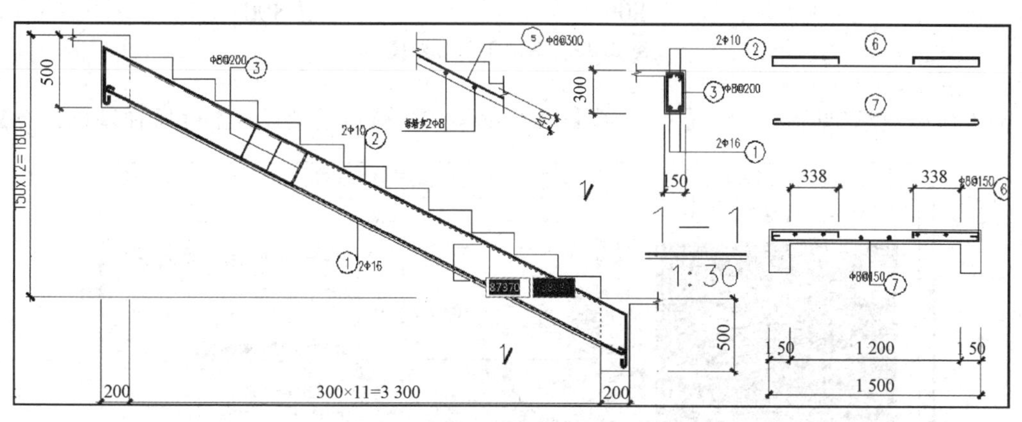

图 3.32　楼梯详图

如果要出计算书,则可直接点击【计算书】即可。

3.5.3　基础计算

TSSD 提供了许多基础计算功能,基础计算的理论基础已经在前面相关课程中讲述,下面以一独立基础例题来阐述其计算过程。

例题 4　某单层多跨厂房柱下独立基础,其地基承载力特征值 160 kN/m^2,上柱尺寸 $h \times h$=400 mm×900 mm,荷载基本组合值,N=923 kN,M=422 kN·m,V=47 kN。混凝土采用 C30 级,钢筋采用 HPB300,初步选定尺寸如图 3.33,设基底标高为−1.5 m。

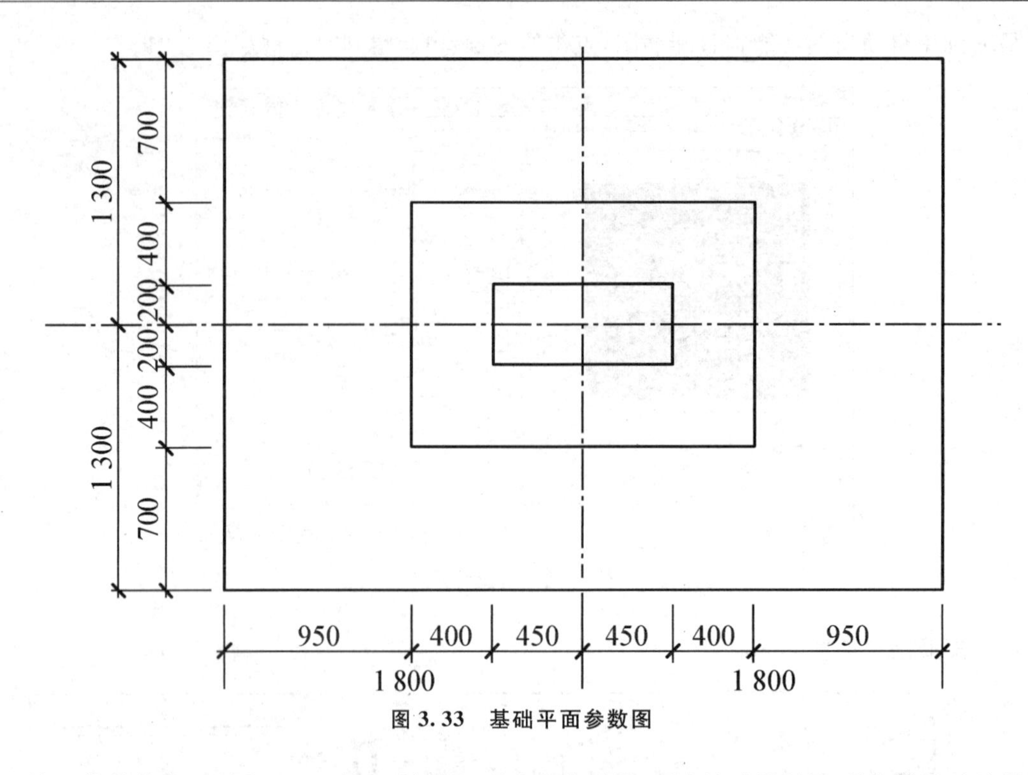

图 3.33　基础平面参数图

输入荷载信息(见图 3.34):【TS 计算】→【全部集成】→【浅基础设计】→【阶梯基础计算】。

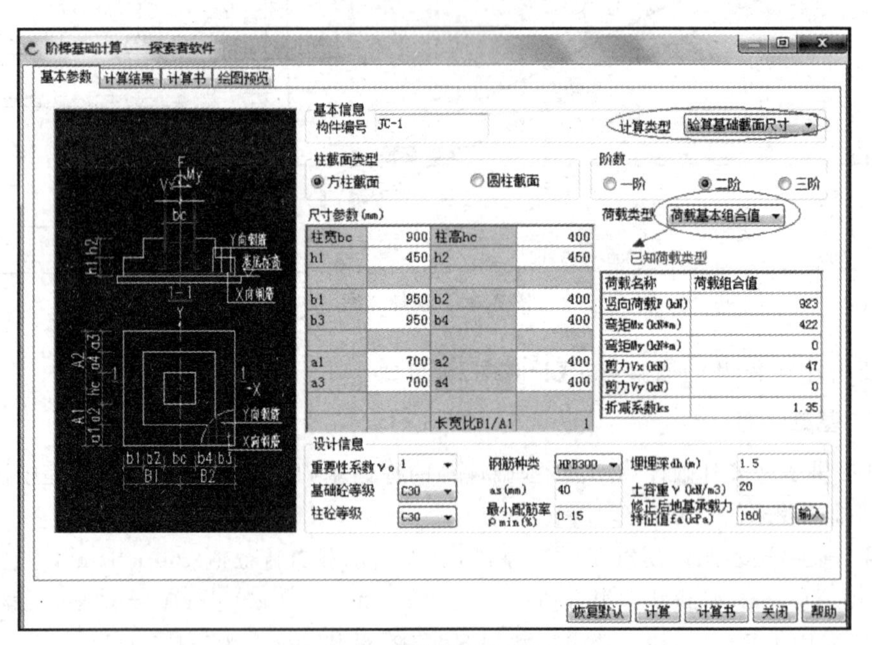

图 3.34　基础基本参数设置

查看计算结果如图 3.35 所示。

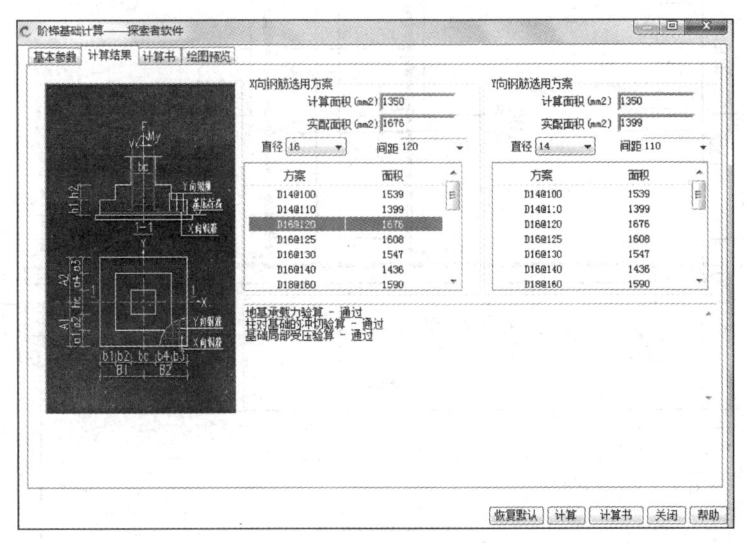

图 3.35　基础计算结果

调整配筋，修改机配结果如图 3.36 所示。

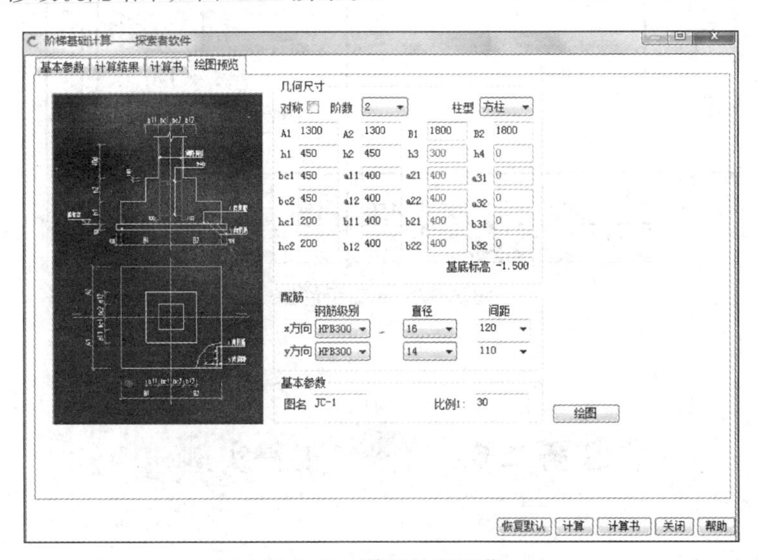

图 3.36　基础绘图预览

得到最终的配筋图如图 3.37 所示。

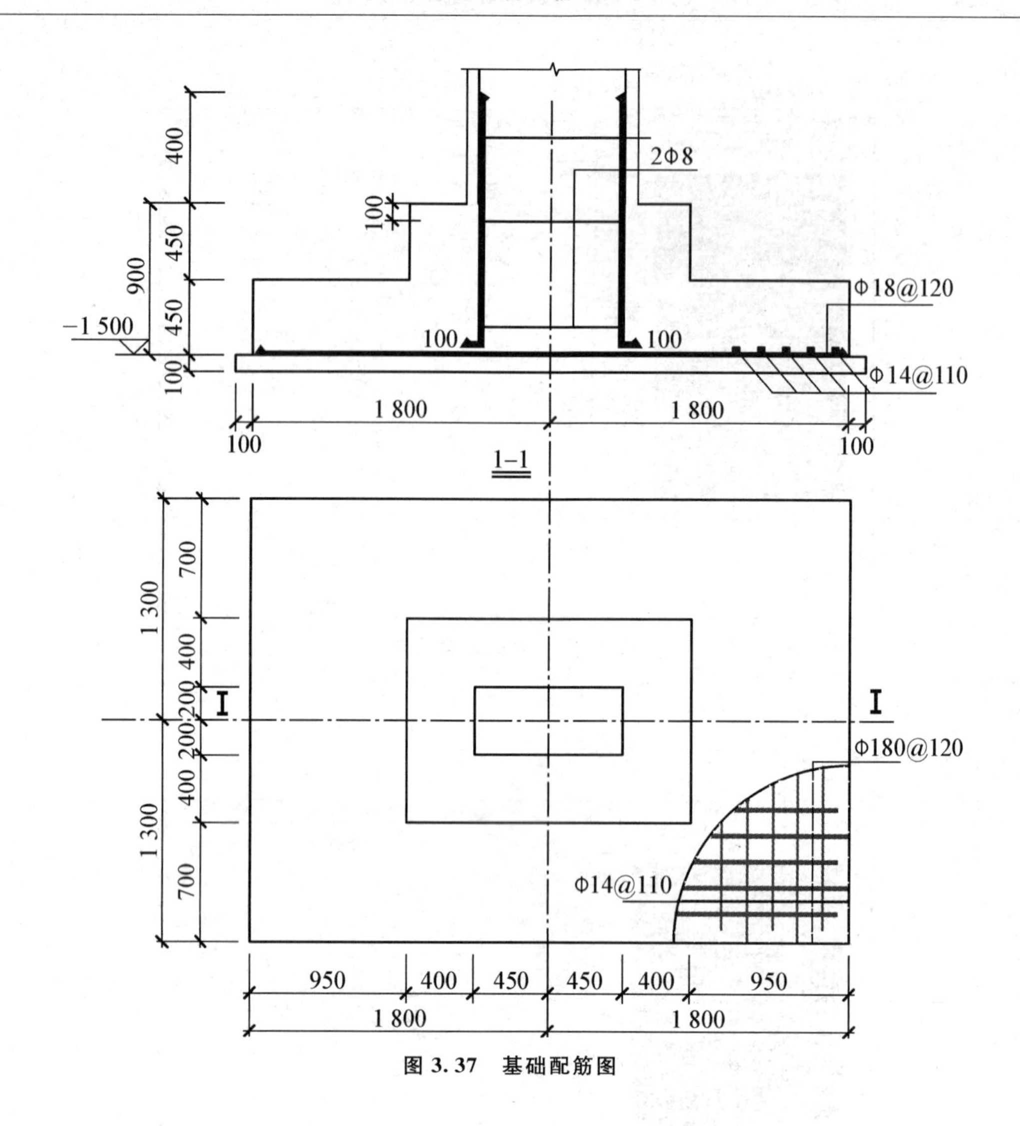

图 3.37 基础配筋图

任务 3.6 工程实例

本工程是某高级中学学生宿舍楼，采用现浇钢筋混凝土框架结构体系。主体结构为 5 层，层高 3.6 m，总高 18.9 m。房屋长度为 57.6 m，宽度为 16 m。建筑面积 4608 m^2。首先利用 PKPM 建模，进行结构内力计算以及初步配筋。本例是利用 TSSD 软件进行后期配筋优化，绘制最后的施工图。

在绘图之前，首先应该进行初始设计，包括绘图比例、图层控制、线性比例，标注样式等进行设置。设置路径：【TS 平面】→【初始设置】根据对话框的提示，进行初始设置。

首先绘制底层柱配筋图：【TS 平面】→【轴网】→【矩形轴网】。在弹出的图 3.38 对话框中绘制轴网。

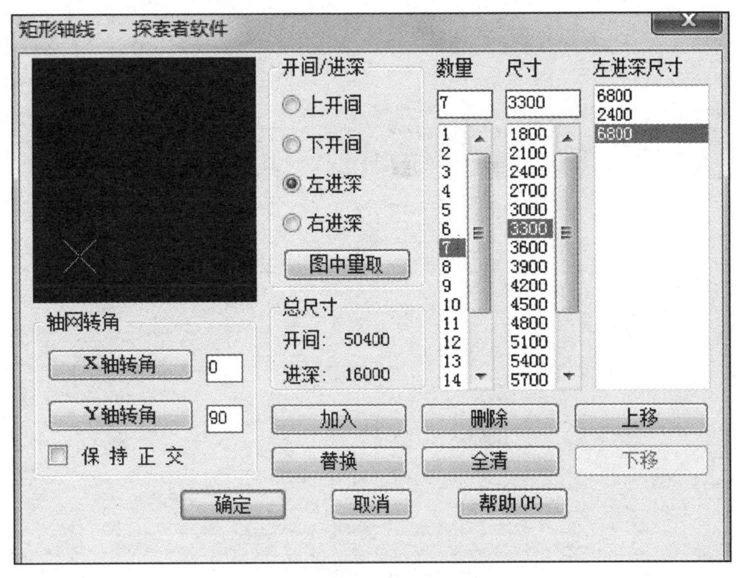

图 3.38　轴网绘制对话框

在工作空间中确定轴线位置，根据路径【TS 平面】→【轴网】→【轴网标注】给轴网编号，先选择与目标轴网垂直的轴线，输入初始轴线号，即可标注成功。具体操作可根据命令栏的提示进行。

采用截面注写方式绘制柱的施工图，点击【平面】中的【柱子】选择【插方形柱】，在弹出的图 3.39 对话框中输入柱的信息，具体步骤见柱的平法施工图绘制，即可得到底层柱的施工图，如图 3.40 所示。

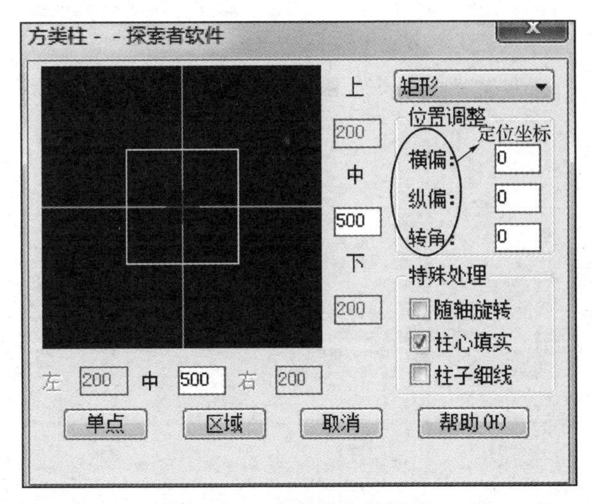

图 3.39　方类柱参数设置

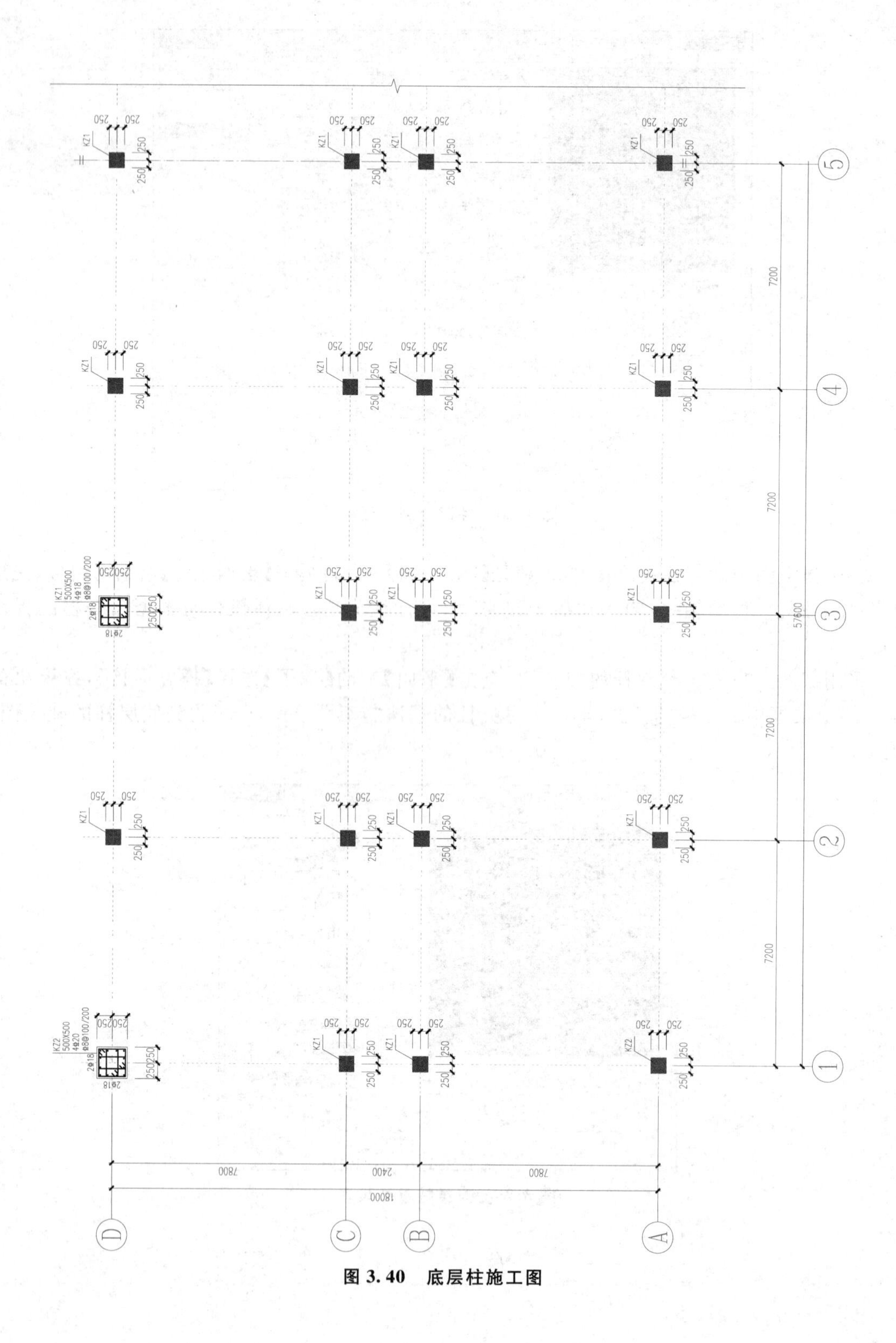

图 3.40　底层柱施工图

接下来绘制梁的施工图，首先布置轴网，接下来按照梁的平法施工图绘制方法，绘制梁的施工图，如图 3.41 所示。

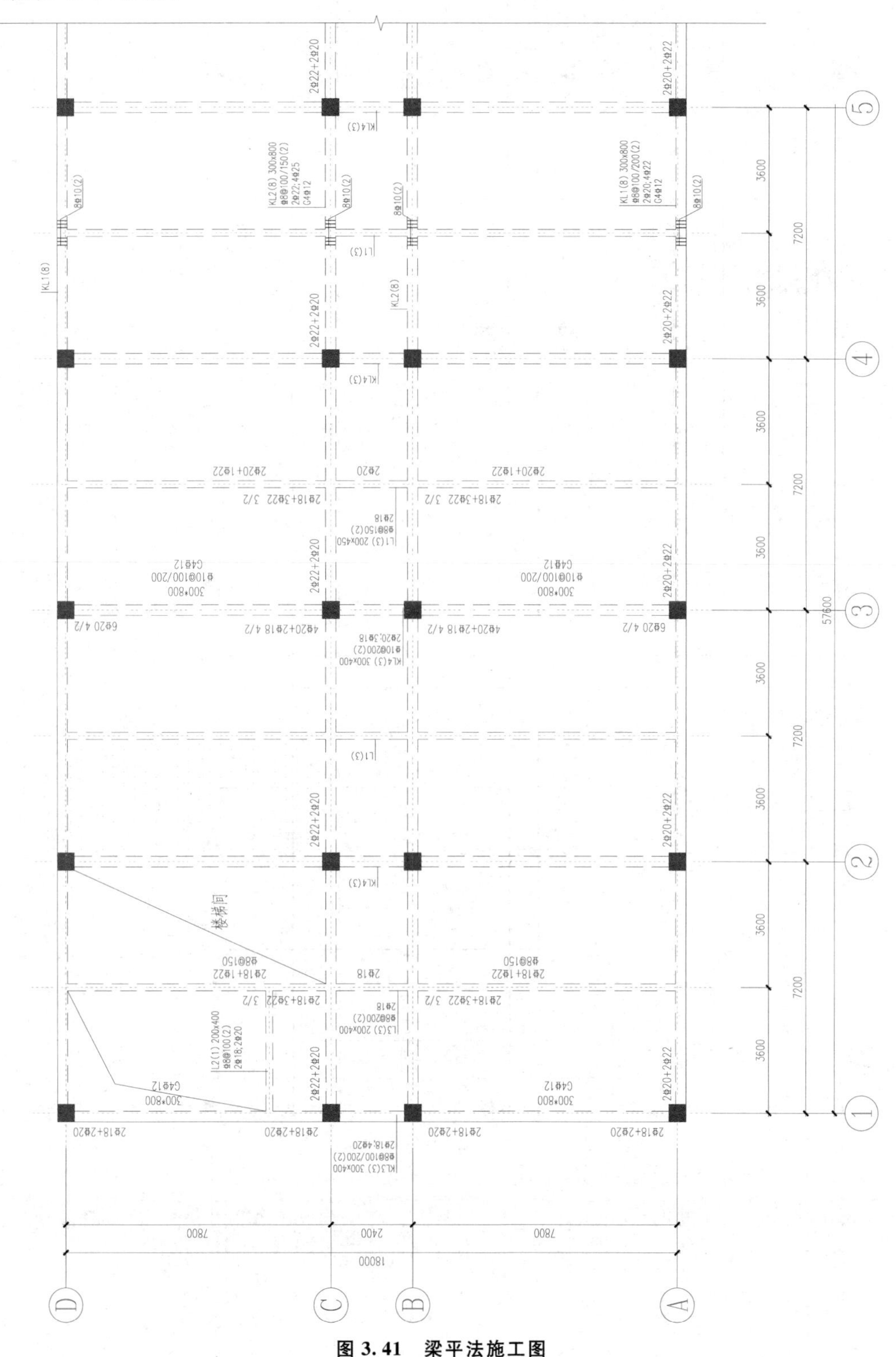

图 3.41　梁平法施工图

接下来绘制楼板的施工图，如图 3.42 所示。

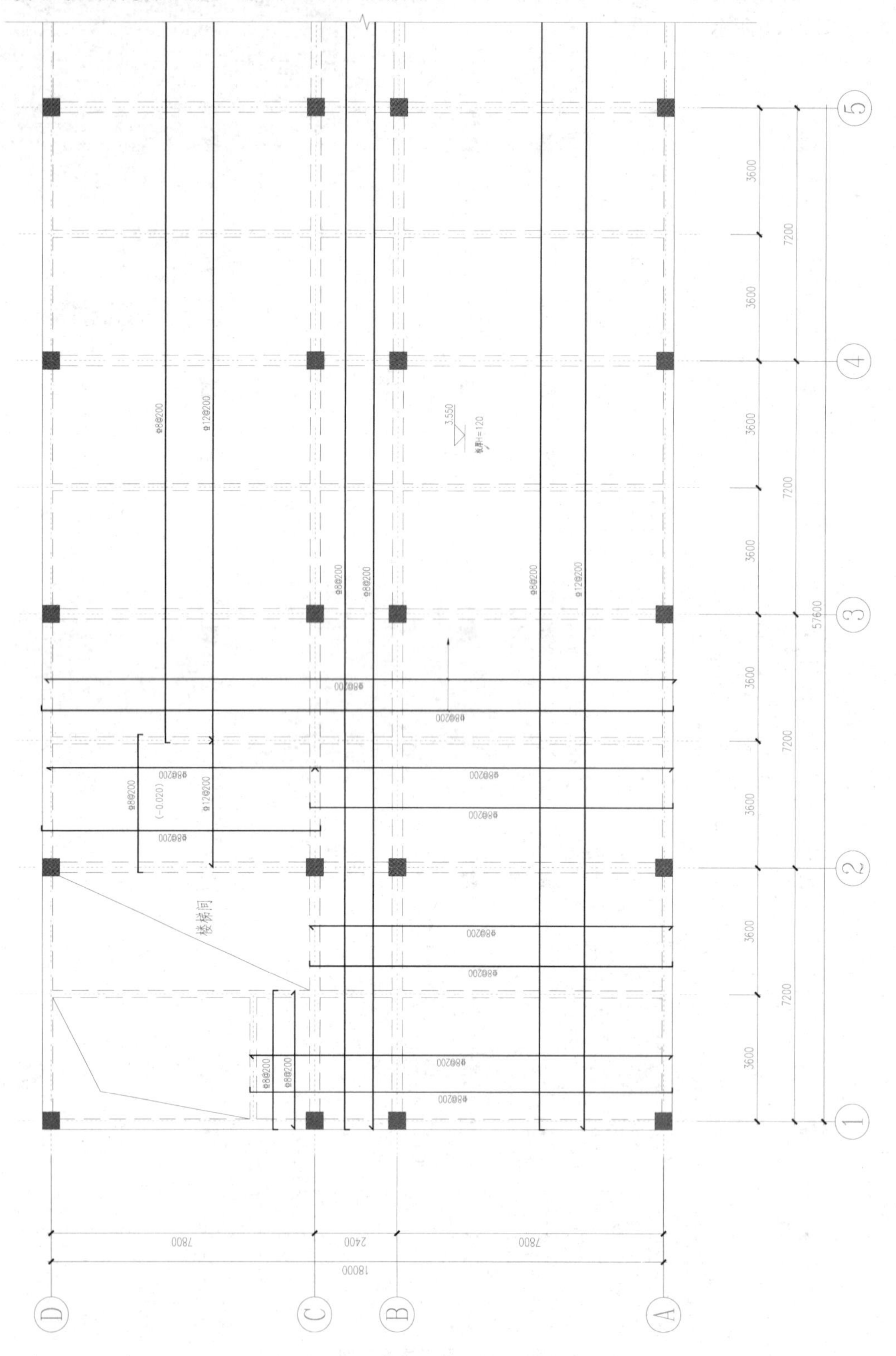

图 3.42　板平法施工图

第4章

PKPM 软件结构设计过程及参数设置

一套完整的建筑施工图是建筑、结构、水电、暖通等专业密切配合的结果。无论是多层办公楼，还是高层住宅楼，或者是工业厂房，结构设计人员需要做到：首先，结构设计要符合建筑功能的要求，功能是建筑的核心要素；其次，结构的受力体系要布置合理，同时要密切配合各相关设备专业，预留穿墙洞口，考虑设备基础荷载及管道的位置等。因此，为了提高设计效率，把建筑工程做到最大限度的“完美”，设计人员在着手进行结构设计的时候，有必要搞清楚结构设计的流程和步骤。

4.1 结构设计总流程

一般情况下，钢筋混凝土结构设计都需要经过以下几个步骤：

(1) 准备相关的资料、图集和手册等。

① 规范

《中国地震动参数区划图》(GB 18306－2015)

《建筑结构可靠度设计统一标准》(GB 50068－2001)，简称《可靠度标准》

《建筑结构荷载规范》(GB 50009－2012)，简称《荷载规范》

《建筑抗震设计规范》(GB 50011－2010)，简称《抗震规范》

《建筑工程抗震设防分类标准》(GB 50223－2008)，简称《抗震分类标准》

《混凝土结构设计规范》(GB 50010－2010)(2015 年版)，简称《混凝土规范》

《高层建筑混凝土结构技术规程》(JGJ 3－2010)，简称《高规》

《建筑地基基础设计规范》(GB 50007－2011)，简称《地基基础规范》

《钢结构设计标准》(GB 50017－2017)，简称《钢标》

② 图集

平法图集

16G101－1(现浇混凝土框架、剪力墙、梁、板)

16G101－2(现浇混凝土板式楼梯)

16G101－3(独立基础、条形基础、筏形基础及桩基承台)

抗震构造图集

11G329－1(多层和高层钢筋混凝土房屋)

11G329－2(多层砌体房屋和底部框架砌体房屋)

11G329－3(单层工业厂房)

③ 手册

《实用建筑结构静力计算手册》

《混凝土结构构造手册》(第3版)

《PMCAD用户手册》(2010年版)

《SATWE用户手册及技术条件》(2010年版)

《全国民用建筑工程设计技术措施—结构》(2009年版)

《钢结构设计手册》(第3版)(上、下册)

(2) 确定相关的参数:根据建设项目所在地区,通过查找相关的规范,初步确定与地震作用、风荷载有关的参数,如抗震设防烈度、设计基本地震加速度、地震分组、特征周期值、基本风压、基本雪压载等。

(3) 研读建设方提供的该项目的岩土工程勘察报告,了解拟建项目下面准确的地质分布情况、各层土的地基承载力、场地类别,是否存在软弱下卧层等,为后续基础设计做准备,也为结构建模过程中需要填写的与土质有关的参数做准备。

(4) 依据建筑专业提供的条件图,了解该项目的使用功能,结合《建筑工程抗震设防分类标准》(GB 50223－2008)里面的规定,确定该建设项目的抗震设防类别。

我国在总结了2008年汶川大地震的经验教训后,修订了《建筑工程抗震设防分类标准》,按照新标准对“学校、医院、体育场馆、博物馆、文化馆、图书馆、影剧院、商场、交通枢纽等人员密集的公共服务设施,应当按照高于当地房屋建筑的抗震设防要求进行设计,增强抗震设防能力”的要求,提高了某些建筑的抗震设防类别。设计时一定要明确建筑的功能,以便准确选定结构的抗震等级并采取相应的抗震措施。

(5) 依据建筑专业提供的条件图,确定该拟建项目与结构设计有关的一些参数:结构总高度、建筑的宽度、层数和高宽比等;楼梯间的位置和楼板的开洞情况是不是符合规范要求。

(6) 初步确定结构形式和结构体系。根据建筑的使用功能求并参考业主的意见,选择合理的结构形式和结构体系以及作用在结构体系上的荷载;对于一般结构设计者来说,考虑经济性的因素,在确定结构形式时,尽量按照“就低不就高”的原则来选取,即能用框架就不要用剪力墙,能用剪力墙就不要用框筒。

(7) 通过结构设计软件(PKPM)的建模,初步确定结构竖向构件(墙、柱)的布置和水平构件(梁、板)的布置;然后在布置好的结构体系中,布置结构所承受的荷载并进行相关参数的设置。

(8) 结构模型建好后,进行结构总体分析设计。

(9) 分析计算结果:通过多次调整和反复试算后,保证结构总体控制参数及构件配筋均满足现行设计规范的要求。

(10) 最后一个环节就是施工图的绘制。施工图是工程界的语言,是联系设计、施工、监理等工程建设各方的桥梁和纽带,因此施工图的绘制需要参照一定的制图标准和图集,并尽可能全面和准确。只有这样,才有可能将设计图纸付诸工程实践。

4.2 结构设计中与各专业的相互配合

1. 与结构设计有关的一些基本概念

(1) 采用的结构体系、楼层布置及设计方案对施工的特殊要求。

(2) 地基处理的措施、基础形式、降水措施、地下工程的抗渗等级、抗浮设计水位的确定、桩的质量要求和检测要求。

(3) ±0.000 相当于绝对标高的确定，BM 点的确定，楼层结构标高与建筑标高的关系。

(4) 大跨度梁、板的起拱要求。

(5) 结构超长处理措施：设置伸缩缝或混凝土后浇带。

(6) 大体积混凝土施工要求。

(7) 对特殊构件(如型钢混凝土柱和梁、钢管混凝土柱、钢支撑等)的节点构造要求，与主体结构的连接要求。

(8) 对特殊楼面结构(如组合楼板、无粘结预应力平板、密肋楼板、空心楼盖等)的施工要求。

(9) 结构中钢筋的抗震性能要求。

(10) 对地基基础变形观测的要求。

(11) 地下室结构防水做法及挡土墙设计要求。

2. 建筑与结构专业的配合内容

通过研读建筑施工图，我们应该掌握以下几项内容：

(1) 室内±0.000 地面相对于绝对标高的值、室内外高差，有地下车库的建筑还应了解车库顶板覆土厚度、消防车道的布置情况等。

(2) 建筑楼面、屋面做法及构造层的厚度。

(3) 建筑各个楼层的使用功能、楼梯和电梯布置。

(4) 地下室建筑防水做法、消防电梯集水坑位置及尺寸。

(5) 自动扶梯平面位置、长度、宽度、起始梯坑平面尺寸及深度。

(6) 地下车库斜坡道尺寸，车道出入口高度。

(7) 屋面坡度的形成方法(采用结构找坡或建筑找坡)。

(8) 屋顶水箱间、屋顶太阳能平面位置及尺寸，地下室内消防水池的布置。

(9) 建筑的特殊装饰做法(包括钢结构部分)。

(10) 门窗洞口尺寸，楼板预留洞口尺寸。

(11) 外墙面和屋面特殊保温材料。

(12) 室内轻质隔墙的布置情况。

3. 结构专业与设备专业的配合内容

(1) 设备用房位置、特殊设备基础要求、设备处预留管道的情况及设备重量。

(2) 楼层是否采用地板辐射采暖。

(3) 当配电房设置在建筑物内时，应向结构专业提出荷载要求并应提供吊装孔和吊装平台的尺寸。

(4) 设备管道是否需要横穿楼层梁或剪力墙。

(5) 消防栓的预留位置。

(6) 管道井的位置，通风井的位置及通风设备的重量。

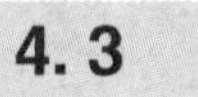 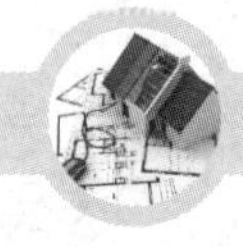

4.3 PKPM系列软件的组成、特点及工作方式

1. PKPM系列软件的组成

新版本的PKPM多层及高层结构集成设计系统包含了结构、砌体、钢结构、鉴定加固、预应力、工具工业、用户手册及改进说明等8个模块，如图4.1所示。每个专业模块下，又包含了各自相关的若干软件。

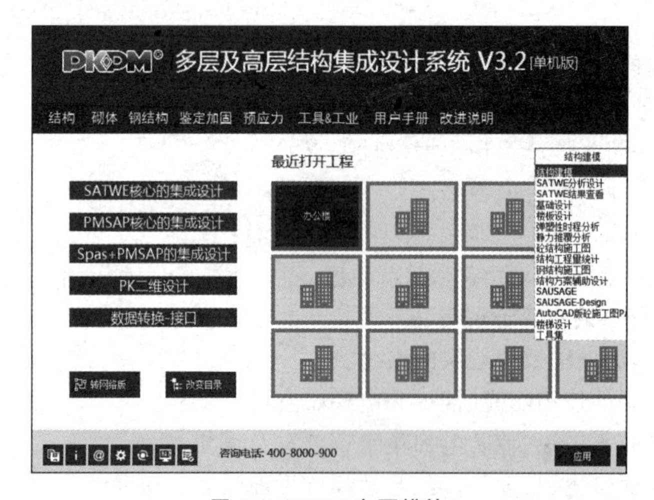

图4.1 PKPM主要模块

本章重点对结构专业各软件的主要功能及其特点加以介绍。

(1) 结构平面建模软件PMCAD(见图4.2)

PMCAD是整个结构CAD的核心，是剪力墙、高层空间三维分析和各类基础CAD的必备接口软件，也是建筑CAD与结构的必要接口。该程序通过人机交互方式输入各层平面布置和外加荷载信息后，可自动计算结构自重并形成整栋建筑的荷载数据库，由此数据可自动给框架、空间杆系薄壁柱、砖混计算提供数据文件，也可为连续次梁和楼板计算提供数据。PMCAD也可作砖混结构及底框上砖房结构的抗震分析验算，计算现浇楼板的内力和配筋并画出板配筋图，绘制出框架、框剪、剪力墙及砖混结构的结构平面图，砖混结构的圈梁、构造柱节点大样图。

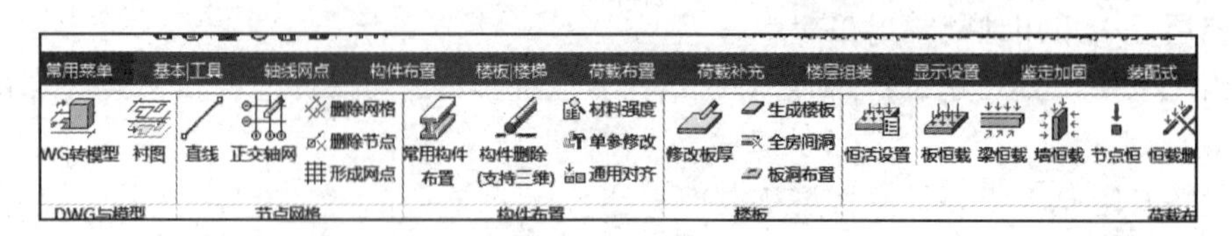

图4.2 结构建模PMCAD界面

(2) 多高层建筑结构空间有限元分析软件SATWE(见图4.3)

SATWE采用空间杆单元模拟梁、柱及支撑等杆件，采用在壳元基础上凝聚而成的墙元模拟剪力墙。对楼板则给出了多种简化方式，可根据结构的具体形式高效准确地考虑楼板刚度的

影响，它可用于各种结构形式的分析、设计。当结构布置较规则时，TAT 甚至 PK 即能满足工程精度要求，因此采用相对简单的软件效率更高。但对结构的荷载分布有较大不均匀、存在框支剪力墙、剪力墙布置变化较大、剪力墙墙肢间连接复杂、有较多长而短矮的剪力墙段、楼板局部开大洞及特殊楼板等各种复杂的结构则应选用 SATWE 进行结构分析才能得到满意的结果。SATWE 所需的几何信息和荷载信息都从 PMCAD 建立的建筑模型中自动提取生成，SATWE 计算完成后，可经全楼归并接力 PK 绘制梁、柱施工图，接力 JLQ 绘制剪力墙施工图，并可为各类基础设计软件提供设计荷载。

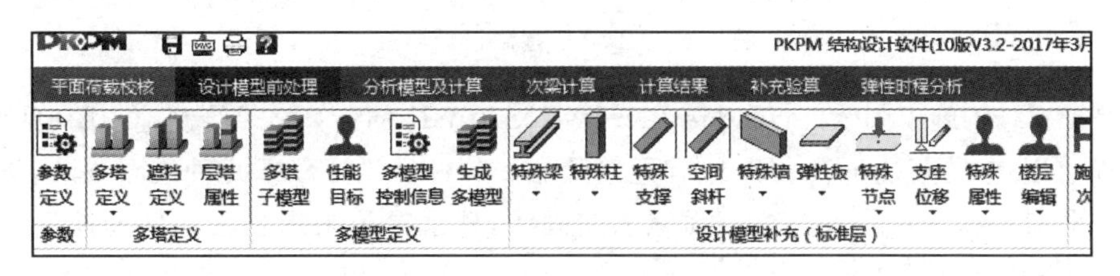

图 4.3　SATWE 分析设计界面

(3) 钢筋混凝土框排架及连续梁结构计算与施工图绘制软件 PK(见图 4.4)

该软件采用二维内力计算模型，可进行平面框架、排架及框排架结构的内力分析和配筋计算(包括抗震验算及梁裂缝宽度计算)，并完成施工图辅助设计工作。接力多高层三维分析软件 TAT、SATWE、PMSAP 计算结果及砖混底框、框支梁计算结果，为用户提供四种方式绘制梁、柱施工图。能根据规范及构造手册要求自动进行构造钢筋配置。该软件计算所需的数据文件可由 PMCAD 自动生成，也可通过交互方式直接输入。

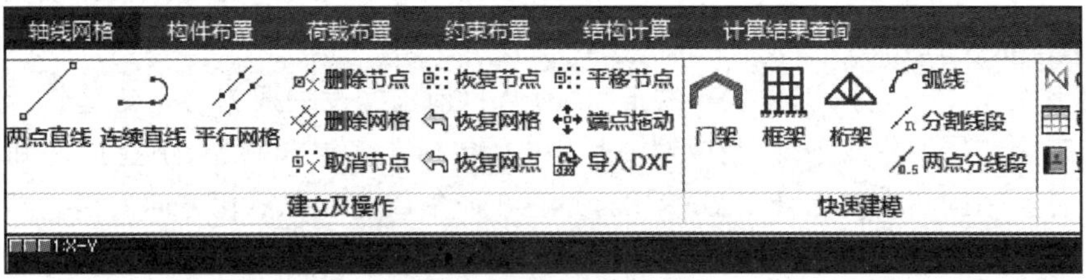

图 4.4　PK 交互输入界面

(4) 基础(独立基础、条基、桩基、筏基)CAD 软件 JCCAD(见图 4.5)

JCCAD 包括了老版本中的 JCCAD、EF、ZJ 三个软件，可完成柱下独立基础，砖混结构墙下条形基础，正交、非正交及弧形弹性地基梁式、梁板式、墙下筏板式、柱下平板式和梁式与梁板式混合形基础及与桩有关的各种基础的结构计算和施工图设计。

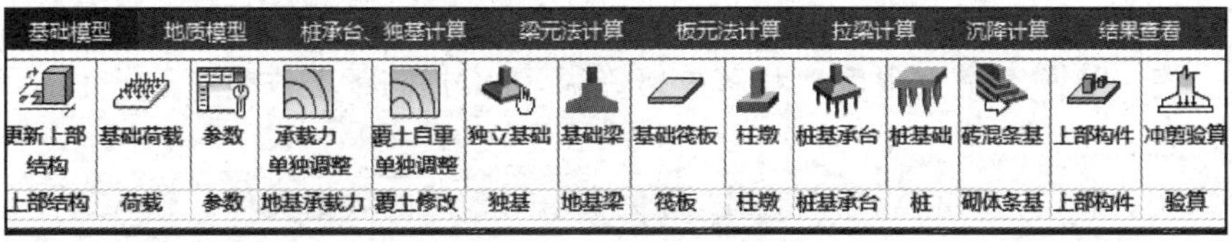

图 4.5　JCCAD 基础设计界面

(5) 楼梯计算机辅助设计软件 LTCAD(见图 4.6)

LTCAD 采用交互方式布置楼梯或直接与 APM 或 PMCAD 接口读入数据，适用于一跑、二跑、多跑等各种类型楼梯的辅助设计,完成楼梯内力与配筋计算及施工图设计,对异形楼梯还有图形编辑下拉菜单。

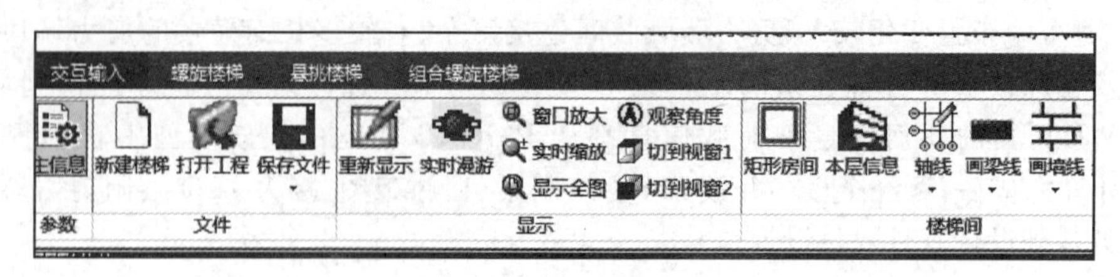

图 4.6　LTCAD 基础设计界面

(6) 混凝土结构施工图软件,可以接 PK、TAT 、SATWE 的计算结果绘制施工图(见图 4.7)

绘图前可以进行重新归并,修改原有配筋数据。软件提供了以下几种绘图方法:梁立、剖面施工图画法和梁平法施工图;柱立、剖面施工图画法,柱平法施工图画法和柱剖面列表画法;整榀框架施工图画法。

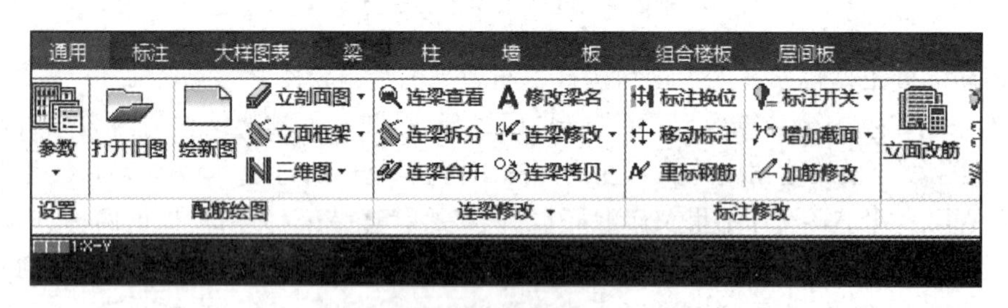

图 4.7　混凝土结构施工图绘制界面

2. PKPM 软件的特点

PKPM 系列 CAD 软件,历经多年的推广应用,目前已经发展成为一个集建筑、结构、设备、概预算及施工为一体的集成系统。在结构设计中又包括了多层和高层、工业厂房和民用建筑,上部结构和各类基础在内的综合 CAD 系统,并正在向集成化和智能化方向发展。概括起来,它有以下几个主要的技术特点。

(1) 数据共享的集成化系统

建筑设计过程一般分为方案、初步设计、施工图三个阶段。常规配合的专业有结构、设备(包括水、电、暖通等)。各阶段之中和之间往往有大大小小的改动和调整,各专业的配合需要互相提供资料。在手工制图时,各阶段和各专业间的不同设计成果只能分别重复制作。而利用 PKPM 系列 CAD 软件数据共享的特点,无论先进行哪个专业的设计工作所形成的建筑物整体数据都可为其他专业所共享,避免重复输入数据。此外,结构专业中各个设计模块之间的数据共享,即各种模型原理的上部结构分析、绘图模块和各类基础设计模块共享结构布置、荷载及计算分析结果信息。这样可最大限度地利用数据资源,大大提高了工作效率。

(2) 直观明了的人机交互方式

该系统采用独特的人机交互输入方式,避免了填写繁琐的数据文件。输入时用鼠标或键盘在屏幕上勾画出整个建筑物。软件有详细的中文菜单指导用户操作,并提供了丰富的图形输入功能,有效地帮助输入。实践证明,这种方式设计人员容易掌握,而且比传统的方法可提高效率数十倍。

(3) 计算数据自动生成技术

PKPMCAD 系统具有自动传导荷载功能,实现了恒、活、风荷的自动计算和传导,并可自动提取结构几何信息,自动完成结构单元划分,特别是可把剪力墙自动划分成壳单元,从而使复杂计算模式实用化。在此基础上可自动生成平面框架、高层三维分析、砖混及底框砖房等多种计算方法的数据。上部结构的平面布置信息及荷载数据,可自动传递给各类基础,接力完成基础的计算和设计。在设备设计中实现从建筑模型中自动提取各种信息,完成负荷计算和线路计算。

(4) 基于新方法、新规范的结构计算软件包

利用中国建筑科学研究院是规范主编单位的优势,PKPMCAD 系统能够紧紧跟踪规范的更新而改进软件,全部结构计算及丰富成熟的施工图辅助设计完全按照国家设计规范编制,全面反映了现行规范所要求的荷载效应组合,计算表达式,计算参数取值、抗震设计新概念所要求的强柱弱梁、强剪弱弯、节点核心区、罕遇地震以及考虑扭转效应的振动耦连计算方面的内容,使其能够及时满足国内设计需要。

在计算方法方面,采用了国内外最流行的各种计算方法,如:平面杆系、矩形及异形楼板、薄壁杆系、高层空间有限元、高精度平面有限元、高层结构动力时程分析、梁板楼梯及异形楼梯、各类基础、砖混及底框抗震分析等,有些计算方法达到了国际先进水平。

(5) 智能化的施工图设计

利用 PKPM 软件,可在结构计算完毕后,进行智能化的选择钢筋,确定构造措施及节点大样,使之满足现行规范及不同设计习惯,全面地人工干预修改,钢筋截面归并整理,自动布图等一系列操作,使施工图设计过程自动化。设置好施工图设计方式后,系统可自动完成框架、排架、连续梁、结构平面、楼板计算配筋、节点大样、各类基础、楼梯、剪力墙等施工图绘制,并可及时提供图形编辑功能,包括标注、说明、移动、删除、修改、缩放及图层、图块管理等。

PKPM 系列 CAD 软件是根据我国国情和特点自主开发的建筑工程设计辅助软件系统,它在上述方面的技术特点,使它比国内外同类软件更具有优势,在系统图形及图像处理技术、功能集成化等方面正在向国际领先水平看齐。

4.4　结构设计软件 PKPM2010 的主要设计步骤

1. 执行 PMCAD 主菜单,完成结构建模任务(见图 4.8)

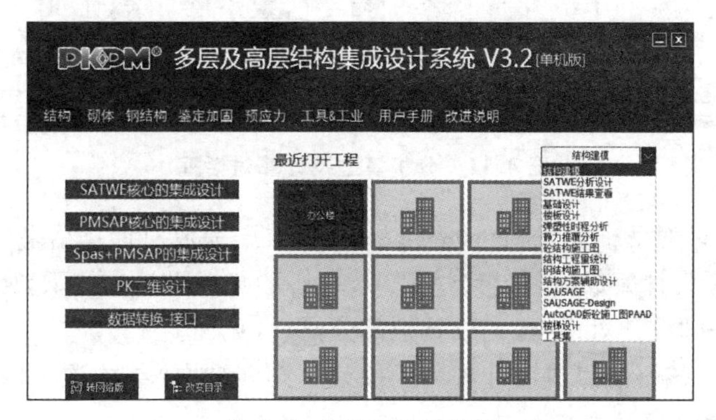

图 4.8　PMCAD 对话框

结构的整体建模主要是在SATWE核心的集成设计右侧下拉菜单—结构建模中完成，这是PMCAD最精华的部分，结构建模是结构设计的基础和前提，对后续结构设计的成功有着非常重要的影响，应引起设计人员的足够重视。

2. 执行SATWE主菜单，完成结构及构件内力计算

(1) 结构的整体建模完成后，执行SATWE核心的集成设计右侧下拉菜单第二项SATWE分析设计(见图4.9)；在SATWE分析设计菜单中，包括平面荷载校核、设计模型前处理、分析模型及计算、次梁计算、计算结果、补充验算和弹性时程分析等七个子菜单。

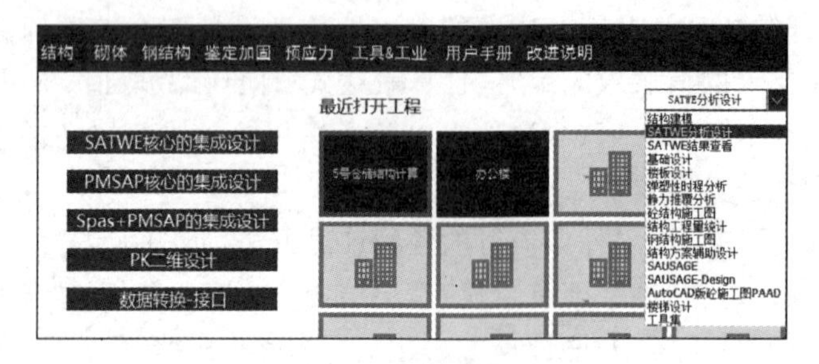

图4.9　SATWE主对话框

在SATWE分析设计对话框中，点到子菜单“设计模型前处理”(见图4.10)；在SATWE设计模型前处理对话框中参数定义是必须执行，其中包含有大量的参数需要设计人员输入。

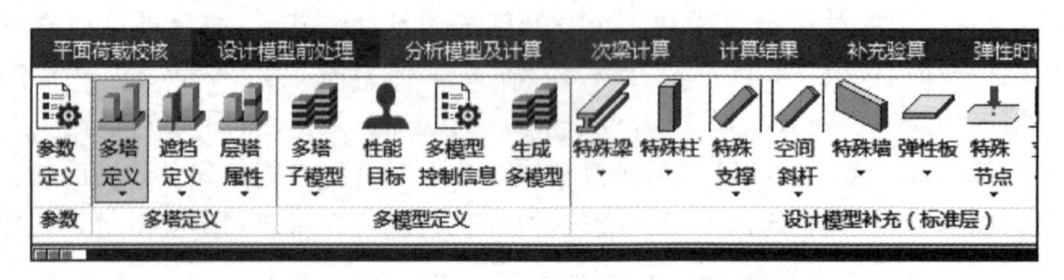

图4.10　SATWE设计模型前处理对话框

(2) 执行SATWE分析设计对话框中“分析模型及计算”，进入SATWE“分析模型及计算”菜单(见图4.11)。SATWE分析模型及计算菜单可以说是整个PMCAD软件中的“心脏”，所有结构建模的计算都在这里完成，设计者主要通过参数的设置进行干预。

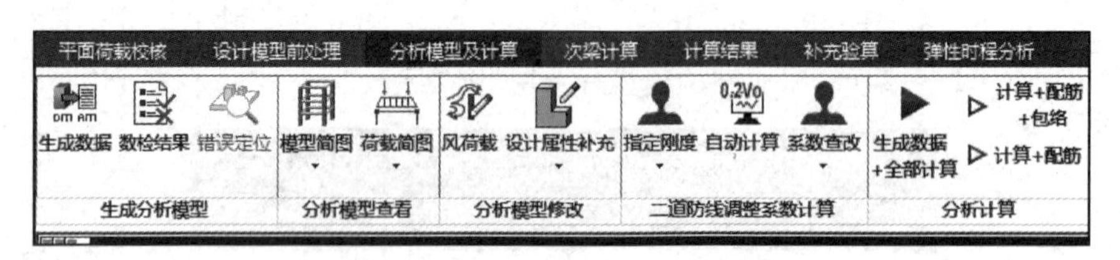

图4.11　分析模型及计算对话框

(3) 执行分析设计对话框第5项“计算结果”对话框，完成对计算结果的分析和判断。

3. SATWE分析设计完成后，执行SATWE核心的集成设计右侧下拉菜单第4项“基础设计”菜单，点击进入基础设计对话框，完成基础部分设计(见图4.12)。

4. 执行SATWE核心的集成设计右侧下拉菜单第8项“砼结构施工图”菜单，完成板的施工图设计和绘制(见图4.13)。

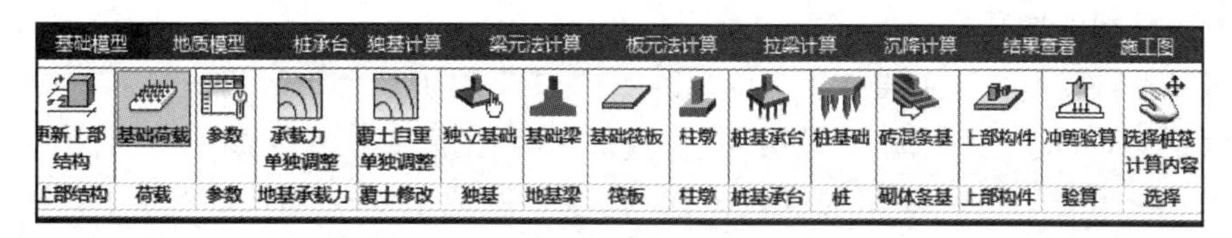

图 4.12　基础设计主菜单

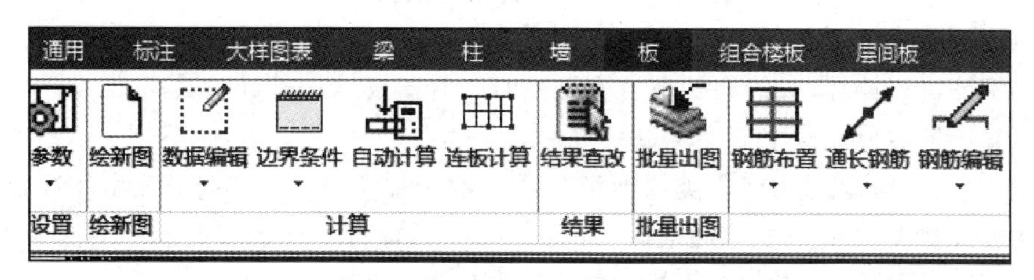

图 4.13　楼板配筋图绘制菜单

5. 执行 SATWE 核心的集成设计右侧下拉菜单第 8 项“砼结构施工图”菜单，完成墙、梁和柱的施工图设计和绘制(见图 4.14)。

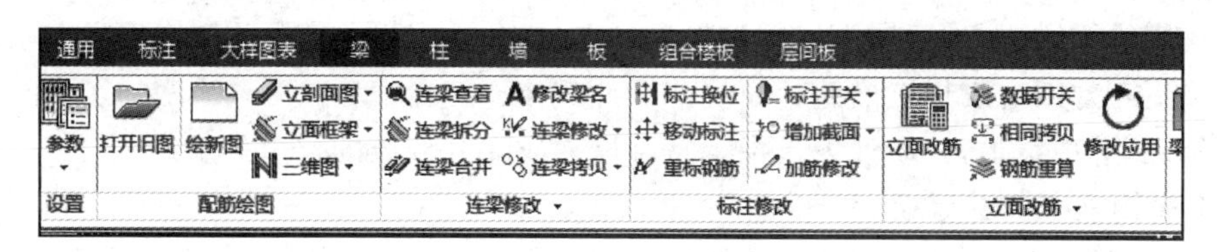

图 4.14　梁施工图绘制主菜单

4.5  2010 版 PMCAD 新增设计参数

新版《混凝土规范》(以下简称《混规》)、《高规》、《抗震规范》(以下简称《抗规》)对设计参数有重大调整，PKPM 软件按最新规范要求相应地进行了调整，“设计参数”对话框内多数内容(文字及含义)有重大变化，建模时应认真理解一下设计参数并核实其取值是否正确。

(1) 增加了“考虑结构使用年限的活荷载调整系数 γ_L”

新版《高规》第 5.6.1 条增加了“考虑结构使用年限的活荷载调整系数 γ_L”，本模块中“总信息”选项卡中此项为新增，默认值取 1.0(按设计使用年限为 50 年取值，100 年对应为 1.1)，取值可由设计人员自行设置，取值区间为[0,2]。

(2) 新旧规范“混凝土保护层”概念有所区别

新版《混规》条文说明第 8.2.1－2 明确提出了计算混凝土保护层厚度的方法不再从纵向受力钢筋的外缘起，而以最外层钢筋(包括箍筋、构造筋、分布筋)的外缘到构件边缘的尺寸来计算混凝土保护层厚度。PKPM 程序采用新版《混规》的概念取值，“梁、柱钢筋的混凝土保护层厚度”默认值均取 20 mm。设计人员需注意，当打开旧版模型数据时，必须按《混规》第 8.2.1 条重新调整保护层厚度值，计算结果方可满足新规范要求。

(3) 钢筋类别的增减

新版《混规》第 4.2.3 条增加了 500 MPa 级热轧带肋钢筋(该级钢筋分项系数取 1.15)和 300 MPa 级钢筋,取消了 HPB235 级钢筋,并增加了其他多种类别钢筋,修改了受拉、受剪、受扭、受冲切的多项钢筋强度限制规则。为此,程序相应地增加了 HPB300 级,HRBF335 级、HRBF400 级、HRB500 级、HRBF500 级共五种钢筋类别。但为了同旧版本的衔接,程序仍保留了 HPB235 级钢筋,放在列表的最后,由设计人员指定。

设计人员需注意:打开旧版模型数据时,或者新建工程数据时,如果设计人员执意选用 HPB235 级钢筋进行计算,只能在规范过渡期及对既有建筑结构设计时采用。

(4) Ⅰ类场地拆分成两个亚类 I_0、I_1

新版《抗规》第 4.1.6 条,将Ⅰ类场地细分成了两个亚类 I_0、I_1。《抗规》第 5.1.4 条增加了水平地震影响系数最大值 6 度罕遇地震下的数值,特征周期区分了Ⅰ类场地的两个亚类 I_0、I_1 下的情况。为此,程序将原有的Ⅰ类场地相应地也分为了两个亚类 I_0、I_1。

(5) 抗震构造措施的抗震等级

新版《高规》第 3.9.7 条规定:"甲、乙类建筑以及建造在Ⅲ、Ⅳ类场地且设计基本地震加速度为 0.15g 和 0.30g 的丙类建筑,按《高规》第 3.9.1 条和第 3.9.2 条规定提高一度确定抗震构造措施的抗震等级时,如果房屋高度超过提高一度后对应的房屋最大适用高度,则应采取比对应抗震等级更有效的抗震构造措施。"原规范无此规定。为此,程序相应地增加了"抗震构造措施的抗震等级"选项菜单,由设计人员指定是否提高或降低相应的抗震等级。

(6) 新增钢框架抗震等级

新版《抗规》第 8.1.3 条规定:"钢结构房屋应根据设防分类、烈度、房屋高度和场地类别采用不同的抗震等级,并应符合相应的计算和构造措施要求。"程序按规定新增加了"钢框架抗震等级"选项菜单,由设计人员指定抗震等级。

(7) 新增结构体系类型

PKPM 软件新增加了四种结构体系,即"部分框支剪力墙结构""单层钢结构厂房""多层钢结构厂房""钢框架结构",并将旧版本的两种结构体系做了自动转换,原短肢剪力墙结构变为剪力墙结构,原复杂高层结构变为部分框支剪力墙结构。

4.6 设计参数介绍

在"设计参数"对话框中,共有五项菜单供用户设置,其内容包括了后期结构分析计算所必需的一些基本参数,五项菜单分别是建筑物总信息、材料信息、地震信息、风荷载信息以及钢筋信息,以下按各选项菜单分别介绍:

1. 总信息(见图 4.15)

【结构体系】共 15 种:框架结构、框剪结构、框筒结构、筒中筒结构、剪力墙结构、砌体结构、底框结构、配筋砌体、板柱剪力墙、异形柱框架、异形柱框剪、部分框支剪力墙结构、单层钢结构厂房、多层钢结构厂房、钢框架结构。

【结构主材】共 4 种:钢筋混凝土、钢和混凝土、钢结构、砌体。

【结构重要性系数】：可选择 1.1、1.0、0.9。根据《混凝土规范》第 3.3.2 条确定。

【地下室层数】：进行 SATWE、PMSAP 计算时，对地震力作用、风力作用、地下人防等因素有影响。程序结合地下室层数和层底标高判断楼层是否为地下室。

【与基础相连构件的最大底标高】：该标高是程序自动生成接基础支座信息的控制参数。当在“楼层组装”对话框中选中了左下角“生成与基础相连的墙柱支座信息”，并单击，“确定”按钮退出该对话框时，程序会自动根据此参数将各标准层上底标高低于此参数的构件所在的节点设置为支座。

【梁钢筋的砼保护层厚度】：根据新版《混规》第 8.2.1 条确定，默认值为 20 mm。

【柱钢筋的砼保护层厚度】：根据新版《混规》第 8.2.1 条确定，默认值为 20 mm。

【框架梁端负弯矩调幅系数】：根据《高规》第 5.2.3 条确定，在竖向荷载作用下，可考虑框架梁端塑性变形内力重分布对梁端负弯矩乘以调幅系数进行调幅。负弯矩调幅系数取值范围是 0.7～1.0，一般工程取 0.85。

【考虑结构使用年限的活荷载调整系数】：根据新版《高规》第 5.6.1 条确定，默认值为 1.0。

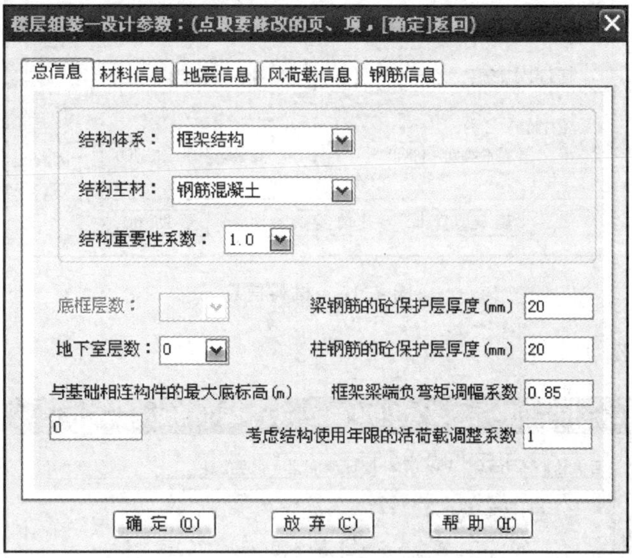

图 4.15　总信息

2. 材料信息（见图 4.16）

【混凝土容重】（kN/m^3）：根据《荷载规范》附录 A 确定。一般情况下，钢筋混凝土的容重为 25 kN/m^3，若采用轻混凝土或要考虑构件表面装修层重时，混凝土容重可填入适当值。

【钢材容重】（kN/m^3）：根据《荷载规范》附录 A 确定。一般情况下，钢材容重为 78 kN/m^3，若要考虑钢构件表面装修层重时，钢材的容重可填入适当值。

【轻骨料混凝土容重】（kN/m^3）：根据《荷载规范》附录 A 确定。

【轻骨料混凝土密度等级】：默认值 1800。

【钢构件钢材】：Q235、Q345、Q390、Q420。根据《钢规》第 3.4.1 条确定。

【钢截面净毛面积比值】：钢构件截面净面积与毛面积的比值。

【主要墙体材料】共 4 种：混凝土、烧结砖、蒸压砖、混凝土砌块。

【砌体容重】（kN/m^3）：根据《荷载规范》附录 A 确定。

【墙水平分布筋类别】共6种：HPB300、HRB335、HRB400、HRB500、冷轧带肋550、HPB235。

【墙竖向分布筋类别】：HPB300、HRB335、HRB400、HRB500、冷轧带肋550、HPB235。

【墙水平分布筋间距】(mm)：可取值100～400。

【墙竖向分布筋配筋率】(%)：可取值0.15～1.2。

【梁箍筋级别】：HPB300、HRB335、HRB400、HRB500、冷轧带肋550、HPB235。

【柱箍筋级别】：HPB300、HRB335、HRB400、HRB500、冷轧带肋550、HPB235。

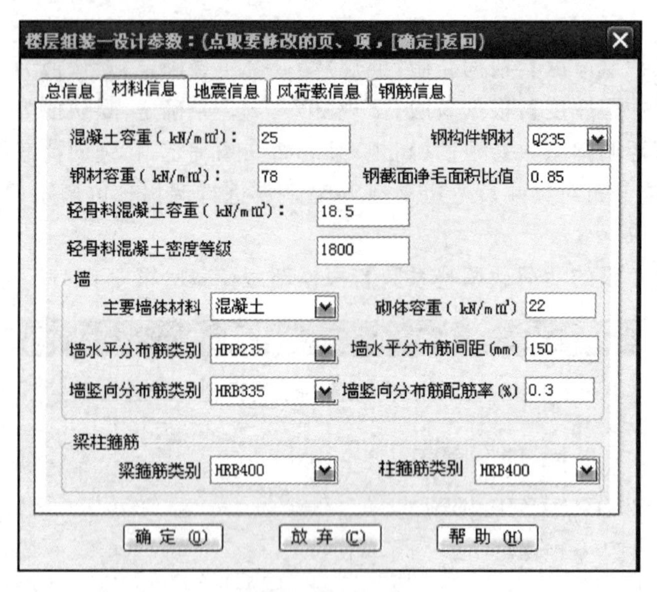

图4.16 材料信息

3. 地震信息(见图4.17)

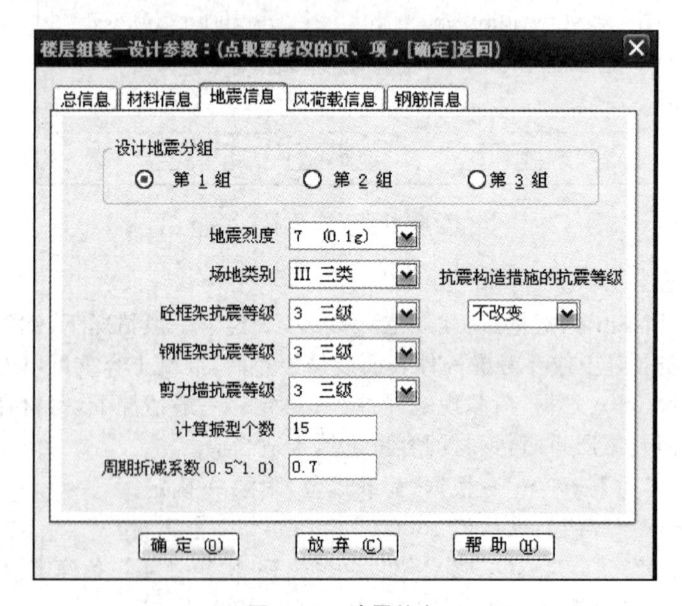

图4.17 地震信息

【设计地震分组】：根据《抗规》附录A确定。

【地震烈度】：6(0.05g)、7(0.1g)、7(0.15g)、8(0.2g)、8(0.3g)、9(0.4g)、0(不设防)。

【场地类别】：I_0 一类、I_1 一类、Ⅱ 二类、Ⅲ 三类、Ⅳ 四类、Ⅴ 上海专用，根据新版《抗规》第 4.1.6 条确定。

【混凝土框架抗震等级】：0 特一级、1 一级、2 二级、3 三级、4 四级、5 非抗震，根据《抗规》第 6.1.2 条确定。

【钢框架抗震等级】：0 特一级、1 一级、2 二级、3 三级、4 四级、5 非抗震，根据《抗规》第 8.1.3 条确定。

【剪力墙抗震等级】：0 特一级、1 一级、2 二级、3 三级、4 四级、5 非抗震，根据《抗规》第 6.1.2 条确定。

【抗震构造措施的抗震等级】：提高二级、提高一级、不改变、降低一级、降低二级。根据新版《高规》第 3.9.7 条调整。

【计算振型个数】：根据《抗规》第 5.2.2 条文说明确定。振型数应至少取 3，由于 SATWE 中程序按两个平动振型和一个扭转振型输出，所以振型数最好为 3 的倍数。当考虑扭转藕联计算时，振型数不应小于 15。对于多塔结构振型数不应小于塔楼数的 9 倍。设计人员需注意的是，此处指定的振型数不能超过结构固有振型的总数。

【周期折减系数】：周期折减的目的是为了充分考虑框架结构和框架—剪力墙结构的填充墙刚度对计算周期的影响。对于框架结构，若填充墙较多，周期折减系数可取 0.6～0.7；填充墙较少时可取 0.7～0.8；对于框架—剪力墙结构，可取 0.7～0.8；对于框架—核心筒结构，可取 0.8～0.9；纯剪力墙结构的周期可取 0.8～1.0，详见《高规》第 4.3.17 条规定。

4. 风荷载信息(见图 4.18)

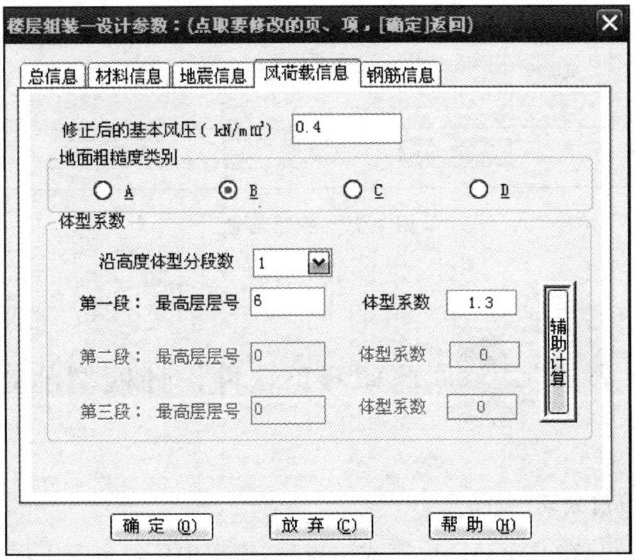

图 4.18　风荷载信息

【修正后的基本风压】(kN/m^2)：只考虑了《荷载规范》第 7.1.1－1 条的基本风压，地形条件的修正系数程序没考虑，详见《荷载规范》第 7.2.3 条规定。

【地面粗糙度类别】：可以分为 A、B、C、D 四类，分类标准根据《荷载规范》第 7.2.1 条确定。

【沿高度体型分段数】:现代多、高层结构立面变化比较大,不同的区段内的体型系数可能不一样,程序限定体型系数最多可分三段取值。

【各段最高层层高】:根据实际情况填写。若体系系数只分一段或两段时,则仅需填写前一段或两段的信息,其余信息可不填。

【各段体系系数】:根据《荷载规范》第 7.3.1 条确定。设计人员可以通过辅助计算对话框,根据提示选择确定具体的风荷载系数。

5. 钢筋信息(见图 4.19)

【钢筋强度设计值】:根据新版《混规》第 4.2.3 条确定。如果设计人员自行调整了此选项中的钢筋强度设计值,后续计算模块将采用修改过的钢筋强度设计值进行计算。以上 PMCAD 模块“设计参数”对话框中的各类设计参数,当设计人员执行“确定”命令时,会自动存储到 * *. jws 文件中,对后续各种结构计算模块均起控制作用。

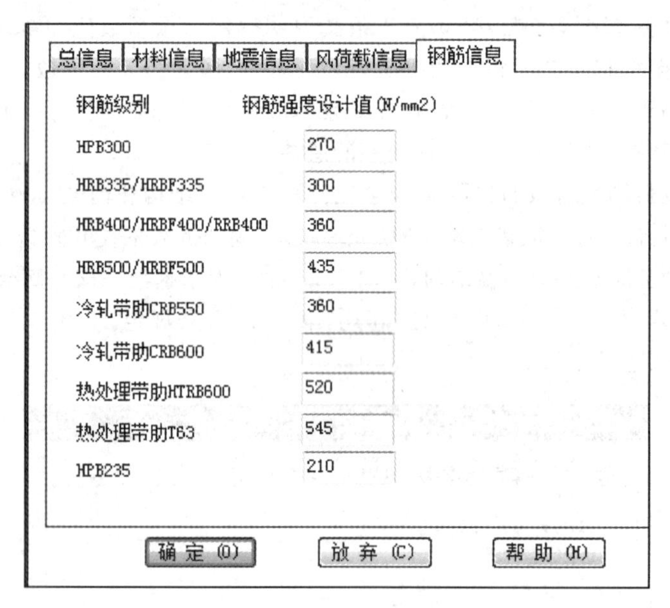

图 4.19 钢筋信息

4.7  SATWE 软件设计模型前处理

4.7.1 设计模型前处理(见图 4.20)

对于一个新建工程,在 PMCAD 中完成建模后,模型中已经包含了部分参数,这些参数可以为后续模块的计算分析所共用;但对于结构计算分析而言还不完善,SATWE 在 PMCAD 参数的基础上,提供了一套更为丰富的参数并不断完善,以适应结构分析和设计的需要。在点取“分析与设计参数补充定义”菜单后,弹出参数页切换菜单,设计人员可以对总信息、风荷载信息、地震信息、活荷信息、调整信息、设计信息、配筋信息、荷载组合等菜单中的参数选项进行修改和调整。

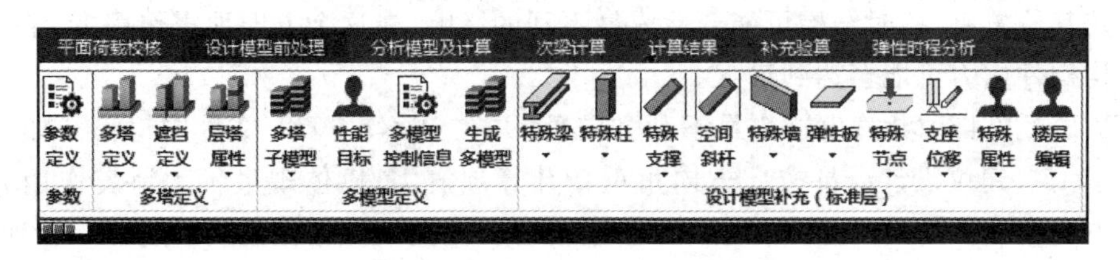

图 4.20　SATWE 前处理菜单

4.7.2　SATWE 设计参数详细说明

设计参数的合理选取对后续的 SATWE 计算分析非常重要，在《SATWE 用户手册》中有一些介绍，本书对 SATWE 中所有参数重新归纳整理，并配合规范条文，逐一进行了详细的说明和解释，有助于设计人员查找和使用，节省了建模时间。本书对 SATWE 参数的解释主要综合参考了以下三个方面内容：

①《SATWE 用户手册及技术条件》(2010 年版)。

② PKPM CAD 工程部有关专家的讲座内容。

③ 网络和论坛上一些网友整理收集的有关 SATWE 参数的资料。

1. SATWE 参数之一：总信息(见图 4.21)

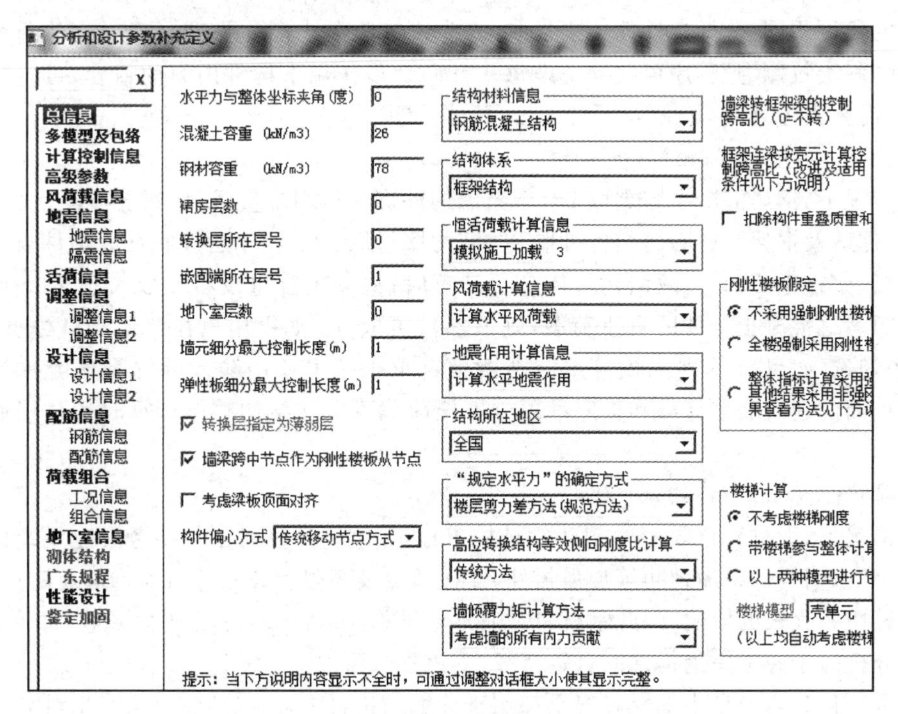

图 4.21　总信息

(1) 水平力与整体坐标夹角(度)：$ARF=0.0$

该参数为地震力、风荷载作用方向与结构整体坐标的夹角。《抗规》第 5.1.1 条和《高规》第 4.3.2 条规定“一般情况下，应至少在结构两个主轴方向分别计算水平地震作用并进行抗震验算”。如果地震沿着不同方向作用，则结构地震反应的大小一般也不相同，那么必然存在某个角度使得结构地震反应最为剧烈，这个方向就称为“最不利地震作用方向”。这个角度与结构的刚度与质量及其位置有关，对结构可能会造成最不利的影响，在这个方向地震作用下，结构的变形及部分结构构件内力可能会达到最大。

SATWE 可以自动计算出这个最不利方向角，并在 WZQ. OUT 文件中输出。如果该角度绝对值大于 15°，建议设计人员按此方向角重新计算地震力，以体现最不利地震作用方向的影响。当输入一个非 0 角度（比如 20°）后，结构沿顺时针方向旋转相应角度（即 20°），但地震力、风荷载仍沿屏幕的 X 向和 Y 向作用，竖向荷载不受影响。经计算后，在 WMASS. OUT 文件中输出为 20°。

一般并不建议用户修改该参数，原因有三：

① 考虑该角度后，输入结果的整个图形会旋转一个角度，会给识图带来不便；

② 构件的配筋应按"考虑该角度"和"不考虑该角度"两次的计算结果做包络设计；

③ 旋转后的方向并不一定是用户所希望的风荷载作用方向。

综上所述，建议将"最不利地震作用方向角"填到"斜交抗侧力构件夹角"栏，这样程序可以自动按最不利工况进行包络设计。

"水平力与整体坐标夹角"与【地震信息】栏中"斜交抗侧力构件附加地震角度"的区别是："水平力"不仅改变地震力而且同时改变风荷载的作用方向；而"斜交抗侧力"仅改变地震力方向（增加一组或多组地震组合），是按《抗规》第 5.1.1.2 条执行。对于计算结果，"水平力"需用户根据输入的角度不同，分两个计算工程目录，人为比较两次计算结果，取不利情况进行配筋包络设计等；而"斜交抗侧力"程序可自动考虑每一方向地震作用下构件内力的组合，可直接用于配筋设计，不需要人为判断。

(2) 混凝土容重（kN/m^3）：Gc=25

一般情况下，钢筋混凝土容重取 25，当考虑构件表面粉刷重量后，混凝土容重宜取 26～27。对于框架、框剪及框架—核心筒结构可取 26，剪力墙可取 27。由于程序在计算构件自重时并没有扣除梁板、梁柱重叠部分，故结构整体分析计算时，混凝土容重没必要取大于 27。如果结构分析时不想考虑混凝土构件的自重荷载，则该参数可取 0。如果用户在 PMCAD 模型菜单"荷载定义"中勾选"自动计算现浇板自重"，则楼板自重也按 PM 中输入的混凝土容重计算。楼（屋）面板板面的建筑装修荷载和板底吊顶或吊挂荷载可以在结构整体计算时通过楼面均布恒载输入。

(3) 钢材容重（kN/m^3）：Gs=78

一般情况下，钢材容重取 78。对于钢结构工程，在结构计算时不仅要考虑建筑装修荷载的影响，还应考虑钢构件中加劲肋等加强板件、连接节点及高强度螺栓等附加重量及防火、防腐涂层或外包轻质防火板的影响，因此钢材容重通常要乘以 1.04～1.18 的放大系数，即取 82～93。如果结构分析时不想考虑钢构件的自重荷载，则该参数可取 0。

SATWE 和 PMCAD 中的材料容重都用于计算结构自重，PMCAD 中计算相对简单的竖向导荷；SATWE 则将算得的自重参与整体有限元计算。2010 版中这两处参数变为联动，修改其中一个，另一个也会对应发生变化。

(4) 裙房层数：MANNEX=0

对于带裙房的大底盘多塔结构，设计人员应输入裙房所在自然层号。输入裙房层数后，程序能够自动按照《高规》第 10.6.3.3 条的规定，将加强区取到裙房屋面上一层，裙房层数应包含地下室层数。《抗规》第 6.1.3.2 条及《高规》第 3.9.6 条规定，"主楼结构在裙房顶部上、下各一层应适当加强抗震构造措施”。程序中该参数作用暂时没有反映，实际工程中设计人员可参考《高规》第 10.6.3－3 条，将裙房顶部上、下各一层框架柱箍筋全高加密，适当提高纵筋配筋率，进行构造加强。

对于体型收进的高层建筑结构、底盘高度超过房屋高度 20％的多塔楼结构尚应符合《高规》第 10.6.5 条要求；目前程序不能实现自动将体型收进部位上、下各两层塔楼周边竖向构件抗震等级提高一级的功能，需要设计人员在“特殊构件定义”中自行指定。

(5) 转换层所在层号：MCHANGE＝0

《高规》第 10.2 节明确规定了两种带转换层结构：底部带托墙转换层的剪力墙结构(即部分框支剪力墙结构)以及底部带托柱转换层的筒体结构。这两种带转换层结构的设计有其相同之处，也有其各自的特殊性。《高规》第 10.2 节对这两种带转换层结构的设计要求做出了规定，一部分是两种结构同时适用的，另一部分是仅针对部分框支剪力墙结构的设计规定。为适应不同类型转换层结构的设计需要，程序在“结构体系”项新增了“部分框支剪力墙结构”，通过“转换层所在层号”和“结构体系”两项参数来区分不同类型的带转换层结构。只要用户填写了“转换层所在层号”，程序即判断该结构为带转换层结构，自动执行《高规》第 10.2 节针对两种结构的通用设计规定，如根据《高规》第 10.2.2 条判断底部加强区高度，根据第 10.2.3 条输出刚度比等。

如果设计人员同时选择了“部分框支剪力墙结构”，程序在上述基础上还将自动执行高规第 10.2 节专门针对部分框支剪力墙结构的设计规定，包括根据《高规》第 10.2.6 条高位转换时框支柱和剪力墙底部加强部位抗震等级自动提高一级；根据第 10.2.16 条输出框支框架的地震倾覆力矩；根据第 10.2.17 条对框支柱的地震内力进行调整；第 10.2.18 条剪力墙底部加强部位的组合内力进行放大；第 10.2.19 条剪力墙底部加强部位分布钢筋的最小配筋率等。

如果设计人员填写了“转换层所在层号”但选择了其他结构类型，程序将不执行上述仅针对部分框支剪力墙结构的设计规定。

对于水平转换构件和转换柱的设计要求，用户还需在“特殊构件补充定义”中对构件属性进行指定，程序将自动执行相应的调整，如第 10.2.4 条水平转换构件的地震内力的放大，第 10.2.7 条和第 10.2.10 条关于转换梁、柱的设计要求等。

对于仅有个别结构构件进行转换的结构，如剪力墙结构或框架—剪力墙结构中存在的个别墙或柱在底部进行转换的结构，可参照水平转换构件和转换柱的设计要求进行构件设计，此时只需对这部分构件指定其特殊构件属性即可，不再填写“转换层所在层号”，程序将仅执行对于转换构件的设计规定。

“转换层所在层号”应按 PMCAD 楼层组装中的自然层号填写，如地下室 3 层，转换层位于地上 2 层时，转换层所在层号应填入 5。程序不能自动识别转换层，需要人工指定。

对于高位转换的判断，转换层位置以嵌固端起算，以“转换层所在层号－嵌固端所在层号＋1”进行判断，是否为 3 层或 3 层以上转换。程序据此确定采用剪切刚度或剪弯刚度算法。

转换层指定为薄弱层：软件默认转换层不作为薄弱层，需要设计人员人工指定。此项打钩与在“调整信息”栏中“指定薄弱层号”中直接填写转换层号的效果一样。转换层不论层刚度比如何，都应强制指定为薄弱层。

(6) 嵌固端所在层号：MQIANGU＝1

《抗规》第 6.1.3.3 条规定了地下室作为上部结构嵌固部位时应满足的要求；第 6.1.10 条规定剪力墙底部加强部位的确定与嵌固端有关；《抗规》第 6.1.14 条提出了地下室顶板作为上

部结构的嵌固部位时的相关计算要求;《高规》第 3.5.2.2 条规定结构底部嵌固层的刚度比不宜小于 1.5。

针对以上条文,2010 版 SATWE 新增了“嵌固端所在层号”这项重要参数。这里的嵌固端指上部结构的计算嵌固端,当地下室顶板作为嵌固部位时,那么嵌固端所在层为地上一层,即地下室层数+1;而如果在基础顶面嵌固时,嵌固端所在层号为 1。程序默认的嵌固端所在层号为“地下室层数+1”,如果修改了地下室层数,则应注意确认嵌固端所在层号是否需相应修改。判断嵌固端位置应由设计人员自行完成,程序主要实现以下几项功能:

① 确定剪力墙底部加强部位时,将起算层号取为“嵌固端所在层号−1”,即默认将加强部位延伸到嵌固端下一层,比抗震规范的要求保守一些。

② 针对《抗规》第 6.1.14 条和《高规》第 12.2.1 条规定,自动将嵌固端下一层的柱纵向钢筋相对上层对应位置柱纵筋增大 10%;梁端弯矩设计值放大 1.3 倍。

③ 按《高规》第 3.5.2.2 条规定,当嵌固层为模型底层时,刚度比限值取 1.5。

④ 涉及“底层”的内力调整等,程序针对嵌固层进行调整。

设计人员需要注意的是,如果指定的嵌固端位置位于地下室顶板以下,则程序并不会自动对地下室顶板和嵌固端位置执行同样的调整,这点与《用户手册》有差别。

(7) 地下室层数:MBASE=1

当上部结构与地下室共同分析时,通过该参数程序在上部结构风荷载计算时自动扣除地下室部分的高度(地下室顶板作为风压高度变化系数的起算点),并激活【地下室信息】参数栏。无地下室时填 0,有地下室时根据实际情况填写。填写时须注意以下几点:

① 程序根据此信息来决定内力调整部的位,对于一、二、三及四级抗震结构,其内力调整系数是要乘在地下室以上首层柱底或墙底截面处。

② 程序根据此信息决定底部加强区范围,因为剪力墙底部加强区的控制高度应扣除地下室部分。

③ 当地下室局部层数不同时,应按主楼地下室层数输入。

④ 地下室宜与上部结构共同作用分析。

(8) 墙元、弹性板细分最大控制长度(m):DMAX=1.0

这是墙元细分时需要的一个重要参数。对于尺寸较大的剪力墙,在作墙元细分形成一系列小壳元时,为确保分析精度,要求小壳元的边长不得大于给定限值 Dmax。为保证网格划分质量,细分尺寸一般要求控制在 1 m 以内,程序隐含值为 Dmax=1.0。而早期版本 SATWE 缺省值为 2 m,绝大部分工程取值也为 2 m。因此,如果用 2008 版或 2010 版读入旧版数据时,应注意将该尺寸修改为 1 m 或更小,否则会影响计算结果的准确性。工程规模较小时,建议在 0.5~1.0 之间填写;剪力墙数量较多,不能正常计算时,可适当增大细分尺寸,在 1.0~2.0 之间取值,但前提是一定要保证网格质量。用户可在 SATWE 的“分析模型及计算”→“模型简图”→“空间简图”中查看网格划分的结果。

当楼板采用弹性板或弹性膜时,弹性板细分最大控制长度起作用。通常墙元和弹性板可取相同的控制长度。当模型规模较大时可适当降低弹性板控制长度,在 1.0~2.0 之间取值,以提高计算效率。

(9) 转换层指定为薄弱层

SATWE 中转换层缺省不作为薄弱层,需要人工指定。如需将转换层指定为薄弱层,可勾选此项,则程序自动将转换层号添加到薄弱层号中。勾选此项与在“调整信息”页“指定薄弱层号”中直接填写转换层层号的效果是一样的。

(10)全楼层强制采用刚性楼板假定

“强制刚性楼板假定”和“刚性楼板假定”是两个相关但不等同的概念,应注意区分。“刚性楼板假定”是指楼板平面内无限刚,平面外刚度为零的假定。每块刚性楼板有三个公共的自由度(U,V,z),从属于同一刚性板的每个节点只有三个独立的自由度(x,y,w)。这样能大大减少结构的自由度,提高分析效率。SATWE自动搜索全楼楼板,对于符合条件的楼板,自动判断为刚性楼板,并采用刚性楼板假定,无须用户干预。某些工程中采用刚性楼板假定可能误差较大,为提高分析精度,可在“设计模型前处理”→“弹性板”菜单将这部分楼板定义为适合的弹性板。这样同一楼层内可能既有多个刚性板块,又有弹性板,还可能存在独立的弹性节点。对于刚性楼板,程序将自动执行刚性楼板假定,弹性板或独立节点则采用相应的计算原则。而“强制刚性楼板假定”则不区分刚性板、弹性板,或独立的弹性节点,只要位于该层楼面标高处的所有节点,在计算时都将强制从属同一刚性板。“强制刚性楼板假定”可能改变结构的真实模型,因此其适用范围是有限的,一般仅在计算位移比、周期比、刚度比等指标时建议选择。在进行结构内力分析和配筋计算时,仍要遵循结构的真实模型,才能获得正确的分析和设计结果。SATWE在进行强制刚性楼板假定时,位于楼面标高处的所有节点强制从属于同一刚性板,不在楼面标高处的楼板,则不进行强制。对于多塔结构,各塔分别执行“强制刚性楼板假定”,塔与塔之间互不关联。

(11)整体指标计算采用强刚,其他指标采用非强刚

设计过程中,对于楼层位移比、周期比、刚度比等整体指标通常需要采用强制刚性楼板假定进行计算,而内力、配筋等结果则必须采用非强制刚性楼板假定的模型结果,因此,用户往往需要对这两种模型分别进行计算,为提高设计效率,减少用户操作,V3.2版新增了“整体指标计算采用强刚,其他指标采用非强刚”参数。

勾选此项,程序自动对强制刚性楼板假定和非强制刚性楼板假定两种模型分别进行计算,并对计算结果进行整合,用户可以在文本结果中同时查看到两种计算模型的位移比、周期比及刚度比这三项整体指标,其余设计结果则全部取自非强制刚性楼板假定模型。通常情况下,无需用户再对结果进行整理,即可实现与过去手动进行两次计算相同的效果。

(12)墙梁跨中节点作为刚性楼板从节点

勾选此项时,剪力墙洞口上方墙梁的上部跨中节点将作为刚性楼板的从节点,与旧版程序处理方式相同;不勾选时,这部分节点将作为弹性节点参与计算。是否勾选此项,其本质是确定连梁跨中节点与楼板之间的变形协调,将直接影响结构整体的分析和设计结果,尤其是墙梁的内力及设计结果。

(13)墙倾覆力矩计算方法

由于建筑户型创新,近年来出现了一种单向少墙结构。这类结构通常在一个方向剪力墙密集,而正交方向剪力墙稀少,甚至没有剪力墙。在一般的框剪结构设计中,剪力墙的面外刚度及其抗侧力能力是被忽略的,因为在正常的结构中,剪力墙的面外抗侧力贡献相对于其面内微乎其微。但对于单向少墙结构,剪力墙的面外,成为一种不能忽略的抗侧力成分,它在性质上类似于框架柱,宜看作一种独立的抗侧力构件。对单向少墙结构,首先存在一个体系界定问题。确切地讲,就是要正确统计每个地震作用方向框架和剪力墙的倾覆力矩比例和剪力比例。

SATWE 统计剪力墙和框架柱倾覆力矩及剪力比例的基本方法，是按照构件来分类，也即所有墙上的力计入剪力墙，所有框架上的力计入框架柱，但这种方法不适用于单向少墙结构。假定一个结构只有 Y 向剪力墙，X 向无墙，X 向地震作用下剪力墙承担的倾覆力矩百分比应为 0，但如果按照上述方法，在统计 X 向地震作用下剪力墙承担的倾覆力矩百分比时，却会得到很大的数值。正确的做法是把墙面外的倾覆力矩计入框架，这时 X 向地震作用下剪力墙承担的倾覆力矩百分比为 0，从而可以判别此结构在 X 向为框架体系，与一般的工程认识一致。

程序在参数"总信息"属性页中提供了墙倾覆力矩计算方法的三个选项，分别为"考虑墙的所有内力贡献"、"只考虑腹板和有效翼缘，其余部分计算框架"和"只考虑面内贡献，面外贡献计入框架"。当需要界定结构是否为单向少墙结构体系时，建议选择"只考虑面内贡献，面外贡献计入框架"。当用户无需进行是否是单向少墙结构的判断时，可以选择"只考虑腹板和有效翼缘，其余部分计算框架"。

(14) 高位转换结构等效侧向刚度比计算

高位转换结构等效侧向刚度比计算采用"高规附录 E.0.3 方法"时，程序自动按照高规附录 E.0.3 的要求，分别建立转换层上、下部结构的有限元分析模型，并在层顶施加单位力，计算上下部结构的顶点位移，进而获得上、下部结构的刚度和刚度比。

当选择"传统方法"时，则采用与旧版本相同的串联层刚度模型计算。

注意，当采用高规附录 E.0.3 方法计算时，需选择"全楼强制采用刚性楼板假定"或"整体指标计算采用强刚，其他指标采用非强刚"。无论采用何种方法，用户均应保证当前计算模型只有一个塔楼。当塔数大于 1 时，计算结果是无意义的。

(15) 扣除构件重叠质量和重量

SATWE－V3.1 之前的版本，梁、柱、墙的自重均独立计算，不考虑重叠区域的扣除，多算的重量和质量作为安全储备。为了满足设计的经济性需求，SATWE－V3.1.1 在"参数定义→总信息"属性页增加了"扣除构件重叠质量和重量"选项。当勾选此项时，梁、墙扣除与柱重叠部分的重量和质量。由于重量和质量同时扣除，恒荷载总值会有所减小(传到基础的恒荷载总值也随之减小)，结构周期亦会略有缩短，地震剪力和位移相应减少。从设计安全性角度而言，适当的安全储备是有益的，建议用户仅在确有经济性需要，并对设计结果的安全裕度确有把握时才谨慎选用该选项。

(16) 考虑梁板顶面对齐

用户在 PMCAD 建立的模型是梁和板的顶面与层顶对齐，这与真实的结构是一致的。计算时 SATWE 新版本会强制将梁和板上移，使梁的形心线、板的中面位于层顶，这与实际情况有些出入。SATWE 新版本增加了"梁板顶面对齐"的勾选项，考虑梁板顶面对齐时，程序将梁、弹性膜、弹性板 6 沿法向向下偏移，使其顶面置于原来的位置。有限元计算时用刚域变换的方式处理偏移。当勾选考虑梁板顶面对齐，同时将梁的刚度放大系数置 1.0，理论上此时的模型最为准确合理。

采用这种方式时应注意定义全楼弹性板，且楼板应采用有限元整体结果进行配筋设计，但目前 SATWE 尚未提供楼板的设计功能，因此用户在使用该选项时应慎重。

(17) 构件偏心方式

用户在 PMCAD 中建立的模型，很多情形下会使得构件的实际位置与构件的节点位置不一致，即构件存在偏心，如梁、柱、墙等。在 SATWE 老版本处理构件偏心的方式是：如果模型中的墙存在偏心，则程序会将节点移动到墙的实际位置，以此来消除墙的偏心，即墙总是与节点贴合在一起，而其他构件的位置可以与节点不一致，它们通过刚域变换的方式进行连接。

这种处理墙偏心的方式存在这样一个问题，即为了使所有的墙的位置与节点的位置保持一致，致使墙的形状与真实情形有了较大出入，甚至产生了很多斜墙或不共面墙。

SATWE 增加了新的考虑墙偏心的方式——刚域变换方式。刚域变换方式是将所有节点的位置保持不动，通过刚域变换的方式考虑墙与节点位置的不一致。厚度不同的墙为了保持外立面对齐，需要对墙设置偏心，传统移动节点方式的模型中，节点偏移了原来的位置，墙体与节点贴合在一起，竖直墙变成斜墙；新的刚域变换方式，节点位置不动，墙体在其实际位置。新的偏心方式对于部分模型在局部可能会产生较大的内力差异，因此建议慎重采用。

(18) 结构材料信息

软件提供钢筋混凝土结构、钢与混凝土混合结构、钢结构、砌体结构共 4 个选项。一般按结构的实际情况确定，不同的“结构材料”会影响到不同规范、规程的选择，如当“结构材料信息”为“钢结构”时，则按照钢框架—支撑体系的要求执行 0.25 V_0 调整；当“结构材料信息”为“混凝土结构”时，则执行混凝土结构的 0.2 V_0 调整。型钢混凝土和钢管混凝土结构属于钢筋混凝土结构，而不是钢结构。

(19) 结构体系

以前的版本中程序共提供 16 个选项：框架、框剪、框筒、筒中筒、剪力墙、板柱剪力墙结构、异型柱框架结构、异型柱框剪结构、配筋砌块砌体结构、砌体结构、底框结构、部分框支剪力墙结构、单层钢结构厂房、多层钢结构厂房、钢框架结构、巨型框架—核心筒(仅限广东地区)。V3.1 版增加了 4 种选项：装配整体式框架结构、装配整体式剪力墙结构、装配整体式部分框支剪力墙结构和装配整体式预制框架一现浇剪力墙结构。在 SATWE 多、高层版中，不允许选择“砌体结构”和“底框结构”，这两类结构需单独购买砌体版本的 SATWE 软件和加密锁；“配筋砌块砌体结构”仅在 SATWE 多、高层版中支持，砌体版本的 SATWE 则不支持“配筋砌块砌体结构”的计算。

新《高规》取消了短肢剪力墙结构，而对剪力墙结构中的短肢剪力墙，《高规》第 7.1.8 条和第 7.2.2 条都给出了规定。设计人员设计时应注意以下几点：

① 剪力墙结构中短肢剪力墙数量问题：SATWE 程序通过计算给出在规定的水平地震作用下，短肢剪力墙“倾覆力矩百分比”，当此百分比位于 30%～50%，可判为“具有较多短肢剪力墙的剪力墙结构”，见《高规》第 7.1.8 条。

对于短肢墙的一系列从严控制措施，不再只针对“短肢墙较多的剪力墙结构”，故 2010 版 SATWE 软件取消了“短肢墙结构”类型，见《高规》第 7.2.2 条。

对于 2008 版的工程数据，转到 2010 版时，“短肢剪力墙结构”类型强制转换为“剪力墙结构”类型，程序参照新《高规》修改了短肢墙判断方法：对于任一直线墙段，若其直接关联墙肢数不超过 2(包括自身)、每肢长宽比小于 8 且厚度不大于 300 mm，则该直线墙段判为短肢墙，否则为普通墙。

对于所有结构中的短肢墙，程序自动执行《高规》第 7.2.2-2 条、第 7.2.2-3 条和第 7.2.2-5 条规定的调整(轴压比、剪力调整、竖向配筋率从严)。

短肢剪力墙抗震等级不再提高，长宽比小于 4 的短墙肢，按照柱进行配筋设计。

② 关于异形柱框架结构或框剪结构：当结构体系选为“异形柱框架结构”或“异形柱框剪结

构”后，程序自动按《异形柱规程》进行计算。注意，新版 SATWE 对薄弱层地震剪力放大系数可由设计人员填入，默认值取《高规》第 3.5.8 条要求的 1.25，需要注意的是，《抗规》第 3.4.4 条要求乘以不小于 1.15 的增大系数，而《异形柱规程》第 3.2.5 条 2 款要求放大 1.2 倍，建议取值不小于 1.25。

③ 关于板柱结构：对于定义为“板柱结构”的工程，程序按《高规》第 8.1.10 条规定进行柱、剪力墙地震内力的调整和设计，并在 WV02Q.OUT 文件中输出各层柱、剪力墙的地震作用调整系数，不需用户对 0.2 V_0 调整再做特别设置。另外板柱结构中，需在轴网上布置截面尺寸为 100 mm×100 mm 的矩形截面虚梁，楼板应定义为弹性板 6。

(20) 恒活荷载计算信息：不计算恒活荷载、一次性加载、模拟 1、模拟 2 或模拟 3

该参数应为“恒载计算信息”，详见《高规》第 5.1.9 条。高层建筑结构的建造是遵循一定的顺序，逐层或者批次完成的，也就是说构件的自重恒载和附加恒载是随着主体结构的施工而逐步增加的，结构的刚度也是随着构件的形成而不断增加与改变的，即结构的整体刚度矩阵是变化的。考虑模拟施工加载与一次性加载对结构分析与设计的结果有较大影响，特别是高层建筑和楼层竖向构件刚度差异较大的结构。竖向构件的位移差将导致水平构件产生附加弯矩，特别是负弯矩增加较大，此效应逐层累加，有时会出现拉柱或梁没有负弯矩的不真实情况，一般结构顶部影响最大。而在实际施工中，竖向恒载是一层一层作用的，并在施工中逐层找平，下层的变形对上层基本上不产生影响。结构的竖向变形在建造到上部时已经完成得差不多了，因此不会产生“一次性加荷”所产生的异常现象。

模拟施工 1：就是上面说的考虑分层加载、逐层找平因素影响的算法，采用整体刚度分层加载模型。由于该模型采用的结构刚度矩阵是整体结构的刚度矩阵，加载层上部尚未形成的结构过早进入工作，可能导致下部楼层某些构件的内力异常(如较实际偏小)。

模拟施工 2：就是考虑将柱(不包括墙)的刚度放大 10 倍后再按模拟施工 1 进行加载，以削弱竖向荷载按刚度的重分配，使柱、墙上分得的轴力比较均匀，接近手算结果，传给基础的荷载更为合理，仅用于框剪结构或框筒结构的基础计算，不得用于上部结构的设计。采用模拟施工 2 后，外围框架柱受力会有所增大，剪力墙核心筒受力略有减小。

模拟施工 3：是对模拟施工 1 的改进，采用分层刚度分层加载模型。在分层加载时，去掉了没有用的刚度(如第一层加载，则只有 1 层的刚度，而模拟 1 却仍为整体刚度)，使计算结果更接近于施工的实际情况。建议一般对多、高层建筑首选“模拟施工 3”，对钢结构或大型体育场馆类(指没有严格的标准楼层概念)结构应选“一次性加载”，对于长悬臂结构或有吊柱结构，由于一般是采用悬挑脚手架的施工工艺，故对悬臂部分应采用一次性加载进行设计。

(21) 风荷载计算信息

不计算风载、计算风载、计算特殊风载、同时计算普通风载和特殊风载这是风荷载计算控制参数。一般选计算风荷载，即计算结构 X、Y 两个方向的风荷载。计算“特殊风载”和“同时计算普通风载和特殊风载”是新增的风载计算选项，主要配合特殊风载体型系数。

(22) 规定水平力的确定方式

楼层剪力差方法(规范算法)、节点地震作用 CQC 组合方法“规定水平地震力”是新《抗规》和《高规》提出的一种新的计算地震力的方法，主要用于计算倾覆力矩和扭转位移比，2010 版 SATWE 按照规范的要求增加了“规定水平力”的计算内容，其中 SATWE 软件在“规定水平力”选项中提供了两种方法，一种是“楼层剪力差法(规范方法)”，另一种是“节点地震作用 CQC 组合方法”，前一种即《抗规》要求的“规定水平力”，后一种是 SATWE 软件提供的方法，从软件应用的角度，前者主要用于结构布局比较规则，楼层概念清晰的结构。而当结构布局复杂，较难划分出明显的楼层时，则可采用后者。

① 计算扭转位移比：《高规》第 3.4.5 条和《抗规》第 3.4.3 条规定，计算扭转位移比时，楼层位移不采用之前的 CQC 组合计算，明确改为采用“规定水平力”计算，目的是避免有时 CQC 计算的最大位移出现在楼盖边缘中部而不是角部。水平力确定为考虑偶然偏心的振型组合后楼层剪力差的绝对值。但对结构楼层位移和层间位移控制值验算时，仍采用 CQC 的效应组合。

② 计算倾覆力矩：《高规》第 8.1.3 条规定：抗震设计的框架—剪力墙结构，应根据在规定的水平力作用下结构底层框架部分承受的地震倾覆力矩与结构总地震倾覆力矩的比值，确定相应的设计方法。

SATWE 在 WV02Q.OUT 中输出三种抗倾覆计算结果“《抗规》方式、轴力方式和 CQC 方式”。一般对于对称布置的框剪、框筒结构，轴力方式的结果要大于《抗规》方式；而对于偏置的框剪、框筒结构，轴力方式与《抗规》方式结果相近。轴力方式的倾覆力矩一方面可以反映框架的数量，另一方面可以反映框架的空间布置，是更为合理地衡量“框架在整个抗侧力体系中作用”的指标。

(23) 地震作用计算信息

不计算、计算水平、计算水平和规范简化法竖向、计算水平和反应谱法竖向不计算地震作用：对于不进行抗震设防的地区或者抗震设防烈度为 6 度时的部分结构，规范规定可以不进行地震作用计算(见《抗规》第 3.1.2 条)，此时可选择“不计算地震作用”。《抗规》第 5.1.6 条规定，6 度时的部分建筑，应允许不进行截面抗震验算，但应符合有关的抗震措施要求。因此这类结构在选择“不计算地震作用”的同时，仍然要在“地震信息”菜单中指定抗震等级，以满足抗震措施的要求。此时，“地震信息”菜单除抗震等级和抗震构造措施的抗震等级相关参数外，其余参数颜色变灰。

计算水平地震作用：计算 X、Y 两个方向的地震作用。

计算水平和规范简化方法竖向地震：按《抗规》5.3.1 条规定的简化方法计算竖向地震。计算水平和反应谱方法竖向地震：按竖向振型分解反应谱方法计算竖向地震。《高规》第 4.3.14 条规定：跨度大于 24 m 的楼盖结构、跨度大于 12 m 的转换结构和连体结构、悬挑长度次于 5m 的悬挑结构，结构竖向地震作用效应标准值宜采用时程分析方法或振型分解反应谱方法进行计算，因此，新版 SATWE 新增了按竖向振型分解反应谱方法计算竖向地震的选项。

采用振型分解反应谱法计算竖向地震作用时，程序输出每个振型的竖向地震力，以及楼层的地震反应力和竖向作用力，并输出竖向地震作用系数和有效质量系数，与水平地震作用均类似。

(24) 结构所在地区

全国、上海、广东 SATWE 程序根据结构所在地区分别采用中国国家标准、上海地区规程和广东地区规程进行计算。

(25) 特征值求解方式

水平振型和竖向振型独立求解方式、水平振型和竖向振型整体求解方式仅在选择了“计算水平和反应谱方法竖向地震”时，此参数才激活。当采用“整体求解”时，在“地震信息”栏中输入的振型数为水平与竖向振型数的总和；且“竖向地震参与振型数”选项为灰，设计人员不能修改。当采用“独立求解”时，在“地震信息”栏中需分别输入水平与竖向的振型个数。设计人员需注意，计算用振型数一定要足够多，以使得水平和竖向地震的有效质量系数都满足90%。一般宜选"整体求解"。

"整体求解"的动力自由度包括Z向分量，而"独立求解"则不包括；前者做一次特征值求解，而后者做两次；前者可以更好地体现三个方向振动的耦联，但竖向地震作用的有效质量系数在个别情况下较难达到90%；而后者则刚好相反，不能体现耦联关系，但可以得到更多的有效竖向振型。

当选择"整体求解"时，与水平地震力振型相同，给出每个振型的竖向地震力；而选择"独立求解方式"时，还给出竖向振型的各个周期值。计算后程序给出每个楼层、各塔的竖向总地震力，且在最后给出按《高规》第4.3.15条进行的调整信息。

(26)"规定水平力"的确定方式

《建筑抗震设计规范》(GB 50011－2010)第3.4.3条和《高层建筑混凝土结构技术规程》(JGJ 3－2010)第3.4.5条规定：在规定水平力下楼层的最大弹性水平位移或(层间位移)，大于该楼层两端弹性水平位移(或层间位移)平均值的1.2倍；《建筑抗震设计规范》(GB 50011－2010)第6.1.3条和《高层建筑混凝土结构技术规程》(JGJ 3－2010)第8.1.3条规定：设置少量抗震墙的框架结构，在规定的水平力作用下，底部框架所承担的地震倾覆力矩大于结构总地震倾覆力矩的50%时……以上抗规和高规条文均明确要求位移比和倾覆力矩的计算要在规定水平力作用下进行计算。2010版SATWE根据规范要求会输出规定水平力的数值及规定水平力作用下的位移比和倾覆力矩结果。规定水平力的确定方式依据《建筑抗震设计规范》(GB 50011－2010)第3.4.3-2条和《高层建筑混凝土结构技术规程》(JGJ 3－2010)第3.4.5条的规定，采用楼层地震剪力差的绝对值作为楼层的规定水平力，即选项"楼层剪力差方法(规范方法)"，一般情况下建议选择此项方法。"节点地震作用CQC组合方法"是程序提供的另一种方法，其结果仅供参考。

(27)墙梁转框架梁的控制跨高比

当墙梁的跨高比过大时，如果仍用壳元来计算墙梁的内力，计算结果的精度较差。

SATWE新版本新增了墙梁自动转成框架梁的功能，用户可通过指定"墙梁转框架梁的跨高比"，程序会自动将墙梁的跨高比大于该值的墙梁转换成框架梁，并按照框架梁计算刚度、内力并进行设计，使结果更加准确合理。当指定"墙梁转框架梁的跨高比"为0时，程序对所有的墙梁不做转换处理。

当对墙梁不做转换时，程序按壳元进行计算；若将墙梁转换成框架梁，程序将本层墙的上墙梁和上层墙的下墙梁删除，并用等截面尺寸的框架梁来代替。对于墙上的荷载，会将墙梁上的荷载转移到框架梁上。此外，对于框架梁与墙的外侧相连接时，SATWE会自动增加罚约束；同样对于墙梁转换成的框架梁与墙的内侧洞口相连接，程序也自动考虑了罚约束。

(28)框架连梁按壳元计算控制跨高比

新版本程序采用了新的方式，根据跨高比将框架连梁转换为墙梁(壳)，同时增加了转换壳元的特殊构件定义，将框架方式定义的转换梁转为壳的形式。用户可通过指定该参数将跨高比小于该限值的矩形截面框架连梁用壳元计算其刚度，若该限值取值为0，则对所有框架连梁都不做转换。根据设计参数的"框架连梁按壳元计算控制跨高比"选项，将小于填写跨高比的全楼的连梁自动转换为壳，填写0不转换。转换的具体方式等效为手工建立一片墙，下面开通洞即只剩墙梁部分。这样SATWE在计算时此转换后的墙梁和旁边的墙(墙柱)连接，每侧有上下两个节点连接。这种方式转换的墙梁计算内力和开通墙方式的内力相似。程序将框架连梁转换为壳,因此只有上墙梁这种形式,如果有下墙梁,请使用开洞墙的形式建模。转换梁转壳功能,首先在特殊梁定义中指定转换壳元,程序将此梁自动转换为壳计算,转换的具体方式等效为手工建立一片墙,然后抬高墙底部标高的方式得到的转换墙,所以这种方式的转换壳元计算同转换墙,按壳元分析,按梁配筋。需要注意的是,转换梁转为壳,是设置在本层梁标高处,即 PMCAD 中所见的上皮对齐位置,而不是居中设置。这两种梁转壳的方式有一些限定:

转换壳元的两侧必须有柱、墙或者其他转换壳元;转换壳元因为由梁转为墙后,会改变节点的偏心处理次序,所以程序去掉了梁上设置的偏心,按不偏心墙处理;弧梁暂时不处理;两边高度不同的梁不处理;双连梁不处理;非矩形砼梁不处理;两端层号的梁不处理;梁下已经布置了墙不处理;转换壳元与转换梁互斥,二者只能定义一个,转换壳元后续按转换墙属性设计。

(29) 楼梯计算

PKPM2010 V3.1 之前的程序,用户在 PMCAD 中定义楼梯,在退出的时候可以选择自动生成楼梯模型,此时的楼梯是用梁模型代替的,并进行后续的 SATWE 计算。PKPM2010 V3.2 版本在结构建模中创建的楼梯,用户可在 SATWE 中选择是否在整体计算时考虑楼梯的作用。若在整体计算中考虑楼梯,程序会自动将梯梁、梯柱、梯板加入模型当中。

SATWE V3.1 中提供了两种楼梯计算的模型:壳单元和梁单元,默认采用壳单元。两者的区别在于对梯段的处理,壳单元模型用膜单元计算梯段的刚度,而梁单元模型用梁单元计算梯段的刚度,两者对于平台板都用膜单元来模拟。程序可自动对楼梯单元进行网格细分。此外,针对楼梯计算,SATWE 设置了自动进行多模型包络设计。如果用户选择同时计算不带楼梯模型和带楼梯模型,则程序自动生成两个模型,并进行包络设计。另外,当采用楼梯参与计算时,暂不支持按构件指定施工次序的施工模拟计算。

2. SATWE 参数之二:多模型及包络(见图 4.22)

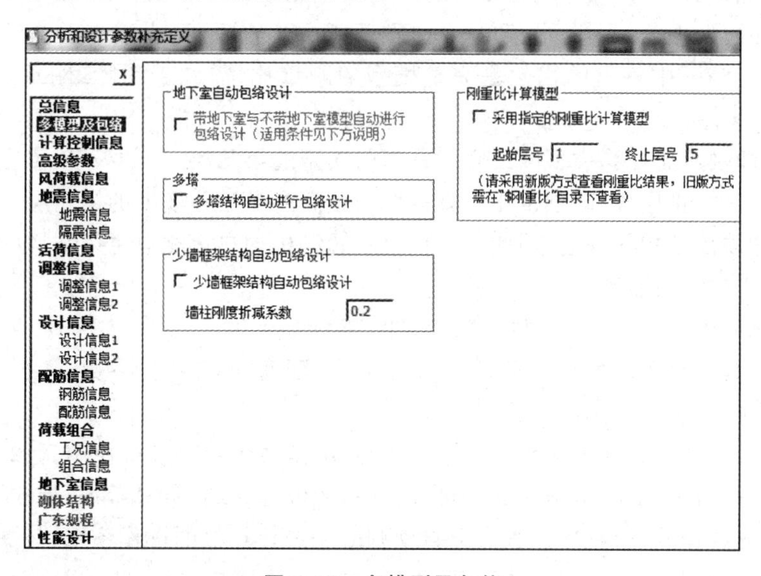

图 4.22　多模型及包络

(1) 带地下室与不带地下室模型自动进行包络设计

对于带地下室模型,勾选此项可以快速实现整体模型与不带地下室的上部结构的包络设计。当模型考虑温度荷载或特殊风荷载，或存在跨越地下室上、下部位的斜杆时，该功能暂不适用。自动形成时不带地下室的上部结构模型时，用户在“层塔属性”中修改的地下室楼层高度不起作用。

(2) 多塔结构自动进行包络设计

新版增加了多模型包络设计功能，该参数主要用来控制多塔结构是否进行自动包络设计。勾选了该参数，程序允许进行多塔包络设计，反之不勾选该参数，即使定义了多塔子模型，程序仍然不会进行多塔包络设计。关于包络设计的更多细节请参考第5章。

(3) 少墙框架结构自动包络设计

新版本针对少墙框架结构增加少墙框架结构自动包络设计功能。勾选该项，程序自动完成原始模型与框架结构模型的包络设计。

(4) 墙柱刚度折减系数

该参数仅对少墙框架结构包络设计有效。框架结构子模型通过该参数对墙柱的刚度进行折减得到。另外，可在“设计属性补充”项对墙柱的刚度折减系数进行单构件修改。

(5) 采用指定模型计算刚重比

基于地震作用和风荷载的刚重比计算方法仅适用于悬臂柱型结构，因此应在上部单塔结构模型上进行(即去掉地下室)，且去掉大底盘和顶部附属结构(只保留附属结构的自重作为荷载附加到主体结构最顶层楼面位置)，仅保留中间较为均匀的结构段进行计算，即所谓的掐头去尾。

旧版本用户需要自行建立单独的掐头去尾模型进行计算，新版本增加了采用指定模型计算刚重比的功能，选择此项，程序将在全楼模型的基础上，增加计算一个子模型，该子模型的起始层号和终止层号由用户指定，即从全楼模型中剥离出一个刚重比计算模型。该功能适用于结构存在地下室、大底盘，顶部附属结构重量可忽略的刚重比指标计算，且仅适用于弯曲型和弯剪型的单塔结构。在后处理“文本查看”菜单中选择“新版文本查看”可直接查看该模型的刚重比结果，但“旧版文本查看”中输出的仍然是完整模型的刚重比，需到工程“$刚重比”目录下查看WMASS.OUT 文件。

起始层号:即刚重比计算模型的最底层是当前模型的第几层。该层号从楼层组装的最底层起算(包括地下室)终止层号:即刚重比计算模型的最高层是当前模型的第几层。目前程序未自动附加被去掉的顶部结构的自重，因此仅当顶部附属结构的自重相对主体结构可以忽略时才可采用，否则应手工建立模型进行单独计算。

3. SATWE 参数之三:计算控制信息(见图4.23)

为新增项。其参数大部分来源于旧版“结构内力、配筋计算”中的参数。

(1) 计算软件信息

新版中将32位和64位计算程序进行了整理，并提供该参数进行控制。32位操作系统下只支持32位计算程序，64位操作系统下同时支持32位和64位计算程序，但64位计算程序效率更高，建议优先选择64位程序。程序会自动判断用户计算机的操作系统，其操作系统如果为32位，则程序默认采用32位计算程序进行计算，并不允许用户选择64位计算程序；如果为64位，则程序默认用64位计算程序进行计算，并允许用户选择32位计算程序。

(2) 线性方程组解法

在“线性方程组解法”一栏中，程序提供了“PARDISO”“MUMPS”“VSS”和“LDLT”四种线

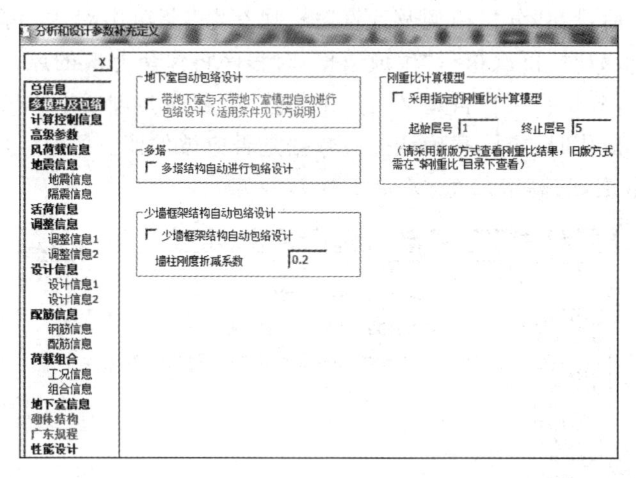

图 4.23　计算控制信息

性方程组求解器。从线性方程组的求解方法上，"PARDISO""MUMPS"和"VSS"采用的都是大型稀疏对称矩阵快速求解方法；而"LDLT"采用的则是通常所用的三角求解方法。从程序是否支持并行上，"PARDISO"和"MUMPS"为并行求解器，当内存充足时，CPU 核心数越多，求解效率越高；而"VSS"和"LDLT"为串行求解器，求解器效率低于"PARDISO"和"MUMPS"。另外，"PARDISO"内存需求较"MUMPS"稍大，在 32 位下，由于内存容量存在限制，"PARDISO"虽相较于"MUMPS"求解更快，但求解规模略小。一般情况下，"PARDISO"求解器均能正确计算，若提示错误，建议更换为"MUMPS"求解器。若由于结构规模太大仍然无法求解，则建议使用 64 位程序并增加机器内存以获取更高计算效率。另外，当采用了施工模拟三时，不能使用"LDLT"求解器；"PARDISO""MUMPS"和"VSS"求解器只能采用总刚模型进行计算，"LDLT"求解器则可以在侧刚和总刚模型中做选择。

(3) 地震作用分析方法

"地震作用分析方法"有"侧刚分析方法"和"总刚分析方法"两个选项。其中"侧刚分析方法"是指按侧刚模型进行结构振动分析，"总刚分析方法"则是指按总刚模型进行结构振动分析。当结构中各楼层均采用刚性楼板假定时可采用"侧刚分析方法"；其他情况，如定义了弹性楼板或有较多的错层构件时，建议采用"总刚分析方法"，即按总刚模型进行结构的振动分析。

(4) 位移输出方式

在"位移输出方式"一行有"简化输出"和"详细输出"两个选项。当选择"简化输出"时，在 WDISP. OUT 文件中仅输出各工况下结构的楼层最大位移值；按总刚模型进行结构振动分析时，在 WZQ. OUT 文件中仅输出周期、地震力；若选择"详细输出"，则在前述的输出基础上，在 WDISP. OUT 文件中还输出各工况下每个节点的位移值；在 WZQ. OUT 文件中还输出各振型下每个节点的位移值。

(5) 传基础刚度

若想进行上部结构与基础共同分析，应勾选"生成传给基础的刚度"选项。这样在基础分析时，选择上部刚度，即可实现上部结构与基础共同分析。

(6) 自定义风荷载信息

该参数主要用来控制是否保留"分析模型及计算"→"风荷载"定义的水平风荷载信息。用户在执行“生成数据”后可在“分析模型及计算”→“风荷载”菜单中对程序自动计算的水平风荷载进行修改，勾选此参数时，再次执行“生成数据”时程序将保留上次的风荷载数据(全楼所有风荷载数据均保留，不区分是否用户自定义)，如不勾选，则程序会重新生成风荷载，自定义数据不被保留。当模型发生变化时，应注意确认上次数据是否应被保留。

4. SATWE 参数之四：高级信息(见图 4.24)

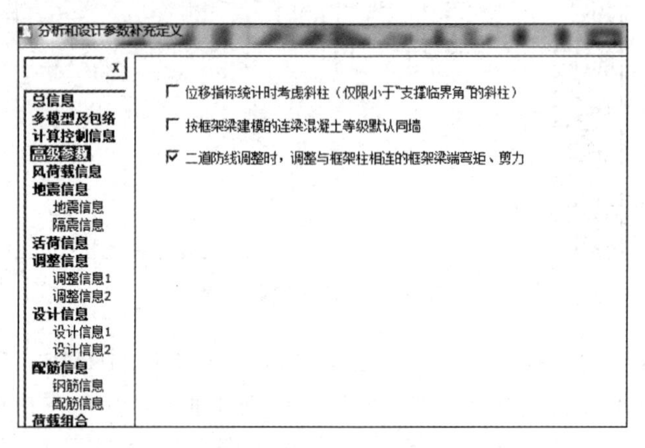

图 4.24 高级信息

(1) 位移指标统计时考虑斜柱

程序统计位移比和位移角时默认不考虑斜撑，对于按斜撑建模的与 Z 轴夹角较小的斜柱，其影响不应忽略，此时可勾选本项，在统计最大位移比时程序将小于“支撑临界角”的层内斜柱考虑在内，但层间位移比和层间位移角暂不考虑。

值得指出的是，位移指标是按节点进行统计的，一个节点统计一次位移，当支撑的上节点与柱或墙相连时，支撑的位移已在柱或墙的节点位移中得到了统计，只有支撑的上节点不与柱、墙相连时，支撑的位移才得到统计，换句话说，只有支撑像柱一样独立承担竖向支撑作用时位移才得到统计。

(2) 按框架梁建模的连梁混凝土等级默认同墙

连梁建模有两种方式，一是按剪力墙开洞建模，二是按框架梁建模并指定为连梁属性，后一种方式建模的连梁在过去版本中默认其混凝土等级与框架梁相同，而实际上可能与剪力墙相同，此时需要用户单构件手工修改，较为繁琐，V3.2 版只需勾选此项即可。

(3) 二道防线调整时对与框架柱相连的梁进行调整

该参数用来控制 0.2 V_0调整时是否调整与框架柱相连的框架梁端弯矩和剪力。

5. SATWE 参数之五：风荷载信息(见图 4.25)

(1) 地面粗糙度类别

根据《荷载规范》第 7.2.1 条进行选择，程序按设计人员输入的地面粗糙度类别确定风压高度变化系数。其中的 D 类(密集高层市区)应慎用。

(2) 修正后的基本风压

修正后的基本风压是指考虑地点和环境的影响(如沿海地区和强风地带等，《荷载规范》第 7.2.3 条)，在规范规定的基础上将基本风压放大 1.1～1.2 倍。又如《门式刚架轻型房屋钢结构技术规程》CECS 102：2002 中规定，基本风压按《荷载规范》的规定值乘以 1.05 采用。输入

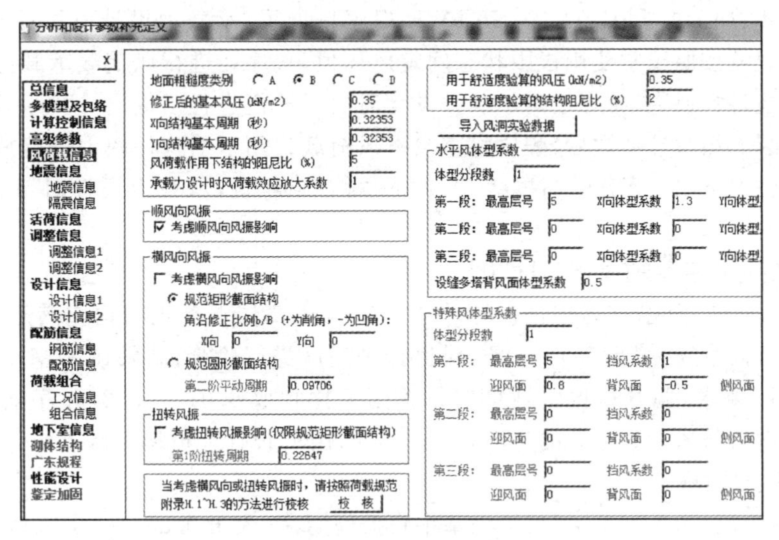

图 4.25　风荷载信息

此参数时不需要乘风压高度变化系数或风振系数，因为这些系数由程序自动计算。根据《荷载规范》第 7.1.2 条规定“按本规范附录 D.4 中附表 D.4 给出的 50 年一遇的风压采用，但不得小于 0.3 kN/m^2”。高度超过 60 m 或特别重要的高层建筑，侧移计算时可仍取 50 年一遇的风压，详见《高规》第 4.2.2 条及条文说明。设计人员需注意，程序只考虑了《荷载规范》第 7.1.1 条第 1 款的基本风压，地形条件的修正系数 η 在程序中并没有考虑。

(3) X、Y 向结构基本周期(秒)

结构基本周期主要是用来计算风荷载中的风振系数 β_Z(详见《荷载规范》第 7.4.2 条规定)。新版 SATWE 程序可以分别指定 X 向和 Y 向的基本周期，用于 X 向和 Y 向风载的计算。对于比较规则的结构，可以采用近似方法计算基本周期：框架结构 $T=(0.08\sim 0.10)N$；框剪结构、框筒结构 $T=(0.06\sim 0.08)N$；剪力墙结构、筒中筒结构 $T=(0.05\sim 0.06)N$；其中 N 为结构层数。设计人员也可以先按程序给定的默认值(程序按《高规》近似公式计算)对结构进行计算，计算完成后再将程序输出的第一平动周期值和第二平动周期值(可在 WZQ.OUT 文件中查询)填入，然后重新计算，从而得到更为准确的风荷载。风荷载计算与否并不会影响结构自振周期的大小。

(4) 风载作用下结构的阻尼比

与“结构基本周期”一样，也用于风荷载脉动增大系数 β_Z 的计算。新建工程第一次运行 SATWE 程序时，会根据“结构材料信息”自动对“风荷载作用下的阻尼比”赋初值：混凝土结构及砌体结构为 0.05；有填充墙钢结构为 0.02；无填充墙钢结构为 0.01。

旧版 SATWE 程序确定风荷载脉动增大系数是按照《荷载规范》第 7.4.3 条根据结构材料查表取值，2010 版 SATWE 程序则根据《荷载规范》第 7.4.2 条文说明规定直接计算，因此新旧版风荷载值可能略有差异。

(5) 承载力设计时风荷载效应放大系数

《高规》第 4.2.2 条规定“对风荷载比较敏感的高层建筑，承载力设计时应按基本风压的 1.1 倍采用”。对于正常使用极限状态的设计，一般仍可采用基本风压值或由设计人员根据实际情况确定。也就是说，部分高层建筑可能在风荷载承载力设计和正常使用极限状态设计时，需要采用两个不同的风压值。为此，SATWE 程序新增了"承载力设计时风荷载效应放大系数"，设计人员只需按照正常使用极限状态确定风压值，程序在进行风荷载承载力设计时，将自动对风荷载效应进行放大，相当于对承载力设计时的风压值进行了提高，这样一次计算就可同时得到全部结果。填写该系数后，程序将直接对风荷载作用下的构件内力进行放大，不改变结构位移。一般情况下，对于房屋高度大于 60 m 的高层建筑，承载力设计时风载计算可勾选此项。

(6) 用于舒适度验算的风压、阻尼比

《高规》第 3.7.6 条规定"房屋高度不小于 150 m 的高层混凝土结构应满足风振舒适度要求"。程序根据《高钢规》第 5.5.1-4 条，对风振舒适度进行验算，结果在 WMASS.OUT 中输出。按照《高规》要求，验算风振舒适度时结构阻尼比宜取 0.01～0.02，程序默认值取 0.02。"风压"的默认取值与风荷载计算的"基本风压"取值相同，设计人员均可修改。

(7) 考虑风振影响

根据《荷载规范》第 7.4.1 条"当结构基本自振周期 T_1 大于 0.25 s 时考虑风振系数"，旧版 SATWE 程序中当输入结构的基本周期小于 0.25 s 时自动不计算风振系数。对于多层建筑结构任意高度处的风振系数变化，仅在建筑高度大于 30 m 且高宽比大于 1.5 时才考虑，其他情况均按 $\beta_Z=1.0$ 考虑。

(8) 构件承载力设计时考虑横向风振影响

新的荷载规范条文确定后，程序将增加此项功能，目前暂时不起作用。

(9) 体型分段数

现代多、高层结构立面变化较大，不同的区段内的体型系数可能不一样，程序限定体型系数最多可分三段取值。若建筑物立面体型无变化时填 1。由于程序计算风荷载时自动扣除地下室高度，因此分段时只需考虑上部结构，不用将地下室单独分段。

(10) 各段最高层号

按各分段内各层的最高层层号填写。若体形系数只分一段或两段时，则仅需填写前一段或两段的信息，其余信息可不填。

(11) 各段体形系数

按《荷规》表 7.3.1 取值。对规则建筑(高宽比 H/B 不大于 4 的矩形、方形、十字形平面建筑)取 1.3(详见《高规》第 4.2.3-3 条)。

(12) 特殊风载输入

"总信息"菜单"风荷载计算信息"下拉框中，选择"计算特殊风荷载"或者"计算水平和特殊风荷载"时，"特殊风体型系数"变亮，允许修改；否则为灰，不可修改。

"特殊风荷载定义"菜单中使用"自动生成"菜单自动生成全楼特殊风荷载时，需要用到此处定义的信息。

"特殊风荷载"的计算公式与"水平风荷载"相同，区别在于程序自动区分迎风面、背风面和侧风面，分别计算其风荷载，是更为精细的计算方式。应在此处分别填写各区段迎风面、背风面和侧风面的体型系数。

"挡风系数"是为了考虑楼层外侧轮廓并非全部为受风面积，存在部分镂空的情况。当该系数为 1.0 时，表示外侧轮廓全部为受风面积，小于 1.0 时表示有效受风面积占全部外轮廓的比例，程序计算风荷载时按有效受风面积生成风荷载，可用于无填充墙的敞开式结构。

(13) 设缝多塔背风面体型系数

该参数主要应用在带变形缝的结构关于风荷载的计算中。对于设缝多塔结构,设计人员可以在“多塔结构补充定义”中指定各塔的挡风面,程序在计算风荷载时会自动考虑挡风面的影响,并采用此处输入的背风面体型系数对风荷载进行修正。需要注意的是,如果设计人员将此参数填为 0,则表示背风面不考虑风荷载影响。对风载比较敏感的结构建议修正,对风载不敏感的结构可以不用修正。

多塔结构的风载计算特点如下:

① 每个塔都拥有独立的迎风面、背风面,在计算风载时,不考虑各塔的相互影响。

② 各塔拥有相同的体型系数,如沿高度方向体型系数要分段,各塔分段也相同。

③ 在前处理菜单“多塔结构补充定义”中应将结构定义为多塔结构。如果设计人员未做定义,风载及相应的位移计算有误,可能偏大也可能偏小。

④ 每块“刚性楼板”有独立的变形,但不一定有独立的迎风面,只有在某个塔楼范围内全部采用“刚性楼板”假定时,该塔楼在该层所承受的风载与该块“刚性楼板”所承受的风载相同。

⑤ 在风载导算中,程序根据多塔信息搜索每个塔楼的 X, Y 向迎风面,对每个塔楼分别计算其相应的风载。

⑥ 对于有地下室的多塔结构,程序计算风载时自动扣除地下室高度。

⑦ 在风载作用下剪力、倾覆弯矩计算中,对每层每个塔分别统计。

⑧ 设缝多塔属于多塔结构的一种特例,其缝隙面不是迎风面,故此类结构应定义风载遮挡边和背风面体型系数。

6. SATWE 参数之六:地震信息(见图 4.26)

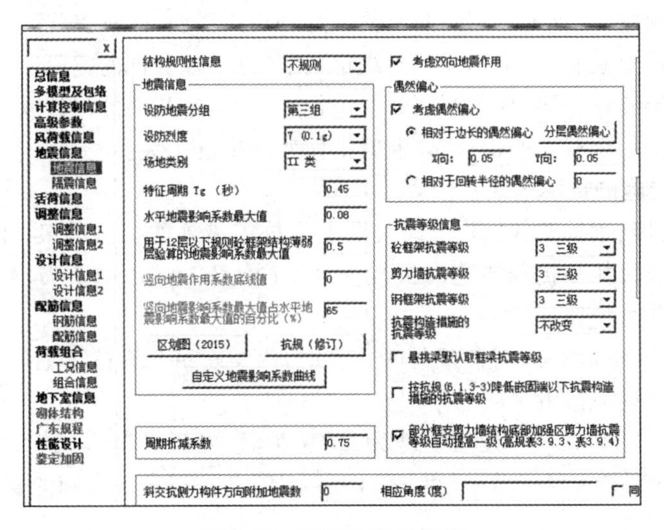

图 4.26　地震信息对话框

当抗震设防烈度为 6 度时,某些房屋可不进行地震作用计算,但仍应采取抗震措施,因此当在 PMCAD 建模的【总信息】中选择了“不计算地震作用”后,在 SATWE 总信息菜单项中设防烈度、框架抗震等级和剪力墙抗震等级仍应按实际情况填写,其他参数可不必考虑。

(1) 结构规则性信息:规则或不规则

该参数目前不起作用。

（2）设计地震分组：一、二、三组

根据结构所处地区按《抗震规范》附录A选用。

（3）设防烈度：6～9度

根据结构所处地区按《抗震规范》附录A选用。如在附录A中查不到，则表明该地区为非抗震设计区。

（4）场地类别

依据《抗震规范》，提供I_0、I_1、Ⅱ、Ⅲ、Ⅳ共五类场地类别。其中I_0类为2010版新增的类别。

（5）混凝土框架、剪力墙、钢框架抗震等级

根据《抗震规范》表6.1.2或《高规》表3.9.3、表3.9.4选择。"0"代表特一级，"5"代表不考虑抗震构造要求。设计人员需注意：乙、丙类建筑的地震作用均按本地区抗震设防烈度计算，但对于乙类建筑，当设防烈度为6～8度时，抗震措施应按高于本地区抗震设防烈度一度的要求加强。所谓的抗震措施，在这里主要体现为按本地区抗震设防烈度提高一度，由《抗震规范》表6.1.2确定其抗震等级。

根据《抗震分类标准》规定，抗震设防类别划分时应注意以下几点：

① 教育建筑中，幼儿园、小学、中学的教学用房以及学生宿舍和食堂，抗震设防类别应不低于重点设防类（简称乙类）。

② 商业建筑中，人流密集的大型多层商场抗震设防类别应划为重点设防类。当商业建筑与其他建筑合建时应分别判断，并按区段确定其抗震设防类别。

③ 二、三级医院的门诊、医技、住院用房，抗震设防类别应划为重点设防类。

其中钢框架抗震等级是新规范版SATWE软件新增的内容，设计人员应依据《抗震规范》第8.1.3条规定来确定，对应采取不同的调整系数和构造措施。《抗震规范》第8.3.1条规定了框架柱长细比与抗震等级有关；第8.3.2条规定了框架梁、柱板件的宽厚比。

对于混凝土框架和钢框架，程序按照材料进行区分：纯钢截面的构件取钢框架的抗震等级，混凝土或钢与混凝土组合截面的构件，取混凝土框架的抗震等级。

（6）抗震构造措施的抗震等级

上述框架、剪力墙、钢框架的抗震等级实质上是抗震措施的抗震等级，在某些情况下，抗震构造措施的抗震等级可能和抗震措施的抗震等级不同。2010版SATWE软件新增了此选项，设计时应注意以下几种情况：

①《抗震规范》第3.3.2条"建筑场地为Ⅰ类时，丙类建筑允许按本地区抗震设防烈度降低一度的要求采取抗震构造措施"（场地好）。

②《抗震规范》第3.3.3条"建筑场地为Ⅲ、Ⅳ类时，对设计基本地震加速度为0.15 g和0.30 g的地区，宜分别按8度（0.2 g）和9度（0.4 g）时各抗震设防类别的要求采取抗震构造措施"（场地差）。

③《抗震规范》第6.1.3-4条"当甲、乙类建筑按规定提高一度确定其抗震等级而房屋高度超过本规范表6.1.2相应规定的上界时，应采取比一级更有效的抗震构造措施"（高度超限）。

④ 确定乙类和丙类建筑的抗震措施和抗震构造措施的实际烈度见表4.1。

表 4.1　确定乙类和丙类建筑的抗震措施和抗震构造措施的实际烈度

类别	设防烈度	6(0.05 g)		7(0.1 g)		7(0.15 g)	8(0.2 g)		8(0.3 g)	9(0.4 g)	
	场地类别	Ⅰ	Ⅱ：Ⅳ	Ⅰ	Ⅱ：Ⅳ	Ⅲ：Ⅳ	Ⅰ	Ⅱ：Ⅳ	Ⅲ：Ⅳ	Ⅰ	Ⅱ：Ⅳ
乙类	抗震措施	7	7	8	8	8	9	9	9	9+	9+
	抗震构造措施	6	6	7	8	8+	8	9	9+	9	9+
丙类	抗震措施	6	6	7	7	7	8	8	8	9	9
	抗震构造措施	6	6	6	7	8	7	8	9	8	9

(7) 按中震(或大震)设计：不考虑、不屈服和弹性

依据《高规》第 3.11 节，SATWE 新增了两种性能设计的选择，即“弹性设计”和“不屈服设计”。无论选择弹性设计还是不屈服设计，均应在“地震影响系数最大值”中填入中震或大震的地震影响系数最大值，程序将自动执行如下规则：

中震或大震的弹性设计：与抗震等级有关的增大系数均取为 1。

中震或大震的不屈服设计：① 荷载分项系数均取为 1；② 与抗震等级有关的增大系数均取为 1；③ 抗震调整系数 γ_{RE} 取为 1；④ 钢筋和混凝土材料强度采用标准值。

2010 版 SATWE 中震不屈服计算后，程序的相应调整可按如下方法查看：

① 可以从结果“构件信息”文本文件中，看到钢筋材料强度采用标准值，荷载分项系数均取 1.0，此时风与地震不同时组合。

② 关于不进行强剪弱弯的放大。例如某框架梁，二级抗震，“构件信息”中其设计剪力 V 如果是带地震的组合，则可通过对应的荷载组合系数和各工况标准值，直接手算组合得到，证明其未进行强剪弱弯的放大，否则该剪力要比手算组合的大。

③ 关于承载力抗震调整系数 γ_{RE} 取 1.0，可由设计剪力 V 代入相应公式，取 γ_{RE} 为 1.0，手算求得配筋面积应与程序给出的相符。

(8) 斜交抗侧力构件方向附加地震数(0～5)，相应角度

《抗震规范》5.1.1 条规定“有斜交抗侧力构件的结构，当相交角度大于 15°时，应分别计算各抗侧力构件方向的水平地震作用”。设计人员可以在此处指定附加地震方向。附加地震数可在 0～5 之间取值，在相应角度填入各角度值。该角度是与 X 轴正方向的夹角，逆时针方向为正。当斜交角度大于 15°时应考虑；无斜交构件时取 0。根据《异形柱规程》第 4.2.4 条 1 款规定“7 度(0.15 g)和 8 度(0.20 g)时应做 45°方向的补充验算”。设计人员需要注意以下几点：

① 多方向地震作用造成配筋增加，但对于规则结构考虑多方向地震输入时，构件配筋不会增加或增加不多。

② 多方向地震输入角度的选择尽可能沿着平面布置中局部柱网的主轴方向。

③ 建议选择对称的多方向地震，因为风载并未考虑多方向，否则容易造成配筋不对称。如输入 45°和 225°，程序自动增加两个逆时针旋转 90°的角度(即 135°和 315°)，并按这四个角度进行地震力的计算。

④ 程序将计算每一对新增地震作用下的构件内力，并在构件设计时考虑进内力组合中，最后构件验算取最不利的一组。

(9) 考虑偶然偏心:是或否

《高规》第 4.3.3 条规定“计算单向地震作用时,应考虑偶然偏心的影响”;第 3.4.5 条“计算位移比时,必须考虑偶然偏心影响”;第 3.7.3 条注“计算层间位移角时可不考虑偶然偏心”。

考虑偶然偏心计算后,对结构的荷载(总重、风荷载)、周期、竖向位移、风荷载作用下的位移及结构的剪重比等没有影响,而对结构的地震作用和地震作用下的位移(如最大位移、层间位移、位移角等)有较大区别,平均增大 18.47%,对结构构件(梁、柱)的配筋平均增大 2%~3%。

程序在进行偶然偏心计算时,总是假定结构所有楼层质量同时向某个方向偏心,对于不同楼层向不同方向运动的情况(比如某一楼层沿 X 正向运动,另一楼层沿 X 负向运动),程序没有考虑。偶然偏心对结构的影响是比较大的,一般会大于双向地震作用的影响,特别是对于边长较大结构的影响更大。

(10) 考虑双向地震作用:是或否

根据《抗震规范》第 5.1.13 条和《高规》第 4.3.2-2 条规定“质量和刚度分布明显不对称的结构,应计入双向地震作用下的扭转影响”。规范中提到的“质量与刚度分布明显不均匀不对称”,主要看结构刚度和质量的分布情况以及结构扭转效应的大小。一般而言,可根据在规定的水平力作用下,楼层最大位移与平均位移之比值判断:若该值超过扭转位移比下限 1.2 较多(比如 A 级高度高层建筑>1.4,或 B 级高度或复杂高层建筑>1.3),则可认为扭转明显,需考虑双向地震作用下的扭转效应计算。

《高规》第 4.3.10-3 条规定了双向地震作用效应的计算方法。计算分析表明,双向地震作用对结构竖向构件(如框架柱)设计影响较大,对水平构件(如框架梁)设计影响不明显。设计人员需注意:

① 2010 版 SATWE 允许同时选择偶然偏心和双向地震作用,两者取不利,结果不叠加。

② 考虑双向地震作用,并不改变内力组合数。

③ SATWE 在进行底框计算时,不应选择地震参数中的偶然偏心和双向地震作用,否则计算会出错。

(11) 计算振型个数

计算振型数一般取 3 的倍数;当考虑扭转耦联计算时,振型数不少于 9,且≤3 倍层数;非耦联时不小于 3,且小于或等于层数。需提醒设计人员注意的是,指定的振型数不能超过结构的固有振型总数,否则会造成计算结果异常。不论何种结构类型,计算中振型数是否取够应根据试算后 WZQ.OUT 给出的有效质量的参与数是否达到 90%来决定(见《抗震规范》第 5.2.2 条说明和《高规》第 5.1.13.1 条规定)。当采用扭转耦联计算地震力时,高层建筑的振型数可先取巧,多层建筑可直接取 3 倍结构模型的层数。如果选取的振型组合数已经增加到结构层数的 3 倍,其有效质量系数仍不能满足要求,此时不能再增加振型数,而应认真分析原因,考虑结构方案是否合理。

(12) 活荷重力荷载代表值组合系数

该参数只是改变楼层质量,而不改变荷载总值(即对竖向荷载作用下的内力计算无影响),依据《抗震规范》第 5.1.3 条和《高规》第 4.3.6 条取值。一般民用建筑楼面等效均布活荷载取 0.5,此时各层活载不考虑新《荷规》第 4.1 条规定的折减。需要注意的是,根据建筑各楼层使用功能的不同,活荷载组合值系数并非是一成不变的,而是根据使用条件的不同而改变。在 WMASS.OUT 文件中“各层的质量、质心坐标信息”项输出的“活载产生的总质量”为已乘上组合系数后的结果。在“地震信息”栏修改本参数，则“荷载组合”栏中“活荷重力代表值系数”联动改变。

需要说明的是，“荷载组合”页中还有一项“活荷重力代表值”参数，两者容易混淆。前者用于地震作用的计算，后者则用于地震验算，即地震作用效应的基本组合中重力荷载效应的活荷载组合值系数。《抗震规范》第 5.4.1 条和条文说明均明确指出：验算和计算地震作用时，对重力荷载均采用相同的组合值系数。因此这两处系数含义不同，但取值应相同。

(13) 周期折减系数

在框架结构及框剪等结构中，由于填充墙的存在使结构实际刚度大于计算刚度、实际周期小于计算周期，据此周期值算出的地震剪力将偏小，会使结构偏于不安全。周期折减系数不改变结构的自振特性，只改变地震影响系数 α，详见《高规》第 4.3.17 条及《高钢规》第 4.3.6 条。当非承重墙体为砌体墙时，高层建筑结构的计算自振周期折减系数可按表 4.2 取值，多层结构折减系数可参考《高规》规定。

表 4.2　不同结构类型周期折减系数

结构类型	框架结构	框剪结构	框筒结构	剪力墙结构	钢结构
砌体墙	0.6 ～ 0.7	0.7 ～0.8	0.8 ～0.9	0.8 ～1.0	0.90

对于某些工程，输入周期折减系数后，计算结果没有任何变化。这主要是因为结构的自振周期很小，位于振型分解反应谱法的平台段，乘以周期折减系数后，仍位于平台段，所以在地震作用下结构的基底剪力和层间位移角不会有任何变化。提醒设计人员注意：当结构层间侧移角略大于规范的限值时，建议通过“周期折减系数”和“中梁刚度放大系数”调整，这往往可以达到事半功倍的效果。规范对周期折减的规定是强制性条文，但折减多少则不是强制性条文，这就要求在折减时慎重考虑，既不能折得太多，也不能折得太少，因为折减不仅影响结构的内力，同时还影响结构的位移。

(14) 结构的阻尼比(%)

根据《抗震规范》第 5.1.5－1 条和《高规》第 4.3.8－1 条规定“一般混凝土结构取 0.05”；《荷载规范》条文说明第 7.4.2－7.4.5 条中指出：“无填充墙的钢结构阻尼比取 0.01，有填充墙的钢结构阻尼比取 0.02，对钢筋混凝土及砖石砌体结构取 0.05。”混合结构在两者之间取值。程序默认值为 0.05。《抗震规范》第 8.2.2 条规定“钢结构在多遇地震下的计算，高度不大于 50 m 时可取 0.04；高度大于 50 m 且小于 200 m 时，可取 0.03；高度不小于 200 m 时，宜取 0.02；在罕遇地震下的分析，阻尼比可取 0.05 ”。对于采用消能减振器的结构，在计算时可填入消能减震结构的阻尼比(消能减震结构的阻尼比二原结构的阻尼比加上消能部件附加有效阻尼比)，而不必改变特定场地土的特性值 T_g，程序会根据设计人员输入的阻尼比进行地震影响系数 α 的自动修正计算。

(15) 特征周期(s)、地震影响系数最大值、用于 12 层以下框架薄弱层验算的地震影响系数最大值

程序依据《抗震规范》第 3.2.3 条、第 5.1.4 条表 5.1.4－2 取特征周期值。依据《抗震规范》表 5.1.4－1 取地震影响系数最大值，由“总信息”页“结构所在地区”参数、“地震信息”页“场地类别”和“设计地震分组”三个参数确定“特征周期”的默认值；“地震影响系数最大值”和“用于 12 层以下规则混凝土框架结构薄弱层验算的地震影响系数最大值”则由“总信息”页“结构所在

地区”参数和“地震信息”页“设防烈度”两个参数共同控制。当改变上述相关参数时，程序将自动按规范重新判断特征周期或地震影响系数最大值。

设计人员也可以根据需要进行修改，但要注意上述几项相关参数如“场地类别”“设防烈度”等改变时，设计人员修改的特征周期或地震影响系数值不保留，自动恢复为规范值，应注意确认。

“地震影响系数最大值”即旧版中的“多遇地震影响系数最大值”，用于地震作用的计算，无论多遇地震或中、特大震弹性或不屈服计算时均应在此处填写“地震影响系数最大值”。“用于12层以下规则混凝土框架结构薄弱层验算的地震影响系数最大值”即旧版的“罕遇地震影响系数最大值”，仅用于12层以下规则混凝土框架结构的薄弱层验算。

(16) 竖向地震作用系数底线值

根据《高规》第4.3.15条规定：“大跨度结构、悬挑结构、转换结构、连体结构的连接体的竖向地震作用标准值不宜小于结构或构件承受的重力荷载代表值与表4.3.15所规定的竖向地震作用系数的乘积”，程序设置“竖向地震作用系数底线值”这项参数以确定竖向地震作用的最小值，当振型分解反应谱方法计算的竖向地震作用小于该值时，将自动取该参数确定的竖向地震作用底线值。

程序按不同的设防烈度确定默认的竖向地震作用系数底线值，设防烈度修改时，该参数也联动改变，设计人员也可自行修改，该参数作用相当于竖向地震作用的最小剪重比。在WZQ.OUT文件中输出竖向地震作用系数的计算结果，如果不满足要求则自动进行调整。

(17) 自定义地震影响系数曲线

SATWE允许设计人员输入任意形状的地震设计谱，以考虑来自安全评估报告或其他情形的比规范设计谱更贴切的反应谱曲线。单击该按钮，在弹出的对话框中可查看按规范公式的地震影响系数曲线，并可在此基础上根据需要进行修改，形成自定义的地震影响系数曲线。

7. SATWE参数之七：隔震信息(见图4.27)

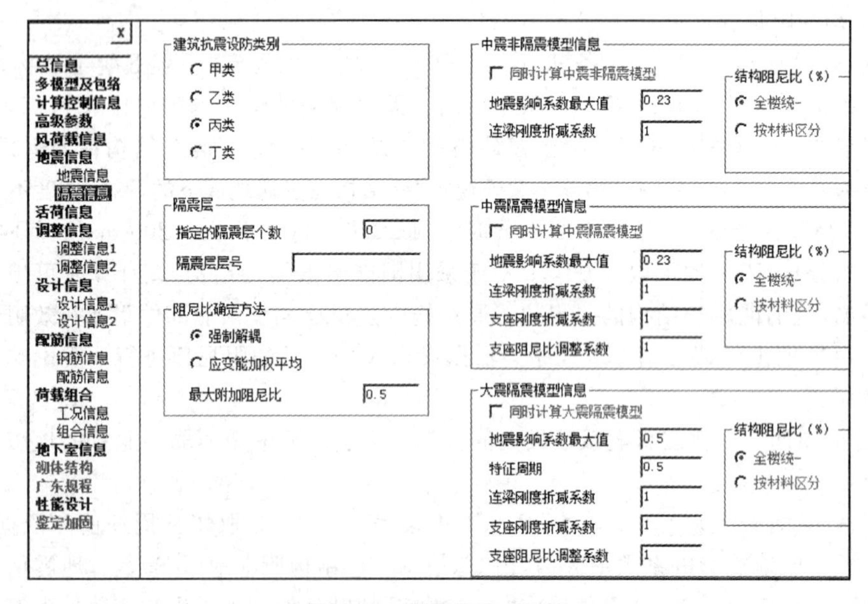

图4.27 隔震信息对话框

新版本增加了“隔震信息”属性页。

(1) 建筑抗震设防类别

该参数暂不起作用,仅为设计标识。

(2) 指定隔震层个数及相应的各隔震层层号

对于隔震结构,如不指定隔震层号,“特殊柱”菜单中定义的隔震支座仍然参与计算,并不影响隔震计算结果,因此该参数主要起到标识作用。指定隔震层数后,右侧菜单可选择同时参与计算的模型信息,程序可一次实现多模型的计算。

(3) 阻尼比确定方法

当采用反应谱法时,程序提供了两种方法确定振型阻尼比,即强制解耦法和应变能加权平均法。采用强制解耦法时,高阶振型的阻尼比可能偏大,因此程序提供了“最大附加阻尼比”参数,使用户可以控制附加的最大阻尼比。

(4) 隔震结构的多模型计算

按照隔震结构设计相关规范规程的规定,隔震结构的不同部位,在设计中往往需要取用不同的地震作用水准进行设计、验算。新版本提供的“多模型”计算模式,增加了隔震结构的多模型计算功能。

8. SATWE 参数之八:活荷信息(见图 4.28)

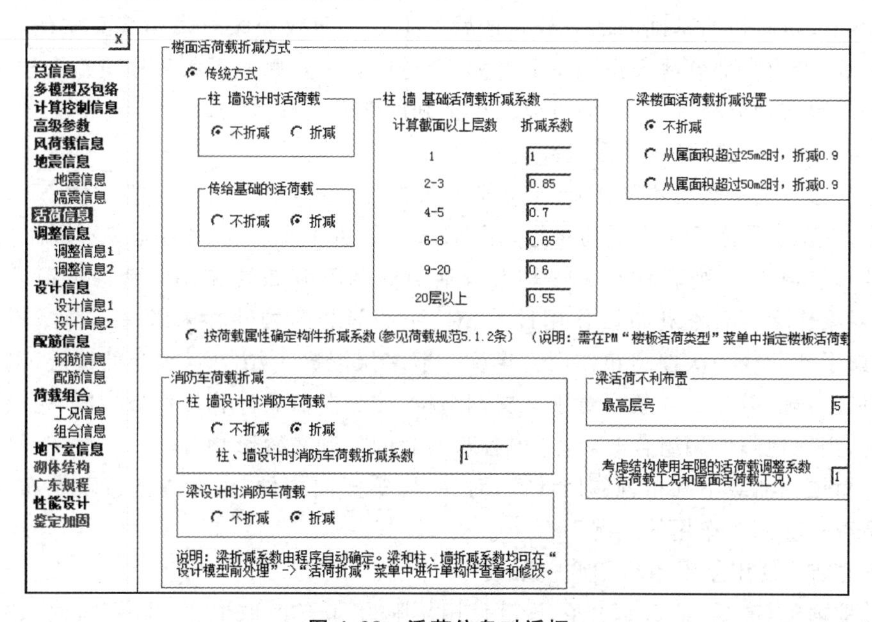

图 4.28　活荷信息对话框

(1) 柱、墙、基础设计时活荷载

不折减或折减作用在楼面上的活荷载,不可能以标准值的大小同时满布在所有楼面上,因此在设计柱、墙和基础时,需要考虑实际荷载沿楼面分布的变异情况。勾选该项后,程序根据《荷载规范》第 4.1.2-2 条对全楼活载进行折减。需要注意的是,在 PMCAD 建筑模型与荷载输入→主菜单→荷载输入→恒活载设置菜单下也有“考虑活荷载折减”选项。若两处都选折减,则荷载折减系数会累加,即在 PMCAD 中折减过的荷载将在 SATWE 中再次折减,使结构不安全。

PMCAD 中考虑楼面荷载折减后,倒算出的主梁活荷载均已进行了折减,这可在“荷载校核"菜单中查看结果，并在后面所有菜单中的梁活荷载均使用折减后结果；但程序对倒算到墙上的活载并没有折减。

SATWE 软件目前还不能考虑《荷载规范》第 4.1.2 条 1 款对楼面梁的活载折减。按照《荷载规范》第 4.1.2 条 2 款规定：活荷载可以按照楼层数折减。当房屋类别为《荷载规范》表 4.1.1 第 1(1)项时，柱、墙竖向构件的活荷载及传给基础的活荷载可以按楼层数进行折减；当为其他房屋类别时，可以根据《荷载规范》第 4.1.2 条 2 款(2)～(4)项规定，采取相应的折减系数。在此需要说明的是，程序中进行的基础的活荷载折减只是传到底层最大组合内力(WDCNL.OUT 文件)中，并没有传给 JCCAD，因为 JCCAD 读取的是 SATWE 计算后各工况的标准值。如果需要考虑传给基础的活荷载折减，则应到 JCCAD 的"荷载参数"中输入相应折减系数。

《荷载规范》中活载折减仅适用于民用建筑，对工业建筑则不应折减。程序对按支撑定义的斜柱不做活载折减。

对于房屋下面几层是商场，上面是办公楼的结构，鉴于目前的 PKPM 版本对于上、下楼层不同功能区域活荷载传给墙柱基础时的折减系数不能分别按规范取值，故折减系数建议按偏安全的取值方法。

(2) 柱、墙、基础活荷载折减系数

柱、墙、基础设计活载折减系数按《荷载规范》表 4.1.2 填写。此处的折减系数仅当折减柱墙设计活荷载或折减传给基础的活荷载勾选后才生效。旧版程序对带裙房高层的所有楼层取统一折减系数，即裙房部分活载折减系数过大，会造成安全隐患。新版程序对每个柱、墙计算截面上方的楼层数自动分析计算，从而可以取得正确的活载折减系数。

(3) 梁活荷载不利布置的计算层数

若将此参数填"0"，表示不考虑梁活荷载不利布置作用，若填入大于零的数 NL，就表示从 1～NL 各层均考虑梁活荷载的不利布置，而 NL＋1 层以上则不考虑活荷载不利布置。若 NL 等于结构的总层数 Nst，则表示对全楼均考虑活荷载的不利布置作用。考虑活荷载不利布置后，程序仅对梁作活荷载不利布置作用计算，对柱、墙等竖向构件并未考虑活荷载不利布置作用，而只考虑了活荷载一次性满布作用。建议一般多层混凝土结构应取全部楼层，高层宜取全部楼层，详见《高规》第 5.1.8 条。对于多层钢结构，按竖向荷载计算构件效应时，可仅考虑各跨满载的情况，当无地震作用组合时，应考虑各跨活载的不利布置影响。

软件仅对梁作活载不利布置作用计算，对柱、墙等竖向构件，未考虑活载不利布置作用，而是仅考虑活载一次满布作用的工况。

(4) 考虑结构使用年限的活载调整系数

该参数取值见《高规》第 5.6.1 条，设计使用年限为 50 年时取 1.0，100 年时取 1.1。在荷载效应组合时活载组合系数将乘上考虑使用年限的调整系数。

9. SATWE 参数之九：调整信息(见图 4.29，图 4.30)

(1) 梁端负弯矩调幅系数：$B_T = 0.85$

在竖向荷载作用下，当考虑框架梁及连梁端塑性变形内力重分布时，可对梁端负弯矩进行调幅，并相应增加其跨中正弯矩，详见《高规》第 5.2.3 条。此项调整只针对竖向荷载，对地震力和风荷载不起作用。梁端负弯矩调幅系数，对于装配整体式框架取 0.7～0.8；对于现浇框架取 0.8～0.9；对悬臂梁的负弯矩不应调幅。设计人员可在"特殊构件补充定义"菜单中设置，SATWE 程序取默认值 0.85。

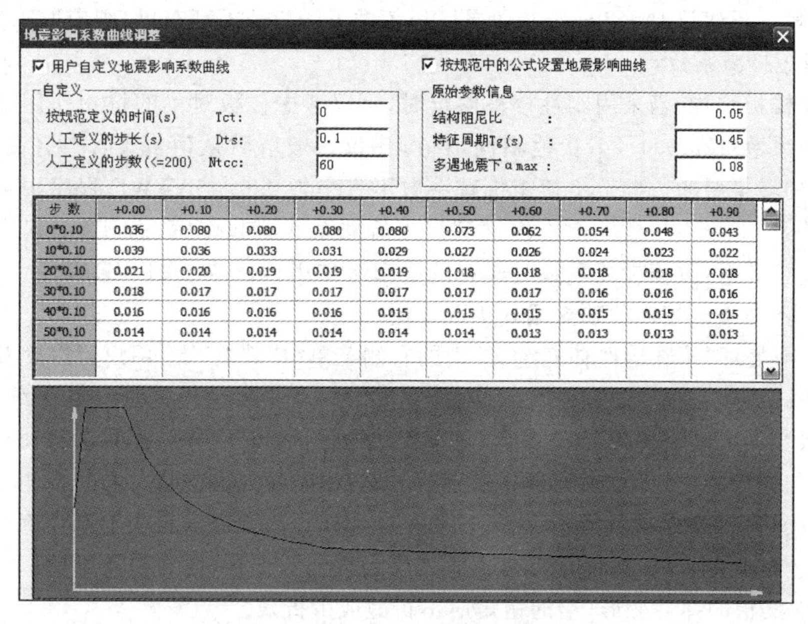

图 4.29　自定义的地震影响系数参数

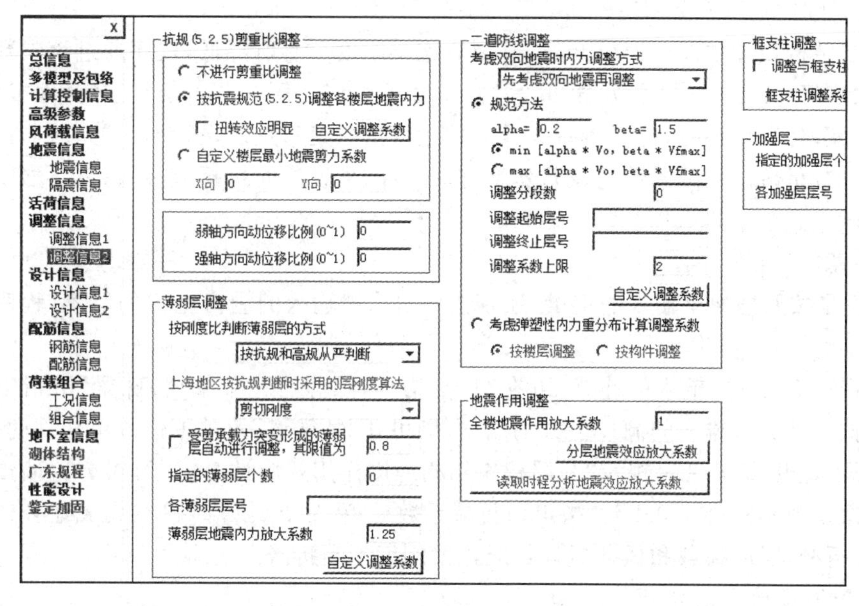

图 4.30　调整信息 2 对话框

经 SATWE 计算后使用梁平法施工图时，其裂缝宽度计算读取的是 SATWE 组合后的设计弯矩，即包括了各种调整以后的内力值。建议用户将“调幅系数”和“考虑柱宽的有利因素”两项不同时选择。梁端负弯矩调幅系数对纯钢梁不起作用，但是对钢与混凝土组合梁起作用，因为按《钢规》第 11.1.6 条规定，最大可以考虑 15%的塑性发展内力调幅。转角凸窗处的转角梁的负弯矩调幅及扭矩折减系数均应取 1.0。

(2) 梁活荷载内力放大系数：$B_M=1.0$

该系数只对梁在满布活载下的内力(包括弯矩、剪力、轴力)进行放大，然后与其他荷载工况进行组合，一般工程建议取 1.1～1.2；如果已经考虑了活荷载不利布置，则应取 1.0。

(3) 梁扭矩折减系数：$T_B=0.4$

对于现浇楼板结构，当采用刚性楼板假定时，可以考虑楼板对梁的抗扭作用而对梁扭矩进行折减。折减系数可在 0.4～1.0 范围内取值，建议一般取默认值 0.4(详见《高规》第 5.2.4 条)。但对结构转换层的边框架梁扭矩折减系数不宜小于 0.6。SATWE 程序中考虑了梁与楼板间的连接关系，对于不与楼板相连的梁该扭矩折减系数不起作用；而 TAT 程序则没有考虑梁与楼板的连接关系，故该折减系数对所有的梁都起作用。目前 SATWE 程序“梁扭矩折减系数”对弧形梁、不与楼板相连的独立梁均不起作用。

SATWE 前处理“特殊构件补充定义”中的右侧菜单“特殊梁”下，用户可以交互指定楼层中各梁的扭矩折减系数。在此处程序默认显示的折减系数，是没有搜索独立梁的结果，即所有梁的扭矩折减系数均按同一折减系数显示。但在后面计算时，SATWE 软件自动判断梁与楼板的连接关系，对与楼板相连单侧或两侧的梁，直接取交互指定的值来计算；对于两侧都未与楼板相连的独立梁，梁扭矩折减系数不做折减，不管交互指定的值为多少，均按 1.0 计算。设计人员需注意：

① 若考虑楼板的弹性变形，梁的扭矩应不折减或少折减。

② 梁两侧有弹性板时，梁刚度放大系数及扭矩折减系数仍然有效。

(4) 连梁刚度折减系数：$B_{LZ}=0.7$

多、高层结构设计中允许连梁开裂，开裂后连梁刚度会有所降低，程序通过该参数来反映开裂后的连梁刚度(详见《抗震规范》第 6.2.13-2 条及《高规》第 5.2.1 条)。计算地震内力时，连梁刚度可折减；计算位移时，可不折减。连梁的刚度折减是对抗震设计而言的，对非抗震设计的结构，不宜进行折减。折减系数与设防烈度有关，设防烈度高时可折减多些；设防烈度低时可折减少些，一般不宜小于 0.5。

需要注意的是：

① 无论是按照框架梁输入的连梁，还是按照剪力墙输入的洞口上方的墙梁，程序都进行刚度折减。

② 按照框架梁方式输入的连梁，可在“特殊构件补充定义”菜单“特殊梁”下指定单构件的折减系数；按照剪力墙输入的洞口上方的墙梁，则可在“特殊墙”菜单下修改单构件的折减系数。

③ 根据《高规》第 5.2.1 规定“高层建筑结构地震作用效应计算时，可对剪力墙连梁刚度予以折减，折减系数不宜小于 0.5”。指定该折减系数后，程序在计算时只在集成地震作用计算刚度阵时进行折减，竖向荷载和风荷载计算时连梁刚度不予折减。

(5) 中梁刚度放大系数：$B_K=2.0$

根据《高规》第 5.2.2 条，“现浇楼面中梁的刚度可考虑翼缘的作用予以增大，现浇楼板取值 1.3～2.0”。通常现浇楼面的边框梁可取 1.5，中框梁可取 2.0；对压型钢板组合楼板中的边梁取 1.2，中梁取 1.5(详见《高钢规》第 5.1.3 条)。当梁翼缘厚度与梁高相比较小时梁刚度增大系数可取较小值，反之取较大值，而对其他情况下(包括弹性楼板和花纹钢板楼面)梁的刚度不应放大。该参数对连梁不起作用，对两侧有弹性板的梁仍然有效。

梁刚度放大的主要目的，是为了考虑在刚性板假定下楼板刚度对结构的贡献。梁的刚度放大并非是为了在计算梁的内力和配筋时，将楼板作为梁的翼缘，按 T 形梁设计，以达到降低梁的内力和配筋的目的，而仅仅是为了近似考虑楼板刚度对结构的影响。该参数的大小对结构的周期、位移等均有影响。

SATWE 前处理"特殊构件补充定义"中的右侧菜单"特殊梁"下，设计人员可以交互指定楼层中各梁的刚度放大系数。在此处程序默认显示的放大系数，是没有搜索边梁的结果，即所有梁的刚度放大系数均按中梁刚度放大系数显示。但在后面计算时，SATWE 软件自动判断梁与楼板的连接关系，对于两侧都与楼板相连的梁，直接取交互指定的值来计算；对于仅有一侧与楼板相连的梁，梁刚度放大系数取$(B_k+1)/2$；对两侧都不与楼板相连的独立梁，不管交互指定的值为多少，均按 1.0 计算。梁刚度放大系数只影响梁的内力(即效应计算)，在 SATWE 里不影响梁的配筋计算(即抗力计算)。

(6) 梁刚度放大系数按 2010 版规范取值

考虑楼板作为翼缘对梁刚度的贡献时，对于每根梁，由于截面尺寸和楼板厚度的差异，其刚度放大系数可能各不相同，SATWE 提供了按 2010 版规范取值的选项，勾选此项后，程序将根据《混凝土规范》第 5.2.4 条的表格，自动计算每根梁的楼板有效翼缘宽度，按照 T 形截面与梁截面的刚度比例，确定每根梁的刚度系数。刚度系数计算结果可在"特殊构件补充定义"中查看，也可以在此基础上修改。如果不勾选，则仍按上一条所述，即对全楼指定唯一的刚度系数，推荐使用此项参数。

(7) 调整与框支柱相连的梁内力：是或否

《高规》第 10.2.17 条："框支柱剪力调整后，应相应调整框支柱的弯矩及柱端框架梁(不包括转换梁)的剪力、弯矩，但框支梁的剪力、弯矩和框支柱轴力可不调整。"由于框支柱的内力调整幅度较大，若相应调整框架梁的内力，则有可能使框架梁设计不下来。勾选后程序会调整与框支柱相连的框架梁的内力。

(8) 托墙梁刚度放大系数

对于实际工程中"转换大梁上面托剪力墙"的情况，当用户使用梁单元模拟转换大梁，用壳单元模式的墙单元模拟剪力墙时，墙与梁之间的实际的协调工作关系在计算模型中不能得到充分体现，存在近似性。实际的结构受力情况是，剪力墙的下边缘与转换大梁的上表面变形协调。计算模型的情况是，剪力墙的下边缘与转换大梁的中性轴变形协调；于是计算模型中的转换大梁的上表面在荷载作用下将会与剪力墙脱开，失去本应存在的变形协调性。也就是说，与实际情况相比，计算模型的刚度偏柔了。这就是软件提供托墙梁刚度放大系数的原因。

为了再现真实的刚度，根据经验，托墙梁刚度放大系数一般可以取为 100 左右。当考虑托墙梁刚度放大时，转换层附近的超筋情况(若有)通常可以缓解。当然，为了使设计保持一定的富裕度，也可以不考虑或少考虑托墙梁刚度放大系数。

使用该功能时，设计人员只需指定托墙梁刚度放大系数，托墙梁段的搜索由软件自动完成，即剪力墙(不包括洞口)下的那段转换梁、按此处输入的系数对抗弯刚度进行放大。最后指出一点，这里所说的"托墙梁段"在概念上不同于规范中的"转换梁"，"托墙梁段"特指转换梁与剪力墙"墙柱"部分直接相接、共同工作的部分，比如说转换梁上托开门洞或窗洞的剪力墙，对洞口下的梁段，程序就不看做"托墙梁段"，不作刚度放大。建议一般取默认值 100。

(9) 按《抗震规范》第 5.2.5 条调整各楼层地震内力：是或否

用于调整剪重比，一般选"是"(详见《抗震规范》第 5.2.5 条和《高规》第 4.3.12 条)。抗震验算时，结构任一楼层的水平地震的剪重比不应小于《抗震规范》中表 5.2.5 给出的楼层最小地震剪力系数值。当结构某楼层的地震剪力小得过多，地震剪力调整系数过大，说明该楼层结构刚度过小，其地震作用主要不是地震加速度而是地震地面运动速度和位移引起的。此时应先调整结构布置和相关构件的截面尺寸，提高结构刚度，使计算的剪重比能自然满足规范要求；其次才考虑调整地震力。设计人员也可点取“自定义调整系数”，分层分塔指定剪重比调整系数，数据记录在 SATSHEARRATIO. PM 文件中，程序优先读取该文件信息，如该文件不存在，则取自动计算的系数。

(10) 部分框支剪力墙结构底部加强区剪力墙抗震等级自动提高一级：是或否

根据《高规》表 3.9.3、表 3.9.4，部分框支剪力墙结构底部加强区和非底部加强区的剪力墙抗震等级可能不同。对于“部分框支剪力墙结构”，如果设计人员在“地震信息”页“剪力墙抗震等级”中填入部分框支剪力墙结构中一般部位剪力墙的抗震等级，并在此勾选了“部分框支剪力墙结构底部加强区剪力墙抗震等级自动提高下级”，程序将自动对底部加强区的剪力墙抗震等级提高一级。

(11) 实配钢筋超配系数

对于 9 度设防烈度的各类框架和一级抗震等级的框架结构，框架梁和连梁端部剪力、框架柱端弯矩、剪力调整应按实配钢筋和材料强度标准值来计算。根据《抗震规范》第 6.2.2 条、第 6.2.5 条及《高规》第 6.2.1 条～6.2.5 条，一、二、三、四级抗震等级分别取不同的增大系数进行调整后配筋，一般实际配筋均大于计算的设计值。

(12) 薄弱层地震内力放大系数

《抗震规范》第 3.4.4－2 条规定薄弱层的地震剪力增大系数不小于 1.15，《高规》第 3.5.8 条则要求为 1.25。SATWE 对薄弱层地震剪力调整的做法是直接放大薄弱层构件的地震作用内力，因此，新版增加了“薄弱层地震内力放大系数”，由设计人员指定放大系数，以满足不同需求。程序默认值为 1.25。

设计人员也可点取“自定义调整系数”，分层分塔指定薄弱层调整系数，数据记录在 SATINPUT-WEAK. PM 文件中，程序优先读取该文件信息，如该文件不存在，则取自动计算的系数。

(13) 指定的薄弱层个数及层号

SATWE 对所有楼层都计算其楼层刚度及刚度比，根据刚度比自动判断薄弱层（多遇地震下的薄弱层，计算结果可在 WMASS. OUT 文件中查看），并对薄弱层的地震力自动放大 1.25 倍（见《高规》第 3.5.8 条，《抗震规范》第 3.4.4－2 条要求是 1.15 倍），新版 SATWE 中增加了是否将转换层号自动识别为薄弱层的选项（详见“总信息”栏“转换层指定为薄弱层”参数），勾选后，则不需在此处层号中再输入转换层层号。需要注意的是对于桁架转换结构，其竖向构件不连接常发生在转换桁架的上、下层，此时应手工输入该层号作为薄弱层。

根据《异形柱规程》第 3.2.5－2 条，薄弱层的放大系数应取 1.2，用户可根据需要调整此参数。对于建筑层高相同（或相近）的多层框架结构，由于规范要求底层柱计算高度应算至基础顶面，致使底层抗侧刚度小于上部结构而出现薄弱层。这种情况下，对底层的地震力进行放大 1.15 倍即可，不必采取刻意加大底层柱截面、减小上部柱截面的做法。

WMASS. OUT 中给出了楼层受剪承载力的比值，如果此比值不满足规范要求，目前 SATWE 程序不能按照该比值自动进行薄弱层判断并进行内力放大，设计人员应调整结构或人为指定薄弱层。输入薄弱层的层号后，程序对薄弱层构件的地震作用内力按“薄弱层地震内力放大系数”进行放大，输入时以逗号或空格隔开。多塔结构还可以在“多塔结构补充定义”菜单中分塔指定薄弱层。

(14) 指定的加强层个数及相应层号

加强层是新版 SATWE 新增的参数,由设计人员指定,程序自动实现如下功能:

① 加强层及相邻层柱、墙抗震等级自动提高一级。

② 加强层及相邻层柱轴压比限值减小 0.05(见《高规》第 10.3.3 条)。

③ 加强层及相邻层设置约束边缘构件。

多塔结构还可在"多塔结构补充定义"菜单分塔指定加强层。

(15) 全楼地震作用放大系数:$R_{SF}=1.0$

为提高某些重要工程的结构抗震安全度,可通过此参数来放大地震力,建议一般采用默认值 1.0。在吊车荷载的三维计算中,吊车桥架重和吊重产生的竖向荷载,与恒载和活载不同,软件目前不能识别并将其质量代入到地震作用计算中,会导致计算地震力偏小。这时可采用此参数对其进行近似放大来考虑。二维 PK 排架计算地震作用时,可以考虑桥架质量和吊重。

(16) 分段调整

$0.2V_0$ 调整只针对框剪结构和框架—核心筒中的框架梁、柱的弯矩和剪力,不调整轴力(见《高规》第 8.1.3 条、第 8.1.4 条及第 9.1.11 条规定)。在程序中,$0.2V_0$ 是否调整与"总信息"栏的"结构体系"选项无关。框架剪力的调整必须满足规范规定的楼层"最小地震剪力系数(剪重比)"的前提下进行。调整起始层号,当有地下室时宜从地下一层顶板开始调整;调整终止层号,应设在剪力墙到达的层号;当有塔楼时,宜算到不包括塔楼在内的顶层为止,或者填写 SATINPUT02V.PM 文件,实现人工指定各层的调整系数。

根据《高规》第 8.1.4 条分段调整时,每段的层数不应少于 3 层,底部加强部位的楼层应在同一段内。对于转换层框支柱,《高规》第 10.2.17 条规定了地震剪力调整方法。SATWE 只需在特殊构件中选定框支柱,程序会自动进行框支柱的地震剪力调整,不需再进行 $0.2V_0$ 调整。设计人员也可点取"自定义调整系数",分层分塔指定 $0.2V_0$ 调整系数,数据记录在 SATINPUT02V.PM 文件中,如果不需要,则可直接删除该文件,或将注释行下内容清空即可。程序优先读取该文件信息,如该文件不存在,则取自动计算的系数。

设计人员需注意:

① 自定义 $0.2V_0$ 调整系数时,仍应在参数中正确填入 $0.2V_0$ 调整的分段数和起始、终止层号,否则,自定义调整系数将不起作用。

② 程序默认的最大调整系数为 2.0,实际工程中可能不满足规范要求,此时用户可把"起始层号"填为负值(如−2),则程序将不控制上限,否则程序仍按上限为 2.0 控制。

③ 当结构体系选择"有填充墙或无填充墙钢结构"时,程序自动作 $\min(0.25V_0, 1.8V_{f\max})$ 的调整,详见《抗震规范》8.2.3 条 3 款。非抗震设计时,不需要进行 $0.2V_0$ 调整。

(17) 框支柱调整上限

由于程序计算的 $0.2V_0$ 调整和框支柱的调整系数值可能很大,用户可设置调整系数的上限值,这样程序进行相应调整时,采用的调整系数将不会超过这个上限值。程序默认 $0.2V_0$ 调整上限为 2.0,框支柱调整上限为 5.0,可以自行修改。

(18) 顶塔楼地震作用放大起算层号及放大系数

顶塔楼通常指突出屋面的楼、电梯间、水箱间等。设计人员可以通过这个系数来放大结构顶部塔楼的地震力,若不调整顶部塔楼的内力,可将起算层号及放大系数均填为 0(详见《抗震规范》第 5.2.4 条)。此系数仅放大顶塔楼的地震内力,并不改变其位移。

10. SATWE 参数之十:设计信息(图 4.31,图 4.32)

(1) 结构重要性系数:$RWO=1.0$

该参数用于非抗震组合的构件承载力验算(详见《混凝土规范》公式 3.3.2-1)。当结构安全等级为二级或设计使用年限为 50 年时,应取 1.0。建议一般取默认值 1.0。

(2) 梁、柱保护层厚度(mm):$COVER=20$

实际工程必须先确定构件所处环境类别,然后根据《混凝土规范》第 8.2.1 条填入正确的保护层厚度。构件所属的环境类别见《混凝土规范》表 3.31。根据新《混凝土规范》规定,保护层厚度指截面外边缘至最外层钢筋(包括箍筋、构造筋、分布筋等)外缘的距离,设计时应格外注意。

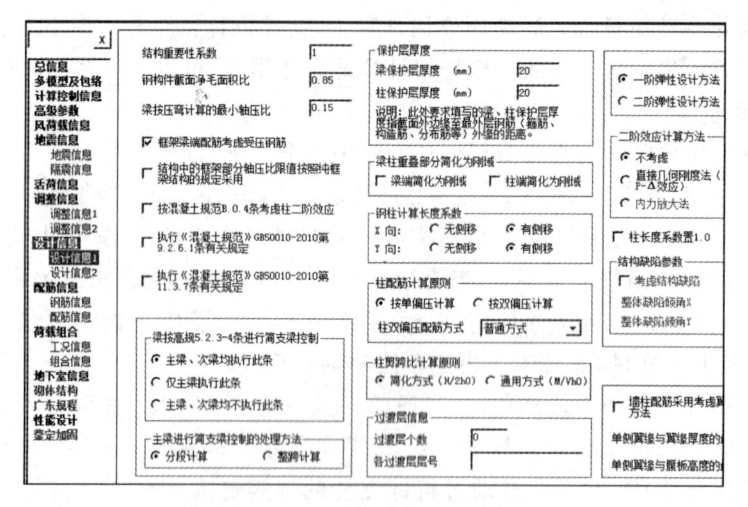

图 4.31 设计信息 1 对话框

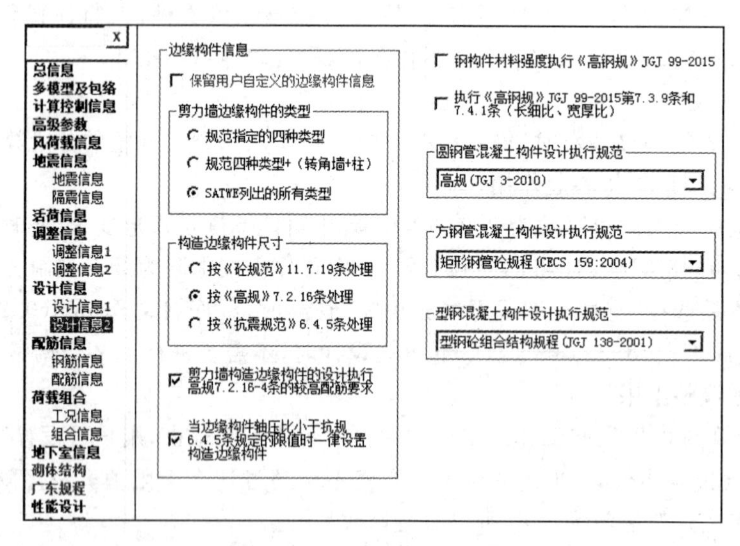

图 4.32 设计信息 2 对话框

(3) 钢构件截面净毛面积比

该参数是用来描述钢截面被开洞(如螺栓孔等)后的削弱情况。该值仅影响强度计算,不影响应力计算。建议当构件连接全为焊接时取 1.0，螺栓连接时取 0.85。

(4) 梁按压弯计算的最小轴压比

梁承受的轴力一般较小，默认按照受弯构件计算。实际工程中某些梁可能承受较大的轴力，此时应按照压弯构件进行计算。该值用来控制梁按照压弯构件计算的临界轴压比，默认值为 0.15。当计算轴压比大于该临界值时按照压弯构件计算，此处计算轴压比指的是所有抗震组合和非抗震组合轴压比的最大值。如用户填入 0.0 表示梁全部按受弯构件计算。目前程序对混凝土梁和型钢混凝土梁都执行了这一参数。

(5) 考虑 $P-DELTA$ 效应：是或否

重力二阶效应一般称 $P-\Delta$ 效应，在建筑结构分析中指的是竖向荷载的侧移效应。《抗震规范》第 3.6.3 条规定，“当结构在地震作用下的重力附加弯矩大于初始弯矩的 10%时，应计入重力二阶效应的影响”。《高规》第 5.4.2 条规定“当高层建筑结构不满足本规程第 5.4.1 条的规定时，结构弹性计算时应考虑重力二阶效应对水平力作用下结构内力和位移的不利影响”。建议一般先不选择，经试算后根据 WMASS.OUT 文件中给出的结论来确定。对于高层钢结构宜考虑。考虑 $P-\Delta$ 效应后，对高层的影响是“中间大两端小”。

一般钢结构构件相对于钢筋混凝土构件来说，截面小、刚度小，因此结构的位移要比钢筋混凝土结构大些，因此在计算多层钢结构时，宜考虑 $P-\Delta$ 效应，计算高层钢结构时，应考虑 $P-\Delta$ 效应（详见《抗震规范》第 8.2.3 条 1 款）。考虑 $P-\Delta$ 效应后，水平位移增大约 5%～10%。一般当层间位移角大于 1/250 时应该考虑 $P-\Delta$ 效应。

(6) 梁柱重叠部分简化为刚域：是或否

若不作为刚域，即将梁柱重叠部分作为梁长度的一部分进行计算；若作为刚域，则是将梁柱重叠部分作为柱宽度进行计算（详见《高规》5.3.4 条）。2008 版以前只有梁刚域，2010 版增加了柱刚域。建议一般选择（否）；而对异形柱框架结构，宜选择（是）。勾选后，可能会改变梁端弯矩、剪力。设计人员需注意：

① 当考虑了梁端负弯矩调幅后，则不宜再考虑节点刚域。

② 当考虑了节点刚域后，则在梁平法施工图中不宜再考虑支座宽度对裂缝的影响。

(7) 按《高规》或《高钢规》进行构件设计：是或否

点取此项，程序按《高规》进行荷载组合计算，按《高钢规》进行构件设计计算；否则按多层结构进行荷载组合计算，按普通钢结构规范进行构件设计计算。

(8) 钢柱计算长度系数按有侧移计算：是或否

该参数仅对钢结构有效，对混凝土结构不起作用，分为有侧移和无侧移两个选项。根据《钢规》5.3.3 条，对于无支撑纯框架，选择有侧移；对于有支撑框架，应根据是“强支撑”还是“弱支撑”来选择有侧移还是无侧移（即有支撑框架是否无侧移应事先通过计算判断）。通常钢结构宜选择“有侧移”；如不考虑地震、风作用时，可以选择“无侧移”。钢柱的有侧移或无侧移，也可近似按以下原则考虑：

① 当楼层最大柱间位移小于 1/1000 时，可以按无侧移设计。

② 当楼层最大柱间位移大于 1/1000 但小于 1/300 时，柱长度系数可以按 1.0 设计。

③ 当楼层最大柱间位移大于 1/300 时，应按有侧移设计。

(9) 剪力墙构造边缘构件的设计执行《高规》第 7.2.16－4 条：是或否

《高规》第 7.2.16－4 条规定：“抗震设计时，对于连体结构、错层结构以及 B 级高度高层建筑结构中的剪力墙(筒体),其构造边缘构件的最小配筋应按照要求相应提高。”勾选此项时,程序将一律按照《高规》第7.2.16-4条的要求控制构造边缘构件的最小配筋,即对于不符合上述条件的结构类型,也进行从严控制;如不勾选,则程序一律不执行此条规定。

(10) 结构中框架部分轴压比限值按照纯框架结构的规定采用

根据《高规》第8.1.3条规定,框架—剪力墙结构,底层框架部分承受的地震倾覆力矩的比值在一定范围内时,框架部分的轴压比需要按框架结构的规定采用。勾选此选项后,程序将一律按纯框架结构的规定控制结构中框架的轴压比,除轴压比外,其余设计仍遵循框剪结构的规定。

(11) 当边缘构件轴压比小于《抗震规范》6.4.5条规定时,一律设置构造边缘构件

根据《抗震规范》表6.4.5-1和《高规》表7.2.14,当剪力墙底层墙肢截面的轴压比小于某限值时,可以只设构造边缘构件。部分框支剪力墙结构的剪力墙(《高规》第10.2.20条)及多塔建筑(《高规》第10.6.3-3条)不适用此项。程序会自动判断约束边缘构件楼层(考虑了加强层及其上下层),并按此参数来确定是否设置约束边缘构件,并可在“特殊构件定义”里分层、分塔交互指定。

(12) 框架梁端配筋考虑受压钢筋

按照《混凝土规范》第11.3.1条:考虑地震作用组合的框架梁,计入纵向受压钢筋的梁端混凝土受压区高度应符合下列要求:

一级抗震等级: $x \leqslant 0.25h_0$

二、三级抗震等级: $x \leqslant 0.35h_0$

当计算中不满足以上要求时会给出超筋提示,此时应加大截面尺寸或提高混凝土的强度等级。按照《混凝土规范》第11.3.6条:“框架梁梁端截面的底部和顶部纵向受力钢筋截面面积的比值,除按计算确定外,一级抗震等级不应小于0.5;二、三级抗震等级不应小于0.3。”由于软件中对框架梁端截面按正、负包络弯矩分别配筋(其他截面也是如此),在计算梁上部配筋时并不知道可以作为其受压钢筋的梁下部的配筋,按《混凝土规范》第11.3.1条的受压区高度ξ验算时,考虑到应满足《混凝土规范》第11.3.6条的要求,程序自动取梁上部计算配筋的50%或30%作为受压钢筋计算。计算梁的下部钢筋时也是这样。

《混凝土规范》第5.4.3条要求,非地震作用下,调幅框架梁的梁端受压区高度$x \leqslant 0.35h_0$,当参数设置中选择“框架梁端配筋考虑受压钢筋”选项时,程序对于非地震作用下进行该项校核,如果不满足要求,程序自动增加受压钢筋以满足受压区高度要求。

利用规范强制要求设置的框梁端受压钢筋量,按双筋梁截面计算配筋,以适当减少梁端支座配筋。根据《高规》第6.3.3条,梁端受压筋不小于受拉筋的一半时,最大配筋率可按2.75%控制,否则按2.5%。程序可据此给出梁筋超限提示,一般建议勾选。勾选本参数后,同一模型、同一框梁分别采用不同抗震等级计算后,尽管梁端支座设计弯矩相同,但配筋结果却有差异。因为不同的抗震等级,程序假定的初始受压钢筋不同,导致配筋结果不同。

(13) 按《混凝土规范》B.0.4条考虑柱二阶效应

《混凝土规范》(GB 50010—2010)规定:除排架结构柱外,应按第6.2.4条的规定考虑柱轴压力二阶效应,排架结构柱应按B.0.4条计算其轴压力二阶效应。勾选此项时,程序将按照B.0.4条的方法计算柱轴压力二阶效应,此时柱计算长度系数仍缺省采用底层1.0/上层1.25,对于排架结构柱,用户应注意自行修改其长度系数。不勾选时,程序将按照第6.2.4条的规定考虑柱轴压力二阶效应。

(14) 指定的过渡层个数和层号

《高规》第 7.2.14－3 条规定："B 级高度高层建筑的剪力墙，宜在约束边缘构件层与构造边缘构件层之间设置 1～2 层过渡层。"程序不自动判断过渡层，设计人员可在此指定。程序对过渡层执行如下原则：

① 过渡层边缘构件的范围仍按构造边缘构件。

② 过渡层剪力墙边缘构件的箍筋配置按约束边缘构件确定一个体积配箍率(配箍特征值 λ_c)，又按构造边缘构件为 0.1 取其平均。

(15) 柱配筋计算原则：(按单偏压计算)或(按双偏压计算)

单偏压在计算 X 方向配筋时不考虑 Y 向钢筋的作用，计算结果具有唯一性(详见《混凝土规范》第 6.2.17 条)；而双偏压在计算 X 方向配筋时考虑了 Y 向钢筋的作用，计算结果不唯一(详见《混凝土规范》附录 E)。建议设计人员采用单偏压计算，采用双偏压验算。《高规》第 6.2.4 条规定："抗震设计时，框架角柱应按双向偏心受力构件进行正截面承载力设计。"如果用户在特殊构件补充定义中"特殊柱"菜单下指定了角柱，程序对其自动按照双偏压计算。对于异形柱结构，程序自动按双偏压计算异形柱配筋。设计人员需注意：

① 角柱是指建筑角部柱的两个方向各只有一根框架梁与之相连的框架柱，故建筑凸角处的框架柱为角柱，而凹角处框架柱并非角柱。

② 全钢结构中，指定角柱并选《高钢规》验算时，程序将自动按《高钢规》第 5.3.4 条放大角柱内力 30%。

11. SATWE 参数之十一：配筋信息(图 4.33，图 4.34)

总信息
多模型及包络
计算控制信息
高级参数
风荷载信息
地震信息
　地震信息
　隔震信息
活荷信息
调整信息
　调整信息1
　调整信息2
设计信息
　设计信息1
　设计信息2
配筋信息
　钢筋信息
　配筋信息
荷载组合
　工况信息
　组合信息
地下室信息
砌体结构

显示钢筋强度设计值　自然层 0-5　塔 1-2　恢复默认显示
柱 全部　梁 全部　墙 全部　500MPa级及以上钢筋

自然层号	塔号	柱主筋级别	柱箍筋级别	梁主筋级别	梁箍筋级别	墙主筋级别	墙水平分布筋级别	墙竖向分布筋级别
全楼修改		HRB400	HRB400	HRB400	HRB400	HRB400	HPB235	HRB335
1 [1]	1	HRB400	HRB400	HRB400	HRB400	HRB400	HPB235	HRB335
2 [2]	1	HRB400	HRB400	HRB400	HRB400	HRB400	HPB235	HRB335
3 [2]	1	HRB400	HRB400	HRB400	HRB400	HRB400	HPB235	HRB335
4 [3]	1	HRB400	HRB400	HRB400	HRB400	HRB400	HPB235	HRB335
5 [4]	1	HRB400	HRB400	HRB400	HRB400	HRB400	HPB235	HRB335
	2	HRB400	HRB400	HRB400	HRB400	HRB400	HPB235	HRB335

图 4.33　钢筋信息对话框

钢筋强度信息在 PMCAD 中已定义，其中梁、柱、墙主筋级别按标准层分别指定，箍筋级别按全楼定义。钢筋级别和强度设计值的对应关系也在 PMCAD 中指定。在 SATWE 中仅可查看箍筋强度设计值。2010 版 SATWE 计算结果中，梁柱墙的主筋强度可在 WMASS.OUT 的"各层构件数量、构件材料和层高"项查看；也可在"混凝土构件配筋及钢构件验算简图"下方的图名中看到。

(1) 墙水平分布筋间距(mm)

根据《混凝土规范》第 9.4.4 条、第 11.7.15 条，《高规》第 7.2.18 条、《抗震规范》第 6.4.4 条取值，可取100～300。部分框支剪力墙结构的底部加强部位，剪力墙水平钢筋间距不宜大于200 mm。

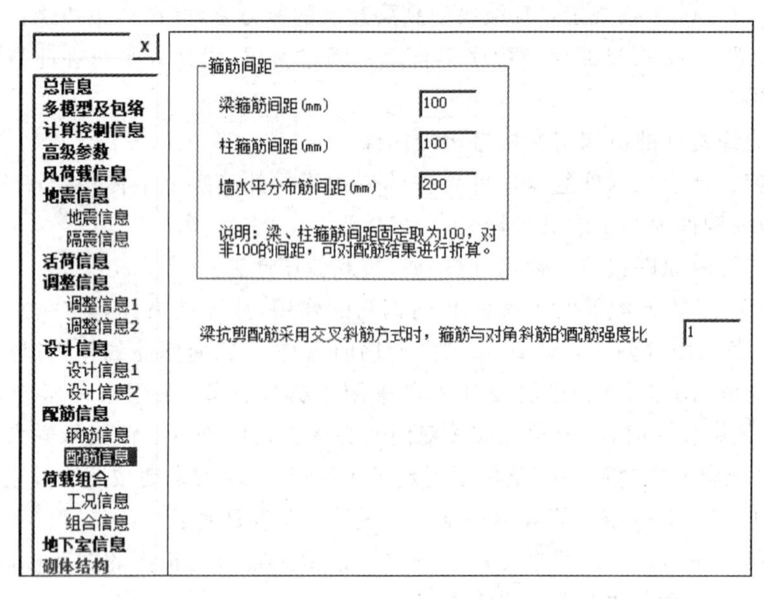

图4.34 配筋信息对话框

(2) 墙竖向分布筋配筋率(%)

墙竖向分布钢配筋率取值可根据《混凝土规范》第11.7.14条和《高规》第3.10.5-2条、第7.2.17条、第10.2.19条、《抗震规范》第6.4.3条的相关规定：特一级一般部位取0.35%，底部加强部位取0.4%；一、二、三级取0.25%；四级取为0.2%，非抗震要求取为0.2%；部分框支剪力墙结构的剪力墙底部加强部位抗震设计时取0.3%；非抗震设计时取0.25%。设置的墙竖向分布筋的配筋率，除用于墙端所需钢筋截面面积计算外，还传到“剪力墙结构计算机辅助设计程序JLQ”中作为选择竖向分布筋的依据。竖向分布筋的大小会影响端头暗柱的纵向配筋，程序可以单独定义某墙肢的竖向分布筋配筋率。

(3) 结构底部需单独指定墙竖向分布筋配筋率的层数、配筋率

当设计人员需要对结构底部某几层墙的竖向钢筋配筋率进行指定时，可在这里定义。该功能主要用于提高框筒结构中剪力墙核心筒底部加强部位的竖向分布筋的配筋率，从而提高钢筋混凝土框筒结构底部加强部位的延性；也可以用来定义加强区和非加强区不同的配筋率。

(4) 梁抗剪配筋采用交叉斜筋方式时，箍筋与对角斜筋的配筋强度比

此参数用于考虑梁的交叉斜筋方式的配筋。

(5) 500 MPa及以上级钢筋轴心受压强度取400 N/mm^2

《混凝土结构设计规范》(GB 50010－2010)局部修订，第4.2.3条指出“对轴心受压构件，当采用HRB500、HRBF500钢筋时，钢筋的抗压强度设计值应取400 N/mm^2”。针对该项条文，增加参数“HRB500轴心受压强度取400 N/mm^2”，当勾选该参数，程序在进行轴心受压承载力验算时，受压强度取400 N/mm^2。该条文同时将HRB500、HRBF500的抗压强度设计值由原来的410 N/mm^{2}调整到435 N/mm^2，保持与抗拉强度设计值一致，SATWE一直采用拉、压强度相同的规则，因此无需再做调整。新版新增HTRB600钢筋，根据《热处理带肋高强钢筋混凝土结构技术规程》(DGJ 32/TJ 202－2016)第4.0.3条，对轴心受压构件，当采用

HTRB600 钢筋时，钢筋的抗压强度设计值取 $400N/mm^2$。勾选此项时对 HRB500 和 HTRB600 钢筋均执行相应规范条文。

12. SATWE 参数之十二：荷载组合(见图 4.35，图 4.36)

一般来说，本页中的这些系数是不用修改的，因为程序在做内力组合时是根据规范的要求处理的。只是在有特殊需要的时候，一定要修改其组合系数的情况下，才有必要根据实际情况对相应的组合系数做修改。

图 4.35　荷载组合 1 对话框

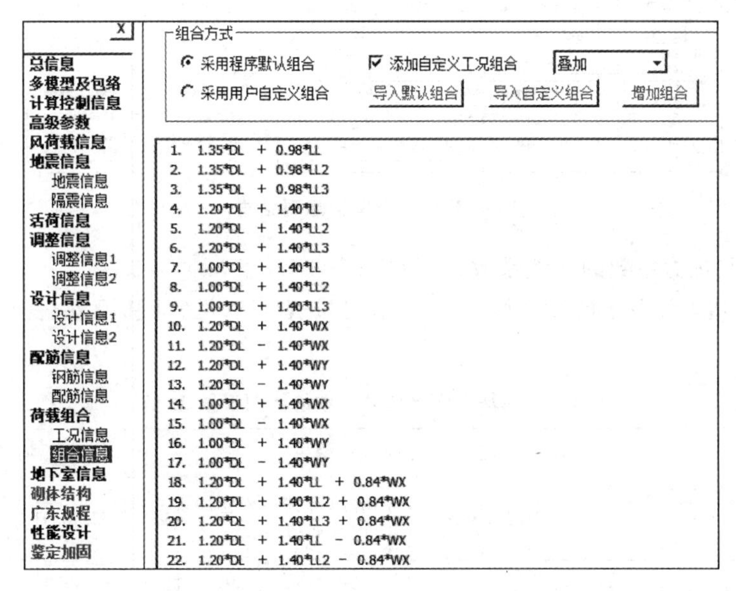

图 4.36　荷载组合 2 对话框

采用自定义组合及工况点取采用自定义组合及工况按钮，程序弹出对话框，用户可自定义荷载组合。首次进入该对话框，程序显示缺省组合，用户可直接对组合系数进行修改，或者通过下方的按钮增加、删除荷载组合。删除荷载组合时，需首先点击要删除的组合号，然后点删除按钮。用户修改的信息保存在 SAT-LD. Pm 和 SAT-LF. Pm 文件中，如果要恢复缺省组合值，删除这两个文件即可。如果在本页中修改了荷载工况的分项系数或组合值系数，或者参与计算的荷载工况发生了变化,再次点击“采用自定义组合及工况”进入自定义荷载组合时,程序会自动采用缺省组合,以前定义的数据将不被保留。但如果不进入“自定义荷载组合”对话框,程序仍采用先前定义的数据。

程序在组合中缺省自动判断用户是否定义了人防、温度、吊车和特殊风荷载,其中温度和吊车荷载分项系数与活荷载相同,特殊风荷载分项系数与风荷载相同。

13. SATWE 参数之十三:地下室信息(见图 4.37)

旧版本中地下室层数为零时,“地下室信息”页为灰,不允许选择;填入地下室层数时,“地下室信息”页变亮,允许选择。V3.1.1 版本,将风荷载作用下的“结构底层底部距离室外地面高度”参数移到了地下室信息中,因此这里是否变亮不再受地下室层数的控制,“地下室信息”页一直允许用户进入,并进行修改。

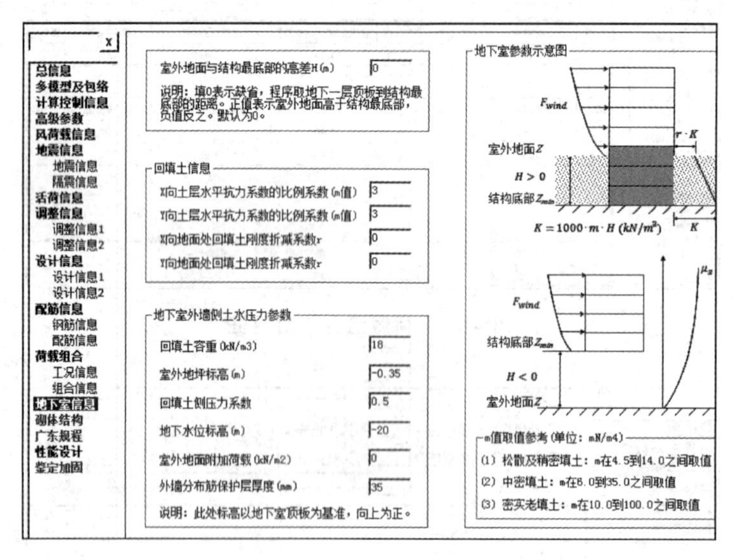

图 4.37 地下室信息对话框

(1) 土层水平抗力系数的比例系数 M(MN/m^4)

M 值的大小随土类及土的状态而不同,一般可按表 4.3(见《桩基规范》表 5.7.5)的灌注桩项来取值。

表 4.3 地基土水平抗力系数的比例系数 M 值

序号	地基土类别	预制桩、钢桩		灌注桩	
		M/(MN/m^4)	相应单桩在地面处水平位移/mm	M/(MN/m^4)	相应单桩在地面处水平位移/mm
1	淤泥;淤泥质土、饱和湿陷性黄土	2∶4.5	10	2.5∶6	6∶12
2	流塑($I_L>1$)、软塑($0.75<I_L\leqslant 1$)状黏性土;$e>0.9$ 粉土;松散粉细砂;松散、稍密填土	4.5∶6.0	10	6∶14	4∶8

续表

序号	地基土类别	预制桩、钢桩		灌注桩	
		$M/(MN/m^4)$	相应单桩在地面处水平位移/mm	$M/(MN/m^4)$	相应单桩在地面处水平位移/mm
3	可塑(0.25＜I_L≤0.75)状黏性土、湿陷性黄土;e=0.75∶0.9粉土;中密填土;稍密细砂	6.0∶10	10	14∶35	3∶6
4	硬塑(0＜I_L≤0.75)、坚硬(I_L≤0)状黏陷性黄土、e＜0.75粉土;中密的中粗砂;密实老填土	10∶22	10	35∶100	2∶5
5	中密、密实的砂砾、碎石类土			100∶300	1.5∶3

注:1. 当桩顶水平位移大于表列数值或灌注桩配筋率较高(≥0.65%)时,M 值应适当降低;当预制桩的水平向位移小于 10 mm 时,M 值可适当提高。

2. 当水平荷载为长期或经常出现的荷载时,应将表列乘以 0.4 降低采用。

3. 当地基为可液化土层时,应将表列值乘以《桩基规范》表 5.3.12 中相应的系数 φ_1。

M 的取值范围一般在 2.5～100 之间,在少数情况的中密、密实的沙砾、碎石类土取值可达 100～300。其计算方法即是土力学中水平力计算常用的 M 法。由于 M 值考虑了土的性质,通过 M 值、地下室的深度和侧向迎土面积,可以得到地下室侧向约束的附加刚度,该附加刚度与地下室层刚度无关,而与土的性质有关,所以侧向约束更合理,也便于设计人员填写掌握。

(2) 外墙分布筋保护层厚度(mm):35

根据《混凝土规范》表 8.2.1 选择保护层厚度,环境类别依据《混凝土规范》表 3.5.2 确定。在地下室外围墙平面外配筋计算时用到此参数。外墙计算时没有考虑裂缝问题;外墙中的边框柱也不参与水土压力计算。《混凝土规范》第 8.2.2-4 条:"对地下室墙体采取可靠的建筑防水做法或防护措施时,与土层接触一侧钢筋的保护层厚度可适当减少,但不应小于 25 mm。"《耐久性规范》3.5.4 条:"当保护层设计厚度超过 30 mm 时,可将厚度取为 30 mm 计算裂缝最大宽度。"

(3) 扣除地面以下几层的回填土约束

该参数的主要作用是由设计人员指定从第几层地下室考虑基础回填土对结构的约束作用,比如某工程有 3 层地下室,"土层水平抗力系数的比例系数"填 14,若设计人员将此项参数填为 1,则程序只考虑地下第 3 层和地下第 2 层回填土对结构有约束作用,而地下第 1 层则不考虑回填土对结构的约束作用。新版本删除了该参数,用"室外地面到结构最底部的距离"参数代替。

(4) 回填土容重(kN/m^3):18.0

该参数用来计算回填土对地下室侧壁的水平压力。建议一般取 18.0 kN/m^3。

(5) 室外地坪标高(m)

以结构±0.000 标高为准,高则填正值,低则填负值。建议一般按实际情况填写。

(6) 回填土侧压力系数:0.5

该参数用来计算回填土对地下室外墙的水平压力。根据《技术措施—地基与基础》(2009年版)第5.8.11条"计算地下室外墙的土压力时,当地下室施工采用大开挖方式,无护坡或连续墙支护时,地下室承受的土压力宜取静止土压力,静止土压力的系数 k_0,对正常固结土可取 $1-\sin\varphi$(φ——土的内摩擦角),一般情况下可取0.5"。建议一般取默认值0.5。当地下室施工采用护坡桩时,该值可乘以折减系数0.66后取0.33。

(7) 地下水位标高(m)

该参数标高系统的确定基准同室外地坪标高,但应满足≤±0.00。建议一般按实际情况填写。若勘察未提供防水设计水位和抗浮设计水位时,参照如下情况综合考虑:

① 设计基准期内抗浮设防水位应根据长期水文观测资料确定。

② 无长期水文观测资料时,可采用丰水期最高稳定水位(不含上层滞水),或按勘察期间实测最高水位并结合地形地貌、地下水补给、排泄条件等因素综合确定。

③ 场地有承压水且与潜水有水力联系时,应实测承压水位并考虑其对抗浮设防水位的影响。

④ 在填海造陆区,宜取海水最高潮水位。

⑤ 当大面积填土面高于原有地面时,应按填土完成后的地下水位变化情况考虑。

⑥ 对一、二级阶地,可按勘察期间实测平均水位增加1~3 m;对台地可按勘察期间实测平均水位增加2~4 m;雨季勘察时取小值,旱季勘察时取大值。

⑦ 施工期间的抗浮设防水位可按1~2个水文年度的最高水位确定。

(8) 室外地面附加荷载(kN/m^2)

该参数用来计算地面附加荷载对地下室外墙的水平压力。建议一般取5.0 kN/m^2(详见《技术措施—结构体系》2009版第F1.4-7条)。

以上(4)~(8)中5个参数都是用于计算地下室外墙侧土、侧水压力的,程序按单向板简化方法计算外墙侧土、侧水压力作用,用均布荷载代替三角形荷载做计算。

14. SATWE参数之十四:性能设计(见图4.38)

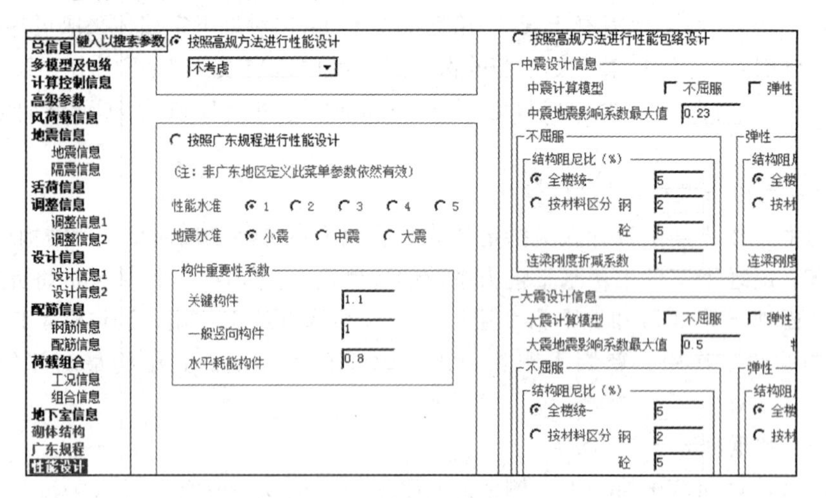

图4.38 性能设计对话框

新版本增加了"性能设计"属性页,提供了"高规方法""广东规程"及"包络设计"三种性能设计方法,用户可任选其一进行性能设计。

15. SATWE参数之十五:生成SATWE数据

这项菜单是SATWE前处理的核心菜单,其功能是综合PMCAD生成的建模数据和前述几项菜单输入的补充信息,将其转换成空间结构有限元分析所需的数据格式。所有工程都必须执行本项菜单,正确生成数据并通过数据检查后,方可进行下一步的计算分析。V3.1中用户可以单步执行"生成数据"和"计算+配筋",也可点击"生成数据+全部计算"菜单,连续执行全部的操作。

新建工程必须在执行"生成数据"或"生成数据+全部计算"后,才能生成分析模型数据,继而才允许对分析模型进行查看和修改。对分析模型进行修改后,必须重新执行"计算+配筋"操作,才能得到针对新的分析模型的分析和设计结果。

同样,边缘构件也是在第一次计算完成后程序自动生成的,用户可在SATWE后处理中自行修改边缘构件数据,并在下一次计算前选择是否保留先前修改的数据。

(1) 剪力墙边缘构件类型

①《高规》中指明的剪力墙边缘构件四种类型包括:暗柱、有翼墙、有端柱、转角墙(见图4.39)。

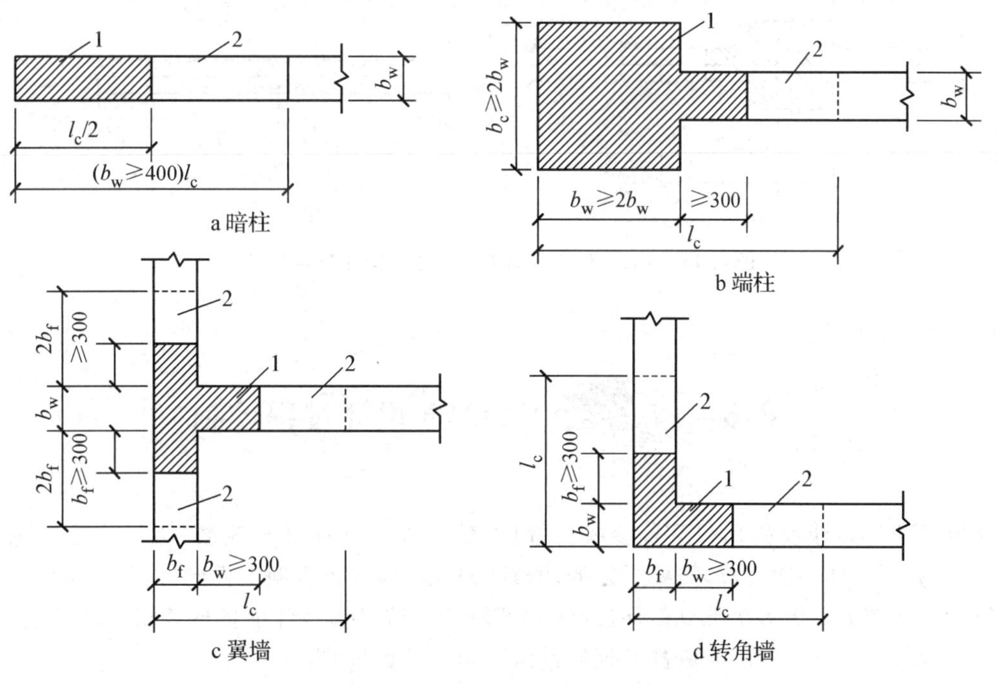

图4.39　规范指定的剪力墙边缘构件四种类型

② SATWE通过归纳总结,补充的四种边缘构件类型(见图4.40)。

上述列出的是规则的边缘构件类型,但在实际设计中,常有剪力墙斜交的情况。因此,上述边缘构件除a、g、h种以外,其余各种类型中墙肢都允许斜交。

(2) 自动生成边缘构件(可选择以下三种方法中的一种)

① 只认《高规》指明的四种类型:a+b+c+d。

②《高规》四种+SATWE的有柱转角墙的一种,总共五种:a+b+c+d+e。

③《高规》四种+SATWE认可的四种,总共八种:a+b+c+d+e+f+g+h。

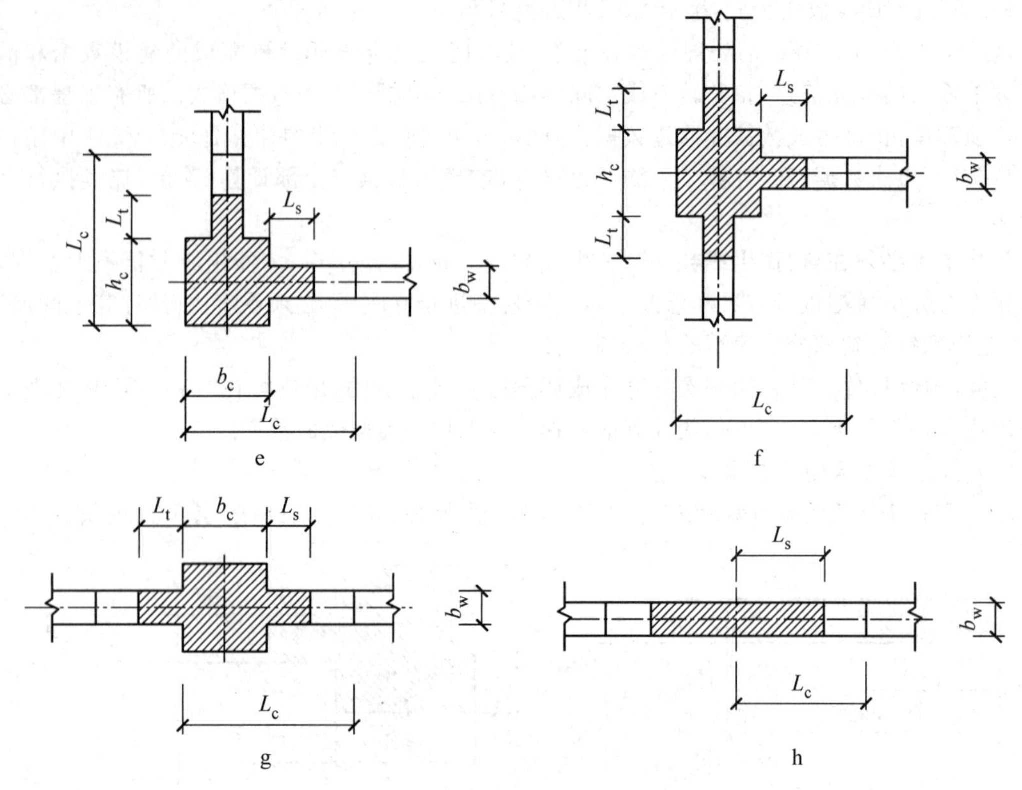

图 4.40 SATWE 补充的剪力墙边缘构件四种类型

4.8 SATWE 设计过程控制

完成 PMCAD 建模和 SATWE 参数设置后，就可以进行计算＋配筋；由于许多不确定因素，结构计算不可能一次完成，需要反复的调整和修改。对一个典型工程而言，从模型建立到施工图绘制基本都需经历多次重复循环过程，方可使计算结果满足各项指标要求，满足施工图绘制条件，总结整个设计过程，一般都必须经过以下四个计算步骤：

(1) 完成整体参数的正确设置

在这一步，需要通过计算确定的主要参数有三个：振型数、最大地震力作用和结构基本周期。

当完成初步计算后，设计人员可以通过查看输出的文本文件 WZQ. QUT，确认有效质量系数是否满足规范规定的大于 90％的要求，若不满足，应在第二轮的计算中通过增加振型数使之满足要求。在 WZQ. QUT 文件中输出的“地震作用最大的方向角”可以作为计算“最不利地震作用方向”的参考，如果输出的“地震作用最大的方向”大于 15(度)时，可将这个角度在 SATWE 前处理总信息菜单中填入，并重新计算。初次计算后在 WZQ. QUT 文件中查得结构的实际第一阶周期，填入前菜单后重新计算。

（2）确定整体结构的合理性

① 结构延性：轴压比。

② 控制结构的扭转效应：周期比和位移比。

③ 控制结构的竖向不规则性：层刚度比、楼层受剪承载力比、剪重比。

④ 结构的整体稳定：刚重比。

将以上七个比值控制在规范允许的范围内。

（3）对单构件的优化设计

检查梁、柱、墙的配筋，做到计算结果不超限，并进行截面优化。最终达到结构体系刚度适中，构件配筋率位于经济配筋范围之内。

（4）满足施工图构造要求

进入施工图设计阶段，SATWE 软件通过“墙梁柱施工图”菜单，完成对梁、柱和剪力墙施工图的绘制。程序通过计算自动完成梁柱墙等配筋，设计人员需注意的是，对于构件的构造措施，特别是抗震构造措施作为抗震措施不可缺少的一部分，施工图设计阶段必须满足，应高度重视。程序输出的一些配筋不尽合理，需要设计人员进行多次调整和计算，特别是对配筋参数必须仔细核对，如图 4.41 所示，应认真输入出图参数、梁柱最小钢筋直径、钢筋放大系数、根据裂缝选筋等。

参数修改

绘图参数	
平面图比例	100
剖面图比例	20
立面图比例	50
钢筋等级符号使用	国标符号
是否考虑文字避让	不考虑
归并、放大系数	
归并系数	0.2
下筋放大系数	1
上筋放大系数	1
梁名称前缀	
框架梁前缀	KL
非框架梁前缀	L
屋面框架梁前缀	WKL
框支梁前缀	KZL
悬挑梁前缀	XL
纵筋选筋参数	
主筋选筋库	14,16,18,20,22
下筋优选直径	20
上筋优选直径	16
至少两根通长上筋	所有梁
选主筋允许两种直径	是
主筋直径不宜超过柱尺寸的1/20	考虑

参数修改

纵筋选筋参数	
主筋选筋库	14,16,18,20,22
下筋优选直径	20
上筋优选直径	16
至少两根通长上筋	所有梁
选主筋允许两种直径	是
主筋直径不宜超过柱尺寸的1/20	考虑
箍筋选筋参数	
箍筋选筋库	6,8,10,12,14,16
12mm以上箍筋等级	HRB400
箍筋形式	大小套
裂缝、挠度计算参数	
根据裂缝选筋	是
允许裂缝宽度	0.3
支座宽度对裂缝的影响	考虑
轴力大于此值按偏拉计算裂缝	0
保护层不小于50mm时配置表层钢...	否
有表层钢筋网时的裂缝折减系数	0.7
活荷载准永久值系数	0.4
其他参数	
架立筋直径	12
最小腰筋直径	12
拉筋直径	6

图 4.41　梁施工图参数

4.9  SATWE 计算结果信息

《高规》第 5.1.16 条和《抗震规范》第 3.6.6 条均有要求对结构分析软件的计算结果，应进

行分析判断，确认其合理、有效后方可作为工程设计的依据。目前 SATWE 软件对计算结果提供两种输出方式：图形文件输出和文本文件输出，建议大家从以下几个方面对计算结果进行检查：

(1) 检查模型原始数据输入是否有误，特别是荷载是否有遗漏。

(2) 计算简图、计算假定是否与实际相符。

(3) 对计算结果进行分析：检查设计参数选择是否合理；检查规范要求的构件和整个结构体系的各种比值是否满足规范要求。

(4) 检查超筋信息文件，对超筋构件进行处理。

高层设计的难点在于竖向承重构件(柱、剪力墙等)的合理布置，设计过程中控制的目标参数主要有如下七个：

1. 轴压比(图形文件)

轴压比指柱考虑地震作用组合的轴压力设计值与柱全截面面积和混凝土轴心抗压强度设计值乘积的比值，主要为控制结构的延性。轴压比不满足要求，结构的延性要求无法保证；轴压比过小，则说明结构的经济技术指标较差，宜适当减少相应墙、柱的截面面积。轴压比不满足时的调整方法：

(1) 规范对轴压比的规定：规范对墙肢和柱均有相应限值要求，详见《抗震规范》第 6.3.6 条和 6.4.2 条，《高规》第 6.4.2 条和 7.2.13 条。

(2) 程序调整：SATWE 程序目前无法实现。

(3) 人工调整：增大该墙、柱截面或提高该楼层墙、柱混凝土强度等级。

2. 周期比(WZQ.OUT)

周期比指结构以扭转为主的第一自振周期 T_t 与平动为主的第一自振周期 T_1 之比，主要为控制结构扭转效应，减小扭转对结构产生的不利影响，周期比不满足要求，说明结构的扭转刚度相对于侧移刚度较小，结构扭转效应过大。周期比不满足时的调整方法：

(1) 规范对周期比控制要求：《高规》第 3.4.5 条规定“结构扭转为主的第一自振周期 T_t 与平动为主的第一自振周期 T_1 之比，A 级高度高层建筑不应大于 0.9，B 级高度高层建筑、超过 A 级高度的混合结构及本规程第 10 章所指的复杂高层建筑不应大于 0.85”。

(2) 程序调整：SATWE 程序目前无法实现。

(3) 人工调整：对于大多数规则结构来说，扭转周期比都能满足规范限值的要求，一些多翼形平面和狭长形平面的结构，会由于扭转周期 T_t 较长而超出限值。由于周期比侧重控制的是侧向刚度与扭转刚度之间的一种相对关系，而非其绝对大小，既不是要求把结构做得如何的“刚”，而是要求把结构布置得均衡合理，使结构不至于出现过大(相对于侧移)的扭转效应。所以一旦出现周期比不满足要求的情况，只能从整体上去调整结构的平面布置，把抗侧力构件布置到更有效、更合理的位置上，力求结构在两个主轴上的抗震性能相接近，使结构的侧向刚度和扭转刚度处于协调的理想关系，此时，若仅从局部入手做些小调整往往收效甚微。规范方法是从公式 T_t/T_1 出发，采用两种调整措施：一种是减小平面刚度，去除平面中部的部分剪力墙，使 T_1 增大；二是在平面周边增加剪力墙，提高扭转刚度，使 T_t 减小。当结构的第一或第二振型为扭转时可按以下方法调整：

① 程序中的振型是以其周期的长短排序的。结构的刚度(包括侧移刚度和扭转刚度)与对应周期成反比关系，即刚度越大周期越小，刚度越小周期越大。抗侧力构件对结构扭转刚度的

贡献与其距结构刚心的距离成正比关系，结构外围的抗侧力构件对结构的扭转刚度贡献最大。

② 结构的第一、第二振型宜为平动，扭转周期宜出现在第三振型及以后。同时查看振型图，看结构在相应振型作用下是否为整体振动。

③ 当第一振型为扭转时，说明结构的扭转刚度相对于其两个主轴（第二振型转角方向和第三振型转角方向，一般都靠近 X 轴和 Y 轴）方向的侧移刚度过小，此时宜沿两主轴适当加强结构外围的刚度，并适当削弱结构内部的刚度。

④ 当第二振型为扭转时，说明结构沿两个主轴方向的侧移刚度相差较大，结构的扭转刚度相对其中一主轴（第一振型转角方向）的侧移刚度是合理的；但相对于另一主轴（第三振型转角方向）的侧移刚度则过小，此时宜适当削弱结构内部沿“第三振型转角方向”的刚度，并适当加强结构外围（主要是沿第一振型转角方向）的刚度。

（4）计算周期比时需注意以下几项：

① 当第一振型为扭转时，周期比肯定不满足规范的要求；当第二振型为扭转时，周期比较难满足规范的要求。

② 目前软件的这项功能仅适用于单塔结构，对于多塔结构，软件输出的振型方向因子没有参考意义，在软件未改进之前，应把多塔结构分开，按单塔结构控制扭转周期。

③ 计算周期比时建议点选“强制采用刚性楼板假定”，规范对此虽然没有明确规定，但从 T_1 和 T_t 的判断方法中可以得知，其对应的振型应是整体振动的振型，且越明显越单纯越好，并要避免出现局部振动的误判，这只有在“刚性楼板假定”下，才能做到计算周期比的准确性和真实性。

④ 周期比不满足需申报抗震设防专项审查，由此可见周期比在结构设计中的重要性，对此设计人员应有足够的重视。

⑤ 多层建筑结构、无特殊要求的体育馆、空旷结构和工业厂房等无需控制周期比。

3. 位移比和位移角控制（WDISP. OUT）

（1）位移比

定义：位移比也称扭转位移比，指楼层的最大弹性水平位移（或层间位移）与楼层两端弹性水平位移（或层间位移）平均值的比值。

目的：限制结构平面布置的不规则性，避免产生过大的偏心而导致结构产生较大的扭转效应。

计算要求：采用“规定水平力”计算，考虑偶然偏心和刚性楼板假定，不考虑双向地震。

规范规定：《高规》第 3.4.5 条“在考虑偶然偏心影响的规定水平地震力作用下，楼层竖向构件最大的水平位移和层间位移，A、B 级高度高层建筑均不宜大于该楼层平均值的 1.2 倍；且 A 级高度高层建筑不应大于该楼层平均值的 1.5 倍，B 级高度高层建筑、混合结构高层建筑及复杂高层建筑，不应大于该楼层平均值的 1.4 倍”。在增加了“规定水平力”作用下的位移控制参数的基础上，程序保留了按照 2002 版规范方法计算得到的各项位移指标。

（2）位移角

定义：位移角也称“层间位移角”，指按弹性方法计算的楼层层间最大位移与层高之比（$\Delta u/h$）。

目的：控制结构的侧向刚度。

计算要求：取“风荷载或多遇地震作用标准值”计算，不考虑偶然偏心，不考虑双向地震。① 风、单向地震均控制；② 单向地震＋偏心不控制；③ 双向地震不控制，除扭转特别严重外，一般双向地震同单向地震结构相近。

规范规定：

① 高度不大于150 m的高层建筑，其楼层层间最大位移与层高之比$\Delta u/h$不宜大于《高规》表3.7.3的限值。

② 高度不小于250 m的高层建筑，其楼层层间最大位移与层高之比$\Delta u/h$不宜大于1/500。

③ 高度在150～250 m之间的高层建筑，其楼层层间最大位移与层高之比$\Delta u/h$的限值可按本条第1款和第2款的限值线性插入法取用。

位移比不满足规范要求时的调整方法：

① 程序调整：SATWE程序目前无法实现。

② 人工调整：只能通过人工调整改变结构平面布置，减小结构刚心与形心的偏心距；可利用程序的节点搜索功能在SATWE的"分析结果图形和文本显示"中的"各层配筋构件编号简图"中快速找到位移最大的节点，加强该节点对应的墙、柱等构件的刚度；也可找出位移最小的节点削弱其刚度，直到位移比满足要求。

对于楼层位移比和层间位移比控制，规范规定是针对刚性楼板假定这一情况的，若有不与楼板相连的构件或定义了弹性楼板，那么，软件输出的结果与规范要求是不同的。设计人员应依据刚性楼板假定条件下的分析结果，来判断工程是否符合位移控制要求。

现行规范通过两个途径实现对结构扭转和侧向刚度的控制，即通过对"扭转位移比"的控制，达到限制结构扭转的目的；通过对"层间位移角"的控制，达到限制结构最小侧向刚度的目的。

4. 层刚度比控制(WMASS. OUT)

刚度比的计算主要是用来确定结构中的薄弱层，控制结构竖向布置，或用于判断地下室结构刚度是否满足嵌固要求。

(1) 规范规定：《抗震规范》附录E.2.1条规定，"筒体结构转换层上下层的侧向刚度比不宜大于2"；《高规》第3.5.2条规定，抗震设计的框架结构，关于楼层与其相邻上层的侧向刚度比γ_1的规定为"本层与相邻上层的比值不宜小于0.7，与相邻上部三层刚度平均值的比值不宜小于0.8"；而对框架—剪力墙、板柱—剪力墙结构、剪力墙结构、框架—核心筒结构、筒中筒结构，楼层与相邻上部楼层的侧向刚度比γ_2则为"本层与相邻上层的比值不宜小于0.9；当本层层高大于相邻上层层高的1.5倍时，该比值不宜小于1.1；对结构底部嵌固层，该比值不宜小于1.5"。《高规》第5.3.7条规定，"高层建筑结构整体计算中，当地下室顶板作为上部结构嵌固部位时，地下一层与首层侧向刚度比不宜小于2"。《高规》第10.2.3条规定：带转换层的高层建筑结构，转换层上部结构与下部结构的侧向刚度，应符合《高规》附录E的规定：

E.0.1：当转换层设置在1、2层时，可近似采用转换层与其相邻上层结构的等效剪切刚度比γ_{e1}表示转换层上、下层结构刚度的变化，γ_{e1}宜接近1，非抗震设计时γ_{e1}不应小于0.4，抗震设计时γ_{e1}不应小于0.5。

E.0.2：当转换层设置在第2层以上时，按《高规》式(3.5.2-1)计算的转换层与其相邻上层的侧向刚度比不应小于0.6。

E.0.2 当转换层设置在第2层以上时，转换层下部结构与上部结构的等效侧向刚度比γ_{e2}宜接近1，非抗震设计时γ_{e2}不应小于0.5，抗震设计时γ_{e2}不应小于0.8。

(2) 程序调整：对层刚度比的计算，在2010版SATWE程序中，包含了三种计算方法，"剪切刚度、剪弯刚度及地震剪力和地震层间位移的比”，但是算法的选择由程序根据上述规范条文自动完成，设计人员无法选择。通过楼层刚度比的计算，如果某楼层刚度比的计算结果不满足要求，SATWE 程序自动将该楼层定义为薄弱层，并按《高规》第 3.5.8 条要求对该层地震作用标准值的地震剪力乘以 1.25 的增大系数。

(3) 人工调整：如果还需人工干预，可适当降低本层层高和加强本层墙、柱或梁的刚度，适当提高上部相关楼层的层高和削弱上部相关楼层墙、柱或梁的刚度。在 WMASS.OUT 文件中输出层刚度比计算结果，具体参数详见用户手册。

(4) 层刚度比验算原则：验算层刚度比的结构必须要有层的概念，对于一些复杂的建筑，如坡屋顶、体育馆、室外看台、工业厂房等，结构或者柱墙不在同一标高，或者本层根本没有楼板，所以在设计时，可以不考虑这类结构所计算的层刚度特性。对错层结构或带有夹层的结构，层刚度有时得不到合理的计算，原因是层的概念被广义化了，此时需对模型简化才能计算出层刚度比。按整体模型计算大底盘多塔楼结构时，大底盘顶层与上面一层塔楼的刚度比，楼层抗剪承载力比通常都会比较大，对结构设计没有实际指导意义，但程序仍会输出计算结果，设计人员可根据工程实际情况区别对待。应注意软件输出结果中，若结构体系选为框架结构，相邻侧移刚度比计算信息中不输出 Ratx2、Raty2 的比值。

5. 楼层受剪承载力比(WMASS.OUT)

指楼层全部柱、剪力墙、斜撑的受剪承载力之和与其上一层的承载力之比。主要为限制结构竖向布置的不规则性，避免楼层抗侧力结构的受剪承载能力沿竖向突变，形成薄弱层。

(1) 规范规定。《高规》第 3.5.3 条规定：A 级高度高层建筑的楼层抗侧力结构的层间受剪承载力不宜小于其相邻上一层受剪承载力的 80%，不应小于其相邻上一层受剪承载力的 65%；B 级高度高层建筑的楼层抗侧力结构的层间受剪承载力不应小于其相邻上一层受剪承载力的 75%。对于形成的薄弱层应按《高规》第 3.5.8 条予以加强，体现“强剪弱弯”的设计思想。

(2) 程序调整。当某层受剪承载力小于其上一层的 80%时，在 SATWE 的“调整信息”中的“指定薄弱层个数”中填入该楼层层号，将该楼层强制定义为薄弱层，SATWE 按《高规》第 3.5.8 条将该楼层地震剪力乘以 1.25 的增大系数。

(3) 人工调整。可适当提高本层构件强度(如增大柱箍筋和墙水平分布筋、提高混凝土强度或加大截面)以提高本层墙、柱等抗侧力构件的抗剪承载力，或适当降低上部相关楼层墙、柱等抗侧力构件的抗剪承载力。

软件在完成构件的配筋计算后自动计算楼层的受剪承载力和承载力之比，设计人员应查看 SATWE 计算结果文本文件 WMASS.OUT，当 Ratio_Bu：X、Y 小于 0.8 时，表示 X、Y 承载力不满足规范要求，设计人员应在 SATWE 的前处理“分析与设计参数补充定义”的调整信息的选项中人工指定薄弱层号(允许指定多个薄弱层)重新计算，程序将按规定调整薄弱层的地震剪力。

6. 剪重比的控制(WZQ.OUT)

剪重比指结构任一楼层的水平地震剪力与该层及其以上各层总重力荷载代表值的比值，通常指底层水平剪力与结构总重力荷载代表值之比，剪重比在某种程度上反映了结构的刚柔程度，剪重比应在一个比较合理的范围内，以保证结构整体刚度的适中。剪重比太小，说明结构整体刚度偏柔，水平荷载或水平地震作用下将产生过大的水平位移或层间位移；剪重比太大，说明结构整体刚度偏刚，会引起很大的地震力。

(1) 规范规定：《抗震规范》第 5.2.5 条、《高规》第 4.3.12 条(强条)明确规定了楼层的剪重比不应小于楼层最小地震剪力系数，而与结构的基本周期和地震烈度有关。应特别注意，对于竖向不规则结构的薄弱层，尚应乘以 1.15 的增大系数。

(2) 程序调整：程序给出一个控制开关，由设计人员决定是否由程序自动进行调整。若选择由程序自动进行调整，则程序对结构的每一层分别判断，若某一层的剪重比小于规范要求，则相应放大该层的地震作用效应(内力)，2010 版《抗震规范》第 5.2.5 的条文说明，当首层地震剪力不满足要求需进行调整时，对其上部所有楼层进行调整，且同时调整位移和倾覆力矩。

(3) 人工调整：如果还需人工干预，可按下列两种情况进行调整

① 当地震剪力偏小而层间侧移角又偏大时，说明结构过柔，宜适当加大墙、柱截面，提高刚度。

② 当地震剪力偏大而层间侧移角又偏小时，说明结构过刚，宜适当减小墙、柱截面，降低刚度以取得合适的经济技术指标。

(4) 调整原则：剪重比是反映地震作用大小的重要指标，它可以由“有效质量系数”来控制，而“有效质量系数”与“振型数”有关。如果“有效质量系数”不满足 90%，则可以通过增加振型数来满足；当“有效质量系数”大于 90%时，可以认为地震作用满足规范要求，此时，再考察结构的剪重比是否合适。如果不满足，新版 SATWE 软件按照《抗震规范》第 5.2.5 的条文说明，当首层地震剪力不满足要求需进行调整时，对其上部所有楼层进行调整，且同时调整位移和倾覆力矩。调整前和调整后的数据文件保存在 WWNL *.OUT 中。设计人员需注意，“当底部总剪力相差较大时，结构的选型和总体布置需重新调整，不能仅采用乘以增大系数的方法处理”，即应修改结构布置，增加结构的刚度，使计算的剪重比能自然满足规范要求。

第 5 章 钢筋混凝土框架结构设计及施工图绘制

框架结构就是由梁和柱为主要承重构件组成的结构形式，是目前多高层建筑中应用最为广泛的结构形式之一。在合理的高度和层数的情况下，框架结构能够提供较大的建筑空间，其平面布置灵活，可满足多种使用功能的要求，例如办公楼、教学楼、商场和住宅等。而且框架结构造价较低，在满足安全性的同时，经济性也好，故应用最为广泛。

框架结构层数较少时，竖向荷载起控制作用，框架结构比较经济；当房屋向更高的层数发展时，采用框架结构形式就会出现矛盾：

（1）强度方面，由于层数和高度的增加，竖向荷载和水平荷载产生的内力都要相应增大，特别是水平荷载产生的内力增加更快。当高度达到一定的数值，框架中将产生相当大的内力。

（2）刚度方面，随着房屋高度的增加，在水平荷载作用下框架结构本身柔性较大，水平位移成为重要的控制因素。若要同时满足强度和刚度的要求，就必须加大构件的截面尺寸，而太大的梁柱截面既不经济也不合理。框架结构经济层数大致是：8 度抗震区为 6 层，7 度抗震区为 9 层，6 度抗震区及非抗震区为 12 层。

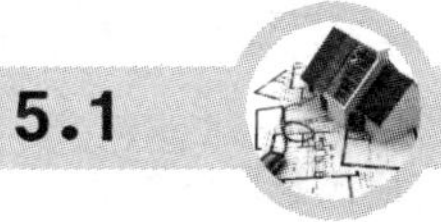

5.1 框架结构柱网布置要点

框架结构柱网的尺寸主要决定于建筑的使用功能，可以是 4～6 m 的小柱距，也可以是 7～9 m 的大柱距。如果采用独立基础，柱网不宜过大；当采用桩基础时，则柱网不宜过小。柱网布置要尽量做到前后左右对齐，以形成有规则的横向和纵向框架。对有抗震设防要求的框架结构，应尽量使纵横两向框架的刚度相接近，梁柱必须采用刚接，且不应采用单跨框架。

5.2 规范的有关规定

1. 框架结构最大适用高度、抗震等级和最大高宽比的确定见表 5.1。

表 5.1 框架结构最大适用高度、抗震等级和最大高宽比

设防烈度	6		7		8(0.2 *g*)		8(0.3 *g*)		9
最大适用高度/m	60[70]		50		40		35		24
抗震等级	≤24	>24	≤24	>24	≤24	>24	≤24	>24	≤24
	四	三	三	二	二	一	二	一	一

续表

大跨度框架(≥18 m)	三	二	一	一
最大高宽比	4[5]	4	3	
说　明	1. 表中框架,不包括异形柱框架 2. 建筑场地为Ⅰ类时,除6度外应允许按表内降低一度所对应的抗震等级采取抗震构造措施,但相应的计算要求不应降低 3. []内数字用于非抗震设计 4. 房屋高度指室外地面到主要屋面板板顶的高度(不包括局部突出屋面部分) 5. 超过表中高度的房屋,应进行专门研究和论证,采取有效的加强措施			

在某些情况下(比如甲、乙类建筑以及建造在对Ⅲ、Ⅳ类场地且涉及基本地震加速度为0.15 g 和0.30 g 的丙类建筑),框架的抗震等级和抗震构造措施的抗震等级是不同的,2010版SATWE软件新增了此选项。

2. 框架结构伸缩缝,沉降缝和防震缝宽度规定

规范规定现浇框架结构伸缩缝的最大间距为55 m,防震缝宽度见表5.2所示。

表5.2　框架结构防震缝宽度

设防烈度	6		7		8		9	
高度 H/m	≤15	>15	≤15	>15	≤15	>15	≤15	>15
防震缝宽度/mm	≥100	≥100+4h	≥100	≥100+5h	≥100	≥100+7h	≥100	≥100+10h
说　明	1. 防震缝两侧结构类型不同时,宜按需要较宽防震缝的结构类型和较低房屋高度确定缝宽 2. 抗震设计时,伸缩缝、沉降缝的宽度应满足防震缝的要求 3. 表中 $h=H-15$							

如果设计的工程伸缩缝间距超过规范规定,则应采取以下主要措施:

(1) 采取减小混凝土收缩或温度变化的措施。

(2) 采用专门的预加应力或增配构造钢筋的措施。

(3) 采用低收缩混凝土材料,采取跳仓浇筑、后浇带、控制缝等施工方法,并加强施工养护。

当伸缩缝间距增大较多时,尚应考虑温度变化和混凝土收缩对结构的影响。

3. 规范对单跨框架结构的限制

单跨框架结构是指整栋建筑全部或绝大部分采用单跨框架的结构,不包括仅局部为单跨框架的框架结构。甲、乙类建筑以及高度大于24 m的丙类建筑,不应采用单跨框架结构;高度不大于24 m的丙类建筑不宜采用单跨框架结构。框架结构中某个主轴方向均为单跨,也属于单跨框架结构;某个主轴方向有局部的单跨框架,可不作为单跨框架结构对待。一、二层的连廊采用单跨框架时,需要注意加强。框架—剪力墙结构中的框架,可以是单跨。

4. 框架梁截面的中心线与柱中心线宜重合

当梁柱中心线不能重合时,在计算中应考虑偏心对梁柱节点核心区受力和构造的不利影响以及梁荷载对柱子的偏心影响。梁、柱中心线之间的偏心距,如大于该方向柱宽的1/4时,须具体分析并采取有效措施,如采用水平加腋梁及加强柱的箍筋等。采取增设梁的水平加腋等措施。

5. 楼梯间布置要求

对于框架结构，楼梯间的布置不应导致结构平面特别不规则；楼梯构件与主体结构整浇时，应计入楼梯构件对地震作用及其效应的影响，应进行楼梯构件的抗震承载力验算；宜采取构造措施（如采用滑动支座等），减少楼梯构件对主体结构刚度的影响。

6. 不与框架柱相连的次梁，可按非抗震要求进行设计。

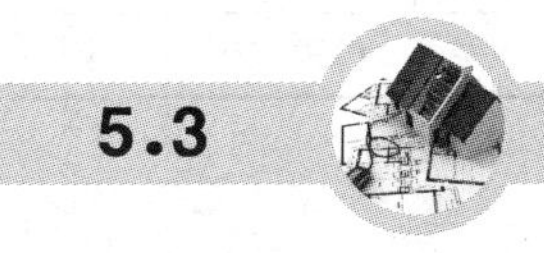

5.3 框架结构设计实例

某 5 层现浇钢筋混凝土框架结构，平面如图 5.1 所示。该房屋的使用功能是某高级中学的学生宿舍。抗震设防烈度 7 度，设计基本地震加速度为 0.1 g，Ⅲ类场地，地震分组第一组，基本风压为 0.4 kN/m^2，地面粗糙度 B 类，乙类建筑，安全等级二级，总高度 18 m。

1. 设计基本条件

(1) 本工程属“普通房屋”。设计使用年限按第 3 类别，确定为 50 年，见《可靠度标准》第 1.0.5 条。

(2) 本工程属“一般的房屋”。建筑结构安全等级为二级，相应结构重要性系数 $\gamma_0=1.0$，见《可靠度标准》第 1.0.8 条和第 7.0.3 条。

(3) 混凝土结构环境类别。地面以上为一类，地面以下为二类 a，见《混凝土规范》第 3.5.2 条。

(4) 抗震设计参数。抗震设防烈度 7 度，设计基本地震加速度 0.1 g，地震分组为第一组，乙类建筑，建筑抗震设防类别为重点设防类，建筑场地类别Ⅲ类，框架抗震等级三级，抗震构造措施提高一级，为二级。

(5) 特征周期值 Tg(s)。Tg(s)取为 0.45，见《抗震规范》第 5.1.4 条中表 5.4.1.2。

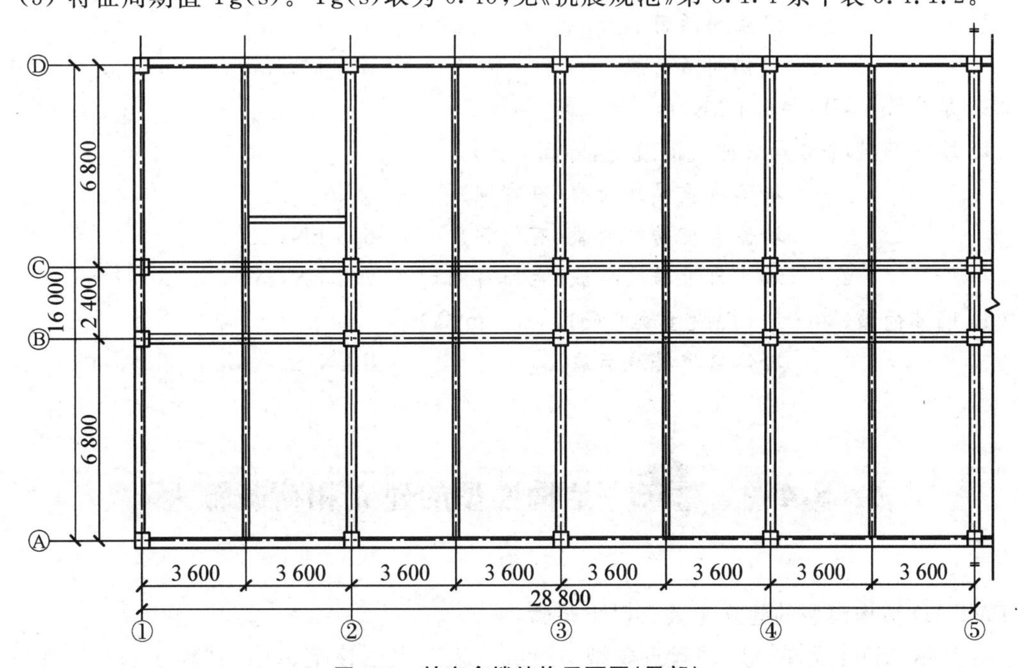

图 5.1　某宿舍楼结构平面图(局部)

2. 主要结构材料

各层梁、板、柱采用的混凝土强度等级和钢筋牌号见表5.3。

表5.3 主要结构材料

构件名称	柱		梁		板	
钢筋牌号	纵筋	箍筋	纵筋	箍筋	受力钢筋	分布钢筋
	HRB400	HRB400	HRB400	HRB400	HRB400	HRB400
混凝土强度等级	C30		C30		C30	

3. 设计荷载取值

(1) 屋面恒载、活荷载取值：

屋面板 120 厚	3.0 kN/m^2
屋面保温防水做法	3.1 kN/m^2
板底抹灰 20 厚	0.4 kN/m^2
恒载　总计	6.5 kN/m^2
活荷载(不上人屋面)	0.5 kN/m^2

(2) 2～5层楼面恒载、活荷载取值：

楼板 120 mm 厚	3.0 kN/m^2
板底抹灰 20 厚	0.4 kN/m^2
楼面构造做法	1.1 kN/m^2
恒载　总计	4.5 kN/m^2
板厚为 100 时，楼面恒载	4.0 kN/m^2
活荷载(宿舍)	2.0 kN/m^2
走廊活荷载	2.5 kN/m^2
卫生间活荷载	4.0 kN/m^2
楼梯间活荷载	3.5 kN/m^2

(3) 基本风压：W_0=0.4 kN/m^2

(4) 墙体荷载(200 mm 加气混凝土，墙高 3 m)

墙体自重转线荷载(有窗洞)	5 kN/m
墙体自重转线荷载(有门洞)	6.5 kN/m
墙体自重转线荷载(无门窗洞)	7.2 kN/m

(5) 墙体荷载(200 mm 混凝土实心砖墙，1.5 m 高)

墙体自重转线荷载	5 kN/m

5.4  结构模型的建立和荷载输入

PMCAD 结构模型的建立主要有以下步骤：

(1) PMCAD 主菜单，进入“建筑模型与荷载输入”，点击该菜单中的“轴线输入”，建立“正

交轴网”。

(2) 进入“建筑模型与荷载输入”主菜单中的“楼层定义”,定义柱、梁并布置各层结构构件;首层构件定义完后可按“换标准层”中的“全部复制”或“局部复制”定义和布置其他各层构件。图 5.2 为局部二层梁的布置图。

梁和柱之间的相对位置关系可通过“偏心对齐”命令来实现。

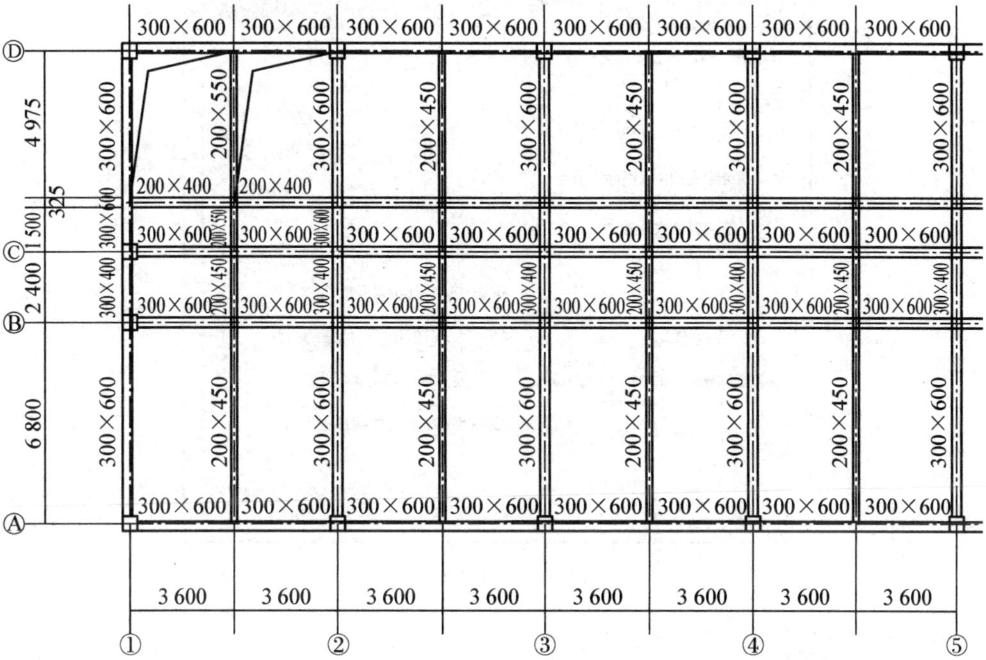

图 5.2　梁截面尺寸

(3) 进入“建筑模型与荷载输入”主菜单中的“荷载输入”,分别定义各层楼面荷载、梁间荷载等。图 5.3 为局部二层楼面荷载、梁上荷载的输入结果。

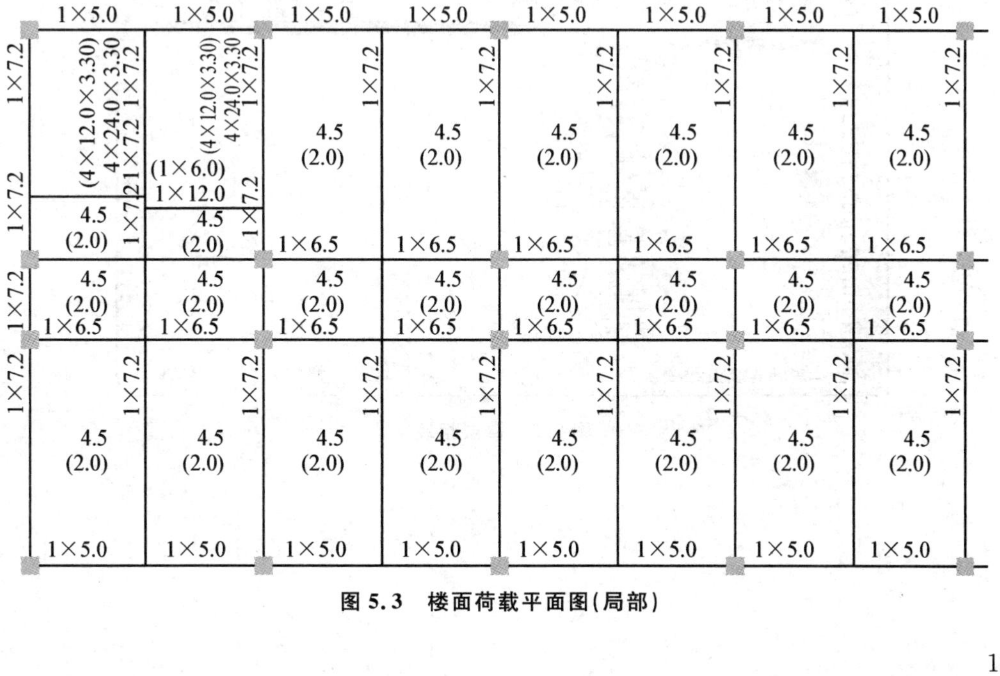

图 5.3　楼面荷载平面图(局部)

(4) 进入“建筑模型与荷载输入”主菜单中的“设计参数”，如图 5.4 所示，对结构的“总信息”“材料信息”“地震信息”“风荷载信息”“钢筋信息”逐一进行设置和调整。

(5) 进入“建筑模型与荷载输入”主菜单中的“楼层组装”，如图 5.5 所示。组装后的整体模型如图 5.6 所示。

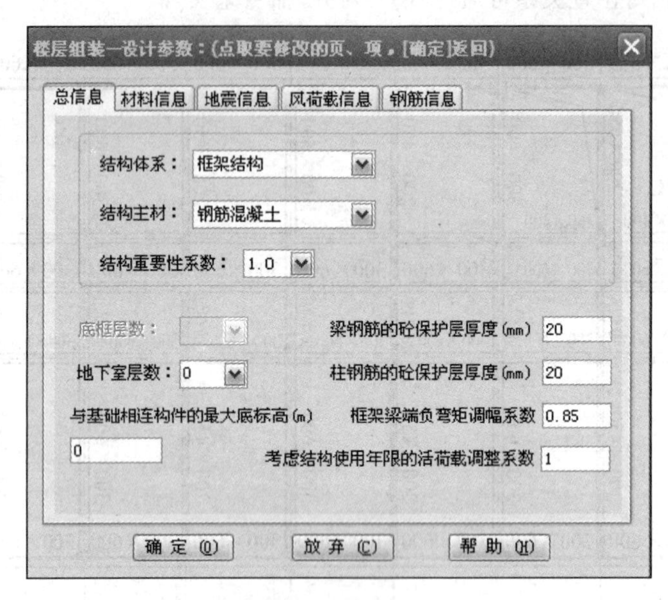

图 5.4 设计参数

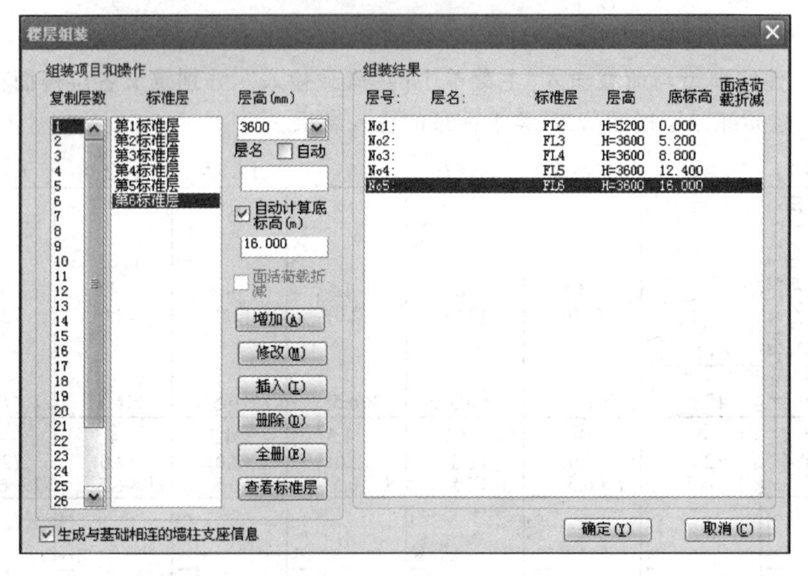

图 5.5 楼层组装

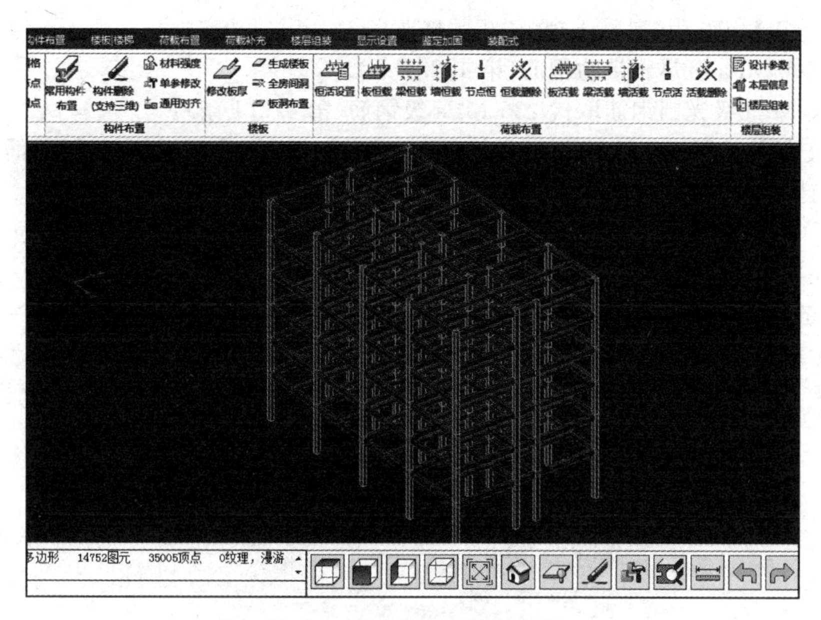

图 5.6　宿舍楼框架结构模型

5.5 设计参数的选取

PMCAD 中有三种参数，第一种为选项参数，第二种为内定参数，第三种为必填参数，新版本《混凝土规范》《高规》《抗震规范》对设计参数有重大调整，也是需我们重点学习的部分。

1. 本层信息中参数的确定

对于每一个标准层，在“本标准层信息”中可以确定板的厚度、钢筋类别、混凝土的强度等级及层高等，如图 5.7 所示。

用光标点明要修改的项目 [确定]返回

本标准层信息

板厚 (mm)	120
板混凝土强度等级	30
板钢筋保护层厚度(mm)	15
柱混凝土强度等级	30
梁混凝土强度等级	30
剪力墙混凝土强度等级	30
梁钢筋类别	HRB400
柱钢筋类别	HRB400
墙钢筋类别	HRB400
本标准层层高(mm)	1600

确定　取消　帮助

图 5.7　本标准层信息

【新规范链接】2010 版《混凝土规范》相关修改：

① 增加 500 MPa 级热轧带肋钢筋(第 4.2.1 条)。

② 用 300 MPa 级光圆钢筋取代 235 MPa 级钢筋(第 4.2.1 条)。

③ 混凝土保护层厚度不再以纵向受力钢筋的外缘，而以最外层钢筋(包括箍筋、构造筋、分布筋)的外缘计算混凝土保护层厚度(第 8.2.1 条)。

2. 建模总信息(见图 5.8)

重点关注梁柱保护层厚度的选取，模块中默认值为 20 mm。

【新规范链接】2010 版《高规》相关修改：

增加了考虑结构使用年限的活荷载调整系数下 γ_L(第 5.6.1 条)，模块中"总信息"选项卡中此项为新增，默认值取"1.0"(按设计使用年限为 50 年取值，100 年对应为 1.1)。

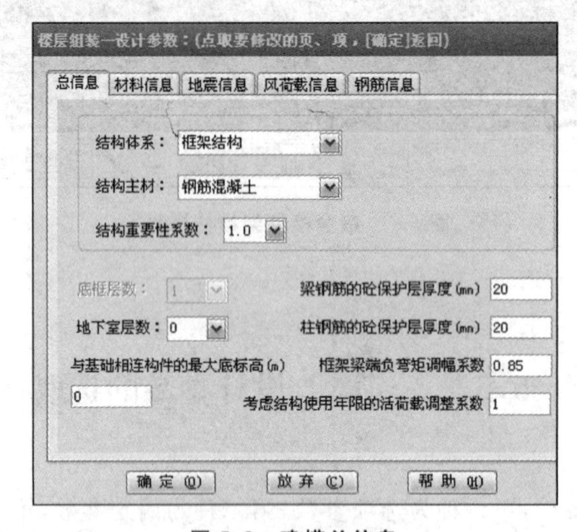

图 5.8 建模总信息

3. 建模材料信息(见图 5.9)

重点参数：新版菜单保留了 Q235 级钢。

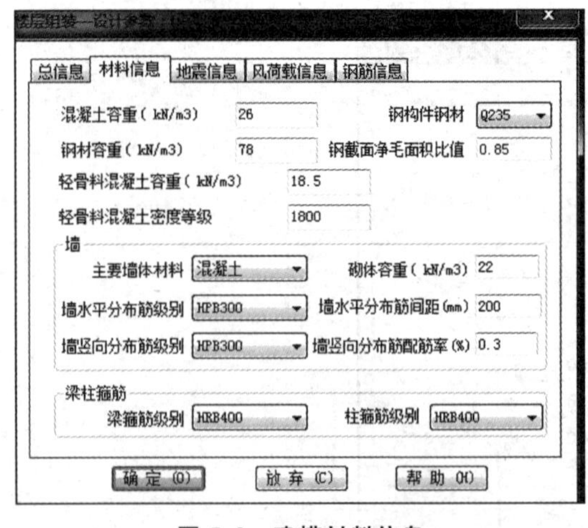

图 5.9 建模材料信息

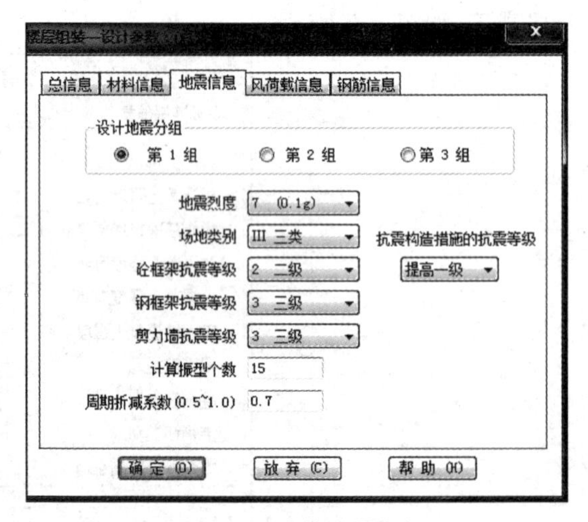

图 5.10 建模地震信息

4. 建模地震信息(见图 5.10)

【新规范链接】2010 版《高规》相关修改：

增加了甲、乙类建筑以及建造在对Ⅲ、Ⅳ类场地且涉及基本地震加速度为 0.15g 和0.30g 的丙类建筑，按本规程第 3.9.1 条和第 3.9.2 条规定提高一度确定抗震等级时，如果房屋高度超过提高一度后对应的房屋最大适用高度，则应采取比对应抗震等级更有效的抗震构造措施（第 3.9.7 条）。

为此，本模块新增“抗震构造措施的抗震等级”下拉列表，由设计人员指定是否提高或降低相应的等级，默认不改变。

5. 建模风荷载信息（见图 5.11）。

6. 建模钢筋信息（见图 5.12）。

一般情况采用模块默认值。

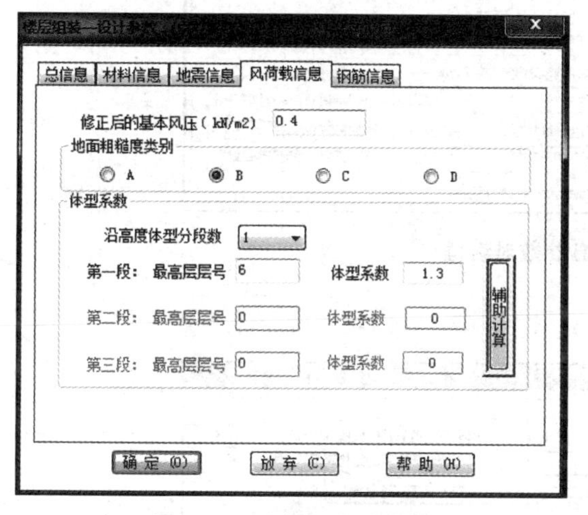

图 5.11　建模风荷载信息

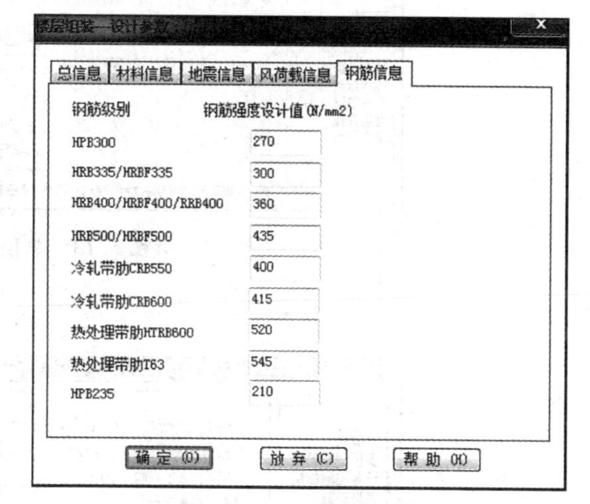

图 5.12　建模钢筋信息

5.6  SATWE 结构内力和配筋计算

1. SATWE 计算参数确定（见图 5.13—图 5.18）

点 SATWE 分析设计，执行设计模型前处理之参数定义，参数取值及说明详见第 4 章有关内容。

【新规范链接】2010 版《高规》和《混凝土规范》相关修改：

①《混凝土规范》第 5.4.3 条　框架梁负弯矩调幅不宜超过 25%，调整后梁端相对受压区高度不应超过 0.35。

②《高规》第 5.2.2 条　梁的刚度增大系数应根据梁翼缘尺寸与梁截面尺寸的比例关系确定。

完成“SATWE 分析设计—设计模型前处理—参数定义”菜单后，若无特殊构件和荷载定义，可直接执行“SATWE 分析设计—分析模型及计算—生成数据”菜单，生成后续计算必需的数据文件。

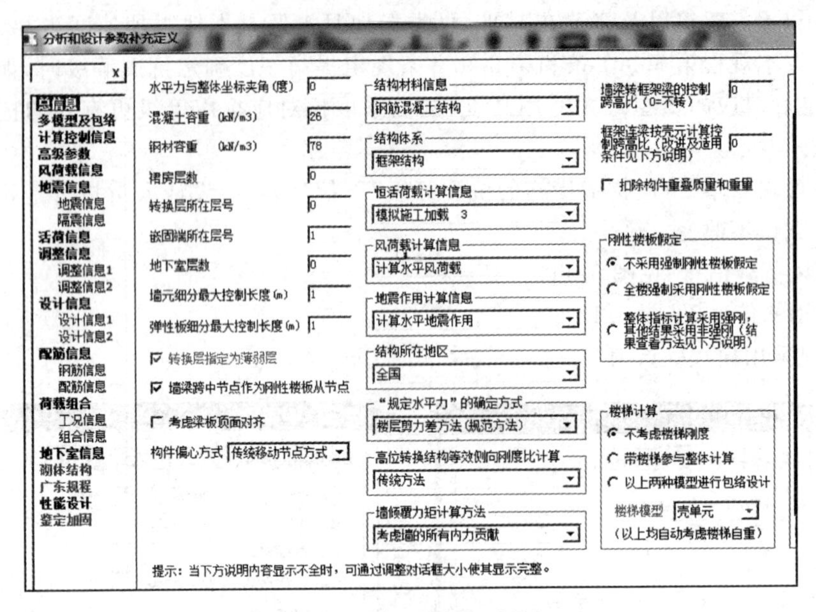

图 5.13　总信息参数对话框

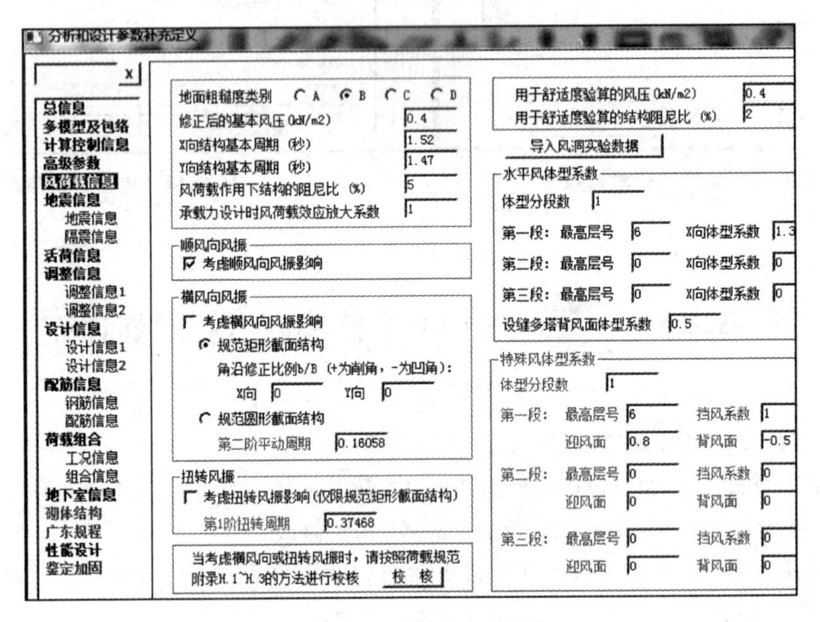

图 5.14　风荷载信息对话框

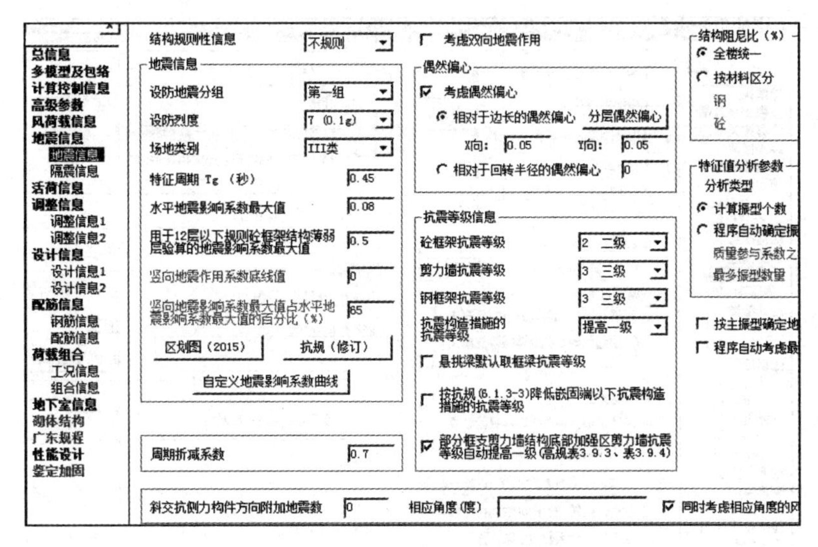

图 5.15　地震信息对话框

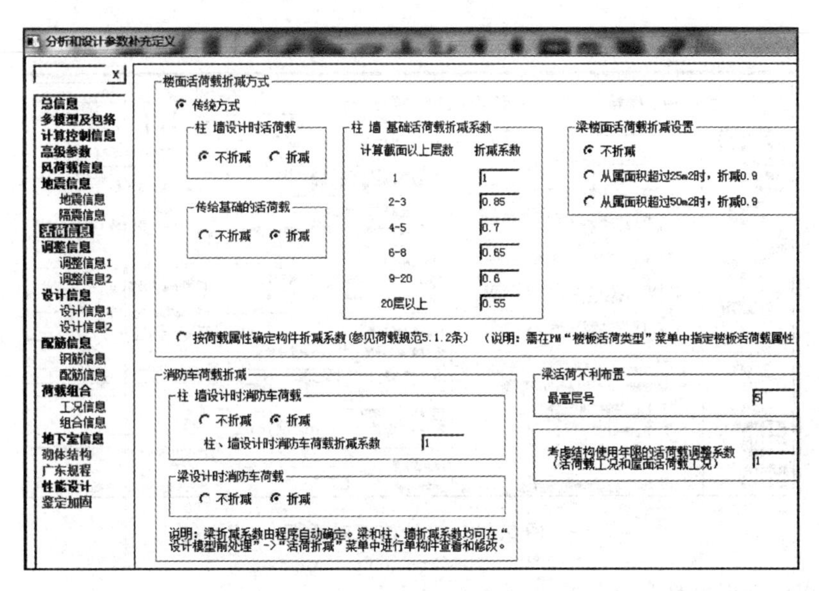

图 5.16　活荷载信息对话框

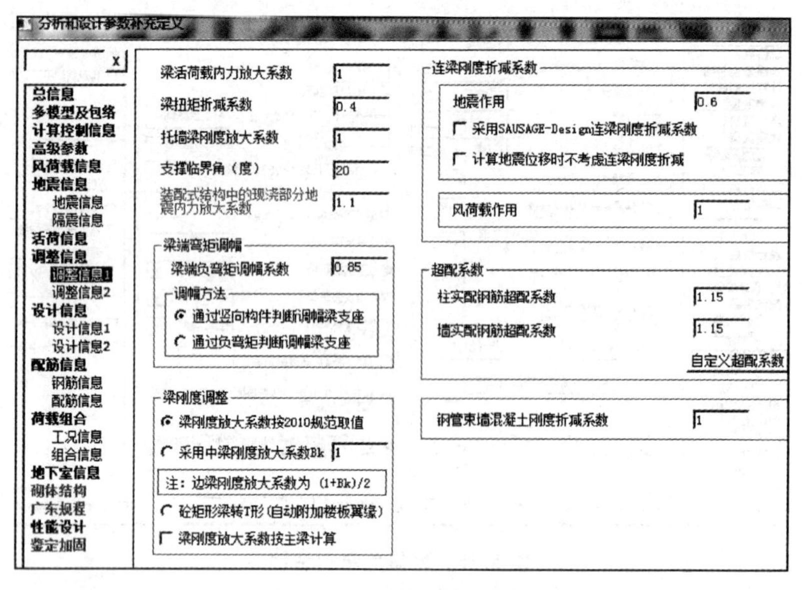

图 5.17　调整信息对话框

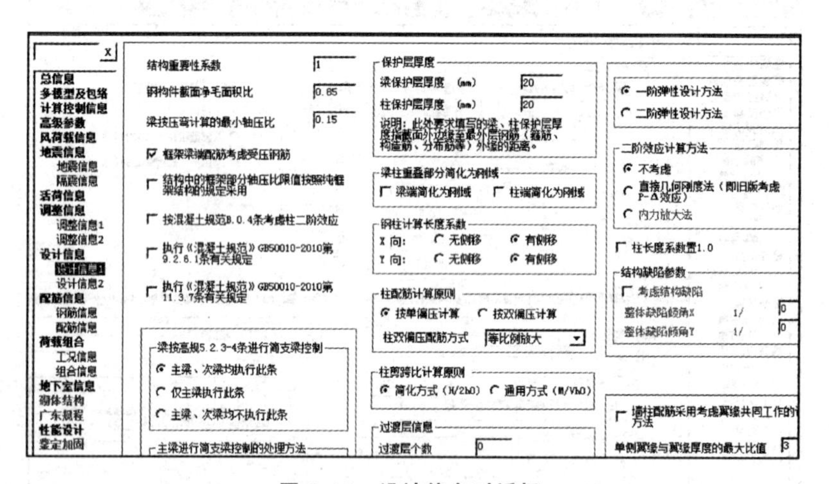

图 5.18　设计信息对话框

2. SATWE 分析模型与计算

执行 SATWE 分析设计，进入如图 5.19 所示页面，有两种方法可以进行分析与计算。第一种是先生成数据，然后点“计算＋配筋”或者点“计算＋配筋＋包络”，另一种就是直接点“生成数据＋全部计算”，直接进行 SATWE 计算。

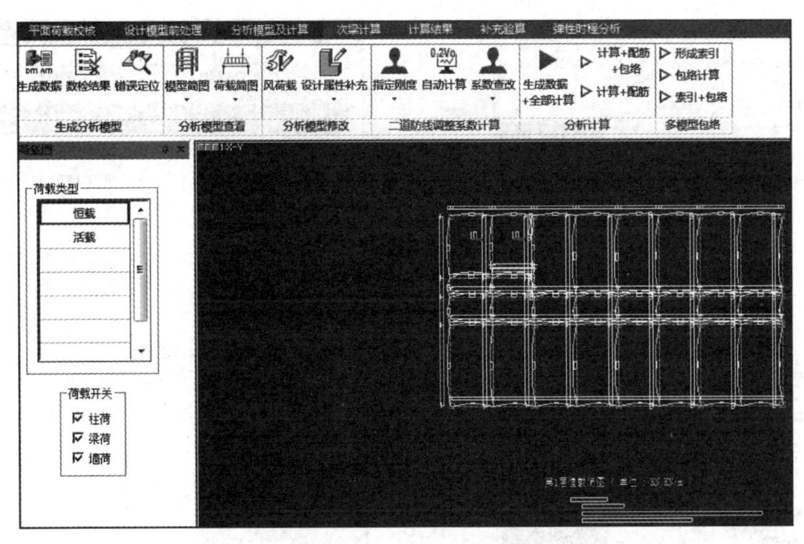

图 5.19　SATWE 分析设计

5.7　结构计算结果的分析对比

完成 SATWE 分析设计后执行该菜单中第 5 项“计算结果”，可以查看构件配筋等内容。SATWE 软件计算结果包括图形输出和文本输出两部分，图形文件输出如图 5.20 所示，文本文件输出如图 5.21、图 5.22 所示。图形输出文件共 17 项，对纯框架结构来说，设计人员需重点查看 2、9、13 项菜单的内容，其中第 2 项菜单“混凝土构件配筋及钢构件验算简图”包含的信息最多。文本输出文件共 12 项，需重点查看第 1、2、3、8 项菜单的内容，其中第 9 项菜单主要针对框架剪力墙结构体系。

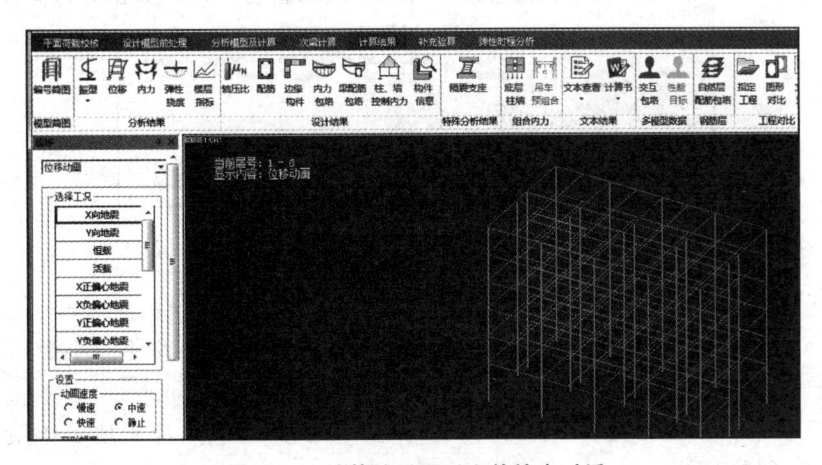

图 5.20　计算结果图形文件输出对话

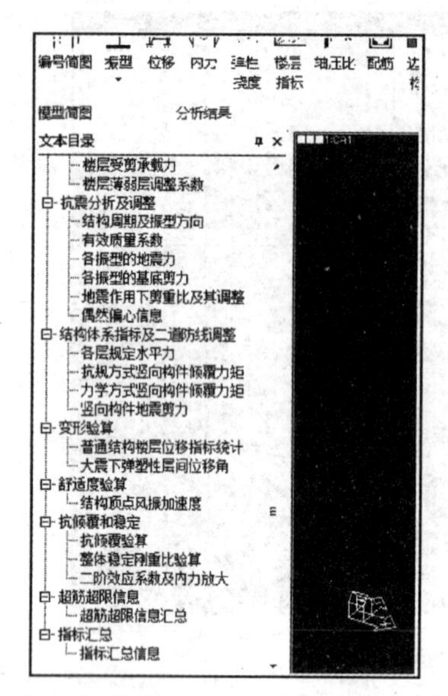

图 5.21　计算结果文本文件输出菜单(新版)

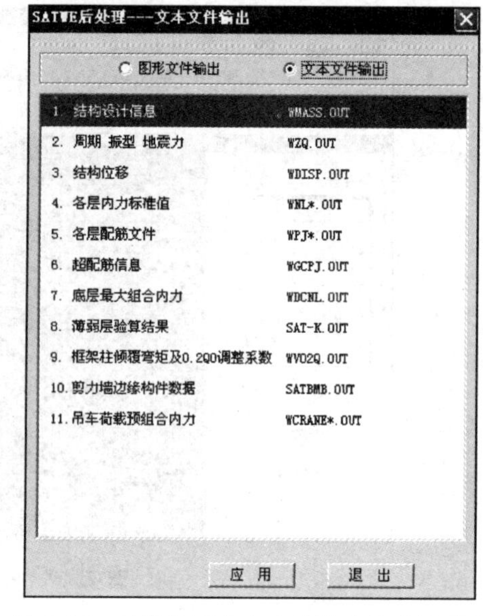

图 5.22　计算结果文本文件输出菜单(旧版)

5.7.1　文本文件输出内容

1. 建筑结构的总信息(WMASS. OUT)

重点关注层刚度比、刚重比和楼层受剪承载力计算结果。

(1) 层刚度比计算结果(图 5.23)

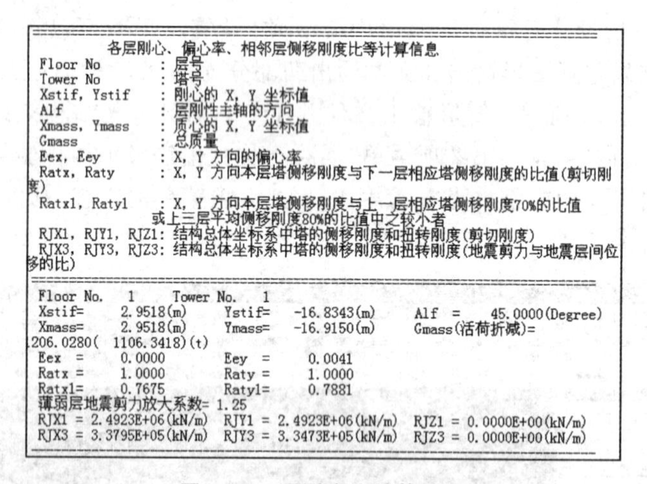

```
各层刚心、偏心率、相邻层侧移刚度比等计算信息
Floor No          : 层号
Tower No          : 塔号
Xstif, Ystif      : 刚心的 X, Y 坐标值
Alf               : 层刚性主轴的方向
Xmass, Ymass      : 质心的 X, Y 坐标值
Gmass             : 总质量
Eex, Eey          : X, Y 方向的偏心率
Ratx, Raty        : X, Y 方向本层塔侧移刚度与下一层相应塔侧移刚度的比值(剪切刚度)
Ratx1, Raty1      : X, Y 方向本层塔侧移刚度与上一层相应塔侧移刚度70%的比值
                    或上三层平均侧移刚度80%的比值中之较小者
RJX1, RJY1, RJZ1: 结构总体坐标系中塔的侧移刚度和扭转刚度(剪切刚度)
RJX3, RJY3, RJZ3: 结构总体坐标系中塔的侧移刚度和扭转刚度(地震剪力与地震层间位移的比)

Floor No.    1      Tower No.    1
Xstif=     2.9518(m)      Ystif=    -16.8343(m)      Alf  =    45.0000(Degree)
Xmass=     2.9518(m)      Ymass=    -16.9150(m)      Gmass(活荷折减)=
1206.0280(  1106.3418)(t)
Eex  =     0.0000         Eey  =      0.0041
Ratx =     1.0000         Raty =      1.0000
Ratx1=     0.7675         Raty1=      0.7881
薄弱层地震剪力放大系数= 1.25
RJX1 = 2.4923E+06(kN/m)  RJY1 = 2.4923E+06(kN/m)  RJZ1 = 0.0000E+00(kN/m)
RJX3 = 3.3795E+05(kN/m)  RJY3 = 3.3473E+05(kN/m)  RJZ3 = 0.0000E+00(kN/m)
```

图 5.23　层刚度比计算结果

【新规范链接】2010 版《高规》相关规定:

① 第 3.5.2 条　对框架结构,本层与其相邻上层的侧向刚度比 γ_1 不宜小于 0.7,与相邻上部三层刚度平均值的比值不宜小于 0.8。

② 第 3.5.8 条　刚度变化不符合第 3.5.2 条要求的楼层,其对应于地震作用标准值的剪力应乘以 1.25 的增大系数。

【分析】从上图可以看出,由于该框架结构第一层 X 和 Y 方向刚度比不满足规范要求,SATWE 程序自动将该楼层定义为结构薄弱层,并按《高规》第 3.5.8 条要求对该层地震作用标准值的地震剪力乘以 1.25 的增大系数。

(2) 刚重比计算结果(图 5.24)

结构整体稳定验算结果

层号	X向刚度	Y向刚度	层高	上部重量	X刚重比	Y刚重比
1	0.338E+06	0.335E+06	5.20	70001.	25.10	24.87
2	0.536E+06	0.523E+06	3.60	55129.	35.00	34.13
3	0.557E+06	0.538E+06	3.60	40690.	49.26	47.57
4	0.558E+06	0.532E+06	3.60	26251.	76.58	73.02
5	0.535E+06	0.499E+06	3.60	12074.	159.64	148.85

该结构刚重比Di*Hi/Gi大于10,能够通过高规(5.4.4)的整体稳定验算
该结构刚重比Di*Hi/Gi大于20,可以不考虑重力二阶效应

****

图 5.24 刚重比计算结果

【新规范链接】2010 版《高规》相关规定:

① 第 5.4.1 条 当高层框架结构满足下列规定时,弹性计算分析时可不考虑重力二阶效应的不利影响。

$$D_i \geqslant 20\sum_{j=i}^{n} G_j/h_i (i=1,2,\cdots,n)$$

② 第 5.4.4 条 高层框架结构的整体稳定性应符合下列规定:

$$D_i \geqslant 10\sum_{j=i}^{n} G_j/h_i (i=1,2,\cdots,n)$$

【分析】该框架结构比满足规范要求:能够通过《高规》的整体稳定验算,可以不考虑重力二阶效应,否则,应程序计算时考虑二阶效应,点 $P-\Delta$ 效应选项。

(3) 楼层受剪承载为计算结果(见图 5.25)

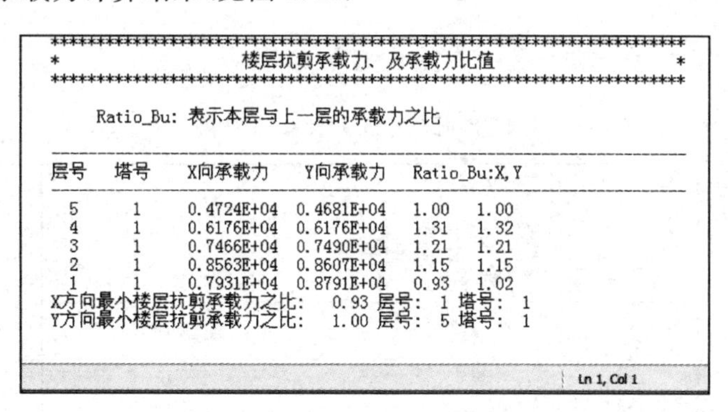

****
* 楼层抗剪承载力、及承载力比值 *
****

Ratio_Bu: 表示本层与上一层的承载力之比

层号	塔号	X向承载力	Y向承载力	Ratio_Bu:X	Ratio_Bu:Y
5	1	0.4724E+04	0.4681E+04	1.00	1.00
4	1	0.6176E+04	0.6176E+04	1.31	1.32
3	1	0.7466E+04	0.7490E+04	1.21	1.21
2	1	0.8563E+04	0.8607E+04	1.15	1.15
1	1	0.7931E+04	0.8791E+04	0.93	1.02

X方向最小楼层抗剪承载力之比: 0.93 层号: 1 塔号: 1
Y方向最小楼层抗剪承载力之比: 1.00 层号: 5 塔号: 1

Ln 1, Col 1

图 5.25 楼层受剪承载力计算结果

【新规范链接】2010 版《高规》相关规定:

第 3.5.3 条 A 级高度高层建筑的楼层抗侧力结构的层间受剪承载力不宜小于其相邻上一层受剪承载力的 80%,不应小于其相邻上一层受剪承载力的 65%;B 级高度高层建筑的楼层抗侧力结构的层间受剪承载力不应小于其相邻上一层受剪承载力的 75%。

【分析】X 和 Y 方向最小楼层抗剪承载力之比满足《高规》3.5.3 条规定。

2. 周期、地震力与振型输出文件(WZQ.OUT)

(1) 周期比计算结果(图 5.26)

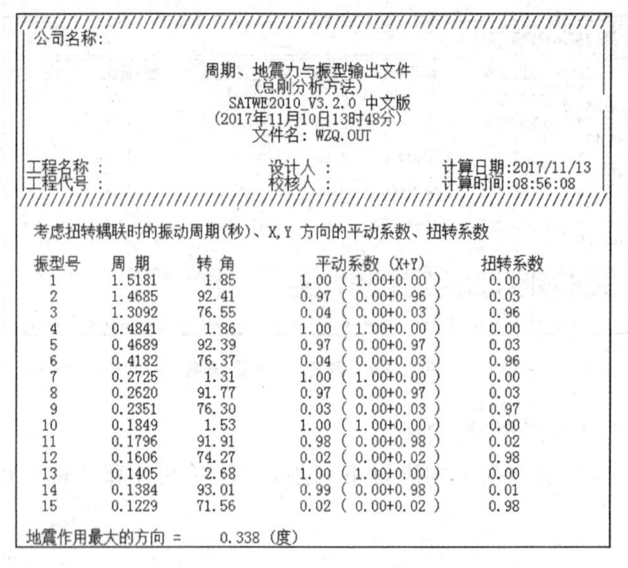

公司名称:

周期、地震力与振型输出文件
(总刚分析方法)
SATWE2010_V3.2.0 中文版
(2017年11月10日13时48分)
文件名: WZQ.OUT

工程名称 : 设计人 : 计算日期:2017/11/13
工程代号 : 校核人 : 计算时间:08:56:08

考虑扭转耦联时的振动周期(秒)、X,Y 方向的平动系数、扭转系数

振型号	周 期	转 角	平动系数 (X+Y)	扭转系数
1	1.5181	1.85	1.00 (1.00+0.00)	0.00
2	1.4685	92.41	0.97 (0.00+0.96)	0.03
3	1.3092	76.55	0.04 (0.00+0.03)	0.96
4	0.4841	1.86	1.00 (1.00+0.00)	0.00
5	0.4689	92.39	0.97 (0.00+0.97)	0.03
6	0.4182	76.37	0.04 (0.00+0.03)	0.96
7	0.2725	1.31	1.00 (1.00+0.00)	0.00
8	0.2620	91.77	0.97 (0.00+0.97)	0.03
9	0.2351	76.30	0.03 (0.00+0.03)	0.97
10	0.1849	1.53	1.00 (1.00+0.00)	0.00
11	0.1796	91.91	0.98 (0.00+0.98)	0.02
12	0.1606	74.27	0.02 (0.00+0.02)	0.98
13	0.1405	2.68	1.00 (1.00+0.00)	0.00
14	0.1384	93.01	0.99 (0.00+0.98)	0.01
15	0.1229	71.56	0.02 (0.00+0.02)	0.98

地震作用最大的方向 = 0.338 (度)

图 5.26 周期比计算结果

【新规范链接】2010 版《高规》相关规定:

第 3.4.5 条 结构扭转为主的第一自振周期与平动为主的第一自振之比,A 级高度高层建筑不应大于 0.9,B 级高度高层建筑不应大于 0.85。$T_t/T_1=0.75<0.9$,周期比满足规范的要求。

(2) X、Y 方向的剪重比,有效质量系数计算结果(图 5.27)

【新规范链接】2010 版《高规》、《抗震规范》相关规定:

①《抗震规范》第 5.2.5 条和《高规》第 4.3.12 条抗震验算时,结构各楼层对应于地震作用标准值的剪力应符合下式:

$$V_{EKi} \geqslant \lambda \sum_{j=i}^{n} G_j$$

(λ 取值见《高规》表 4.3.12)

各层 Y 方向的作用力(CQC)
Floor : 层号
Tower : 塔号
Fy : Y 向地震作用下结构的地震反应力
Vy : Y 向地震作用下结构的楼层剪力
My : Y 向地震作用下结构的弯矩
Static Fy: 静力法 Y 向的地震力

Floor	Tower	Fy (kN)	Vy (分塔剪重比) (kN)	(整层剪重比)	My (kN-m)	Static Fy (kN)
5	1	666.34	666.34(6.83%)	(6.83%)	2398.83	1290.07
4	1	629.28	1278.57(6.30%)	(6.30%)	5982.05	891.90
3	1	564.11	1786.51(5.77%)	(5.77%)	13339.88	702.57
2	1	500.32	2189.41(5.25%)	(5.25%)	21072.79	498.60
1	1	410.69	2482.43(4.71%)	(4.71%)	33710.00	304.54

(注意:下面分塔输出的剪重比不适合于上连多塔结构)

抗震规范(5.2.5)条要求的Y向楼层最小剪重比 = 1.60%

Y 方向的有效质量系数: 99.50%

```
各层 X 方向的作用力(CQC)
Floor     : 层号
Tower     : 塔号
Fx        : X 向地震作用下结构的地震反应力
Vx        : X 向地震作用下结构的楼层剪力
Mx        : X 向地震作用下结构的弯矩
Static Fx: 静力法 X 向的地震力
------------------------------------------------------------------------
Floor      Tower         Fx            Vx (分塔剪重比) (整层剪重比)
Static Fx
                         (kN)          (kN)
   (kN)

                   (注意:下面分塔输出的剪重比不适合于上连多塔结构)

    5          1         667.71         667.71( 6.85%)       ( 6.85%)
2403.76        1299.65
    4          1         634.74        1285.90( 6.34%)       ( 6.34%)
7013.86        900.82
    3          1         570.28        1802.68( 5.82%)       ( 5.82%)
13432.75        709.60
    2          1         503.81        2213.71( 5.31%)       ( 5.31%)
21259.95        503.59
    1          1         411.85        2512.39( 4.76%)       ( 4.76%)
34065.64        307.58

     抗震规范(5.2.5)条要求的X向楼层最小剪重比 =    1.60%

     X 方向的有效质量系数:    99.50%
```

图 5.27　*X*、*Y* 方向的剪重比,有效质量系数计算结果

②《抗震规范》第 5.2.2 条文说明和《高规》第 4.3.10 条文说明,“振型个数一般可取振型参与质量达到总质量的 90%所需的振型数”。

【分析】*X* 和 *Y* 方向计算剪重比大于规范要求的最小剪重比 1.6%,有效质量系数大于 90%。有效质量系数是判定结构振型数够不够的重要指标,也是地震作用够不够的重要指标。当有效质量系数大于 90%时,表示振型数、地震作用满足规范要求,反之应增加计算的振型数。

3. SATWE 位移输出文件(WDISP. OUT)

扭转位移比和层间位移角计算结果

【新规范链接】2010 版《高规》(见图 5.28、图 5.29)

《抗震规范》相关规定:

①《高规》第 3.4.5 条　在考虑偶然偏心影响的规定水平地震力作用下,楼层竖向构件最大的水平位移和层间位移,A 级高度高层建筑不宜大于该楼层平均值的 1.2 倍,不应大于该楼层平均值的 1.5 倍;B 级高度高层建筑、超过 A 级高度的混合结构及本规程第 10 章所指的复杂高层建筑不宜大于该楼层平均值的 1.2 倍,不应大于该楼层平均值的 1.4 倍。

②《高规》第 3.7.3 条、《抗震规范》第 5.5.1 条,框架弹性层间位移角限值:

$$[\theta_e] = \Delta u/h \leqslant 1/550$$

【分析】该框架结构在考虑偶然偏心影响的规定水平地震力作用下(工况 14、15、17、18),*X* 向位移比为 1.02,*Y* 向位移比为 1.23<1.5;在地震作用下(工况 1、5),最大层间位移角为 1/698,在风荷载作用下(工况 9、10),最大层间位移角为 1/1863 <1/550,因此位移比和位移角满足规范要求。

=== 工况 14 === X+偶然偏心地震作用规定水平力下的楼层最大位移

Floor	Tower	Jmax JmaxD	Max-(X) Max-Dx	Ave-(X) Ave-Dx	Ratio-(X) Ratio-Dx	h
5	1	345	18.75	18.40	1.02	3600.
		345	1.28	1.25	1.02	
4	1	269	17.47	17.15	1.02	3600.
		269	2.36	2.31	1.02	
3	1	192	15.11	14.83	1.02	3600.
		192	3.31	3.25	1.02	
2	1	115	11.80	11.58	1.02	3600.
		115	4.22	4.14	1.02	
1	1	38	7.58	7.44	1.02	5200.
		38	7.58	7.44	1.02	

X方向最大位移与层平均位移的比值: 1.02(第 4层第 1塔)
X方向最大层间位移与平均层间位移的比值: 1.02(第 4层第 1塔)

=== 工况 15 === X-偶然偏心地震作用规定水平力下的楼层最大位移

Floor	Tower	Jmax JmaxD	Max-(X) Max-Dx	Ave-(X) Ave-Dx	Ratio-(X) Ratio-Dx	h
5	1	348	18.74	18.40	1.02	3600.
		348	1.28	1.25	1.02	
4	1	272	17.46	17.15	1.02	3600.
		272	2.36	2.31	1.02	
3	1	195	15.10	14.84	1.02	3600.
		195	3.31	3.25	1.02	
2	1	118	11.79	11.59	1.02	3600.
		118	4.22	4.14	1.02	
1	1	41	7.57	7.44	1.02	5200.
		41	7.57	7.44	1.02	

X方向最大位移与层平均位移的比值: 1.02(第 5层第 1塔)
X方向最大层间位移与平均层间位移的比值: 1.02(第 5层第 1塔)

=== 工况 17 === Y+偶然偏心地震作用规定水平力下的楼层最大位移

Floor	Tower	Jmax JmaxD	Max-(Y) Max-Dy	Ave-(Y) Ave-Dy	Ratio-(Y) Ratio-Dy	h
5	1	409	23.05	18.73	1.23	3600.
		409	1.65	1.34	1.23	
4	1	339	21.39	17.38	1.23	3600.
		339	2.98	2.41	1.23	
3	1	262	18.42	14.97	1.23	3600.
		262	4.12	3.34	1.23	
2	1	185	14.29	11.63	1.23	3600.
		185	5.19	4.20	1.23	
1	1	108	9.10	7.43	1.23	5200.
		108	9.10	7.43	1.23	

Y方向最大位移与层平均位移的比值: 1.23(第 4层第 1塔)
Y方向最大层间位移与平均层间位移的比值: 1.23(第 2层第 1塔)

=== 工况 18 === Y-偶然偏心地震作用规定水平力下的楼层最大位移

Floor	Tower	Jmax JmaxD	Max-(Y) Max-Dy	Ave-(Y) Ave-Dy	Ratio-(Y) Ratio-Dy	h
5	1	345	23.04	18.73	1.23	3600.
		345	1.65	1.34	1.23	
4	1	269	21.38	17.38	1.23	3600.
		269	2.98	2.41	1.23	
3	1	192	18.41	14.97	1.23	3600.
		192	4.12	3.34	1.23	
2	1	115	14.29	11.63	1.23	3600.
		115	5.19	4.20	1.23	
1	1	38	9.10	7.43	1.23	5200.
		38	9.10	7.43	1.23	

Y方向最大位移与层平均位移的比值: 1.23(第 4层第 1塔)
Y方向最大层间位移与平均层间位移的比值: 1.23(第 2层第 1塔)

图 5.28 扭转位移比计算结果

```
=== 工况  1 === X 方向地震作用下的楼层最大位移

Floor  Tower    Jmax      Max-(X)     Ave-(X)        h
                JmaxD     Max-Dx      Ave-Dx      Max-Dx/h      DxR/Dx     Ratio_AX
  5      1       345       18.18       18.15         3600.
                 345        1.25        1.25       1/2886.      84.7%        1.00
  4      1       269       17.00       16.97         3600.
                 269        2.31        2.30       1/1562.      40.6%        1.42
  3      1       192       14.77       14.74         3600.
                 192        3.24        3.24       1/1111.      27.5%        1.52
  2      1       115       11.57       11.55         3600.
                 115        4.13        4.13       1/ 871.      24.6%        1.52
  1      1        38        7.45        7.43         5200.
                  38        7.45        7.43       1/ 698.      99.9%        1.33

 X方向最大层间位移角:              1/ 698.(第  1层第 1塔)
```

```
=== 工况  5 === Y 方向地震作用下的楼层最大位移

Floor  Tower    Jmax      Max-(Y)     Ave-(Y)        h
                JmaxD     Max-Dy      Ave-Dy      Max-Dy/h      DyR/Dy     Ratio_AY
  5      1       409       18.47       18.46         3600.
                 409        1.34        1.33       1/2695.      79.9%        1.00
  4      1       339       17.21       17.19         3600.
                 339        2.40        2.40       1/1498.      38.4%        1.38
  3      1       262       14.88       14.87         3600.
                 262        3.33        3.32       1/1083.      26.1%        1.48
  2      1       185       11.60       11.59         3600.
                 185        4.19        4.19       1/ 859.      22.6%        1.48
  1      1       108        7.42        7.42         5200.
                 108        7.42        7.42       1/ 701.      99.9%        1.29

 Y方向最大层间位移角:              1/ 701.(第  1层第 1塔)

=== 工况  9 === X 方向风荷载作用下的楼层最大位移

Floor  Tower    Jmax    Max-(X)    Ave-(X)    Ratio-(X)       h
                JmaxD   Max-Dx     Ave-Dx     Ratio-Dx    Max-Dx/h    DxR/Dx    Ratio_AX
  5      1       348      1.87       1.86       1.00         3600.
                 412      0.12       0.12       1.00       1/9999.     82.7%      1.00
  4      1       272      1.75       1.74       1.00         3600.
                 342      0.22       0.22       1.00       1/9999.     41.7%      1.41
  3      1       195      1.52       1.52       1.00         3600.
                 195      0.31       0.31       1.00       1/9999.     32.0%      1.53
  2      1       118      1.21       1.21       1.00         3600.
                 118      0.41       0.41       1.00       1/8707.     33.7%      1.58
  1      1        41      0.80       0.80       1.00         5200.
                  41      0.80       0.80       1.00       1/6518.     99.9%      1.46

 X方向最大层间位移角:                 1/6518.(第  1层第 1塔)
 X方向最大位移与层平均位移的比值:         1.00(第  4层第 1塔)
 X方向最大层间位移与平均层间位移的比值:   1.00(第  2层第 1塔)

=== 工况 10 === Y 方向风荷载作用下的楼层最大位移

Floor  Tower    Jmax    Max-(Y)    Ave-(Y)    Ratio-(Y)       h
                JmaxD   Max-Dy     Ave-Dy     Ratio-Dy    Max-Dy/h    DyR/Dy    Ratio_AY
  5      1       345      6.63       6.63       1.00         3600.
                 356      0.45       0.45       1.00       1/8031.     78.6%      1.00
  4      1       269      6.18       6.18       1.00         3600.
                 269      0.80       0.80       1.00       1/4497.     40.0%      1.37
  3      1       192      5.38       5.38       1.00         3600.
                 195      1.12       1.12       1.00       1/3212.     30.8%      1.50
  2      1       115      4.26       4.26       1.00         3600.
                 115      1.47       1.47       1.00       1/2455.     31.8%      1.55
  1      1        38      2.79       2.79       1.00         5200.
                  38      2.79       2.79       1.00       1/1863.     99.9%      1.43

 Y方向最大层间位移角:                 1/1863.(第  1层第 1塔)
 Y方向最大位移与层平均位移的比值:         1.00(第  4层第 1塔)
 Y方向最大层间位移与平均层间位移的比值:   1.00(第  4层第 1塔)
```

图 5.29　层间位移角计算结果

5.7.2　图形文件输出内容

1. 混凝土构件配筋及钢构件验算简图(WPJ * . T)

此项菜单可以说是包含信息量最多的一项菜单，它以图形的方式告诉我们每一楼层的配筋验算结果，对不满足规范要求的结果以结构设计人员熟知的"数据显红"方式表示出来，方便设计人员校核和调整。设计人员必须能看懂图形文件中每一字符串所表达的含义，若对某一"字符串"不太清楚，可通过软件帮助菜单(如图 5.30 所示)或 SATWE 用户手册获取帮助。

(1) 轴压比计算结果

【新规范链接】2010 版《高规》、《抗震规范》相关规定：

《高规》第 6.4.2 条，《抗震规范》第 6.3.6 条对框架结构轴压比都给出了限值，见表 5.4。

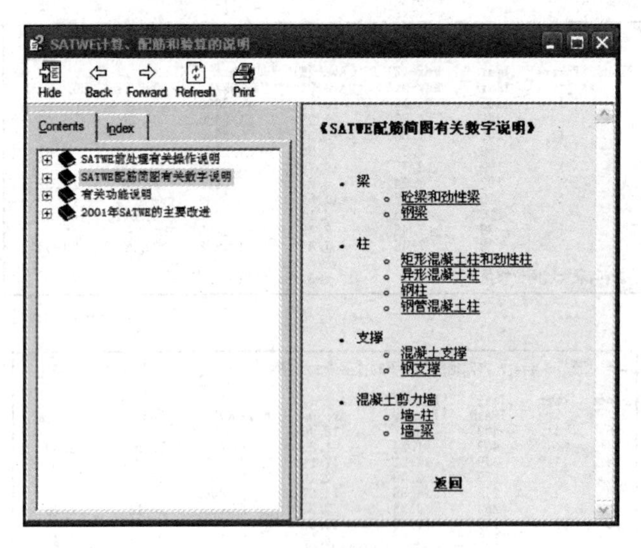

图 5.30　SATWE 配筋简图有关数字说明

表 5.4　柱轴压比限值

结构类型	抗震等级			
	一	二	三	四
框架结构	0.65	0.75	0.85	0.90

设计人员需特别注意的是，在校核框架柱轴压比时，一定要注意以下几项规定：

① 表内数值适用于混凝土强度等级不高于 C60 的柱。当混凝土强度等级为 C65～C70 时，轴压比限值应比表中数值降低 0.05；当混凝土强度等级为 C75～C80 时，轴压比限值应比表中数值降低 0.10。

② 表内数值适用于剪跨比＞2 的柱；当 1.5≤剪跨比≤2 时，其轴压比限值应比表中数值减小 0.05；当剪跨比＜1.5 时，其轴压比限值应专门研究并采取特殊构造措施。

③ 当沿柱全高采用井字形复合箍，箍筋间距≤100 mm，肢距≤200 mm、直径≥12 mm，或当沿柱全高采用复合螺旋箍，箍筋螺距≤100 mm、肢距≤200 mm，直径≥12 mm，或当沿柱全高采用连续复合螺旋箍，且螺距≤80 mm，肢距≤200 mm，直径≥10 mm 时，轴压比限值可增加 0.10。

④ 当柱截面中部设置由附加纵向钢筋形成的芯柱，且附加纵向钢筋的截面面积不小于柱截面面积的 0.8%时，柱轴压比限值可增加 0.05。当本项措施与第 3 项的措施共同采用时，柱轴压比限值可比表中数值增加 0.15，但箍筋的配箍特征值仍可按轴压比增加 0.10 的要求确定。

⑤ 调整后的柱轴压比限值不应大于 1.05。

如发现有部分梁或柱中数据显示红色，就应该返回到 PMCAD 模型菜单中对梁柱截面或材料进行调整，然后重新计算、调整的过程也许要反复多次才能满足要求。

【分析】由于本工程框架抗震等级为三级，采用 C30 混凝土，查表 5.4 可知，规范要求最大轴压比为 0.85，从图形输出文件(图 5.31)中可知，首层中间框架柱的轴压比最大为 0.66，小于规范限值，轴压比无须调整，柱截面合适。

(2) 梁柱截面配筋计算结果

如果没有显示红色的数据,表示梁柱截面取值基本合适,没有超筋现象,符合配筋计算和构造要求。可以进入后续的构件优化设计阶段。

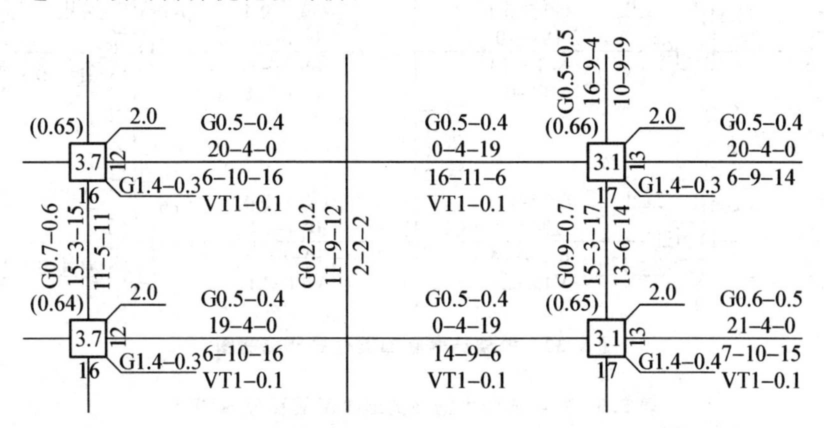

图 5.31　框架结构底层局部柱轴压比及配筋计算结果

2. 水平力作用下各层平均侧移简图

通过这项菜单,设计人员可以查看在地震作用和风荷载作用下结构的变形和内力,内容包括每一层的地震力、地震引起的楼层剪力、弯矩、位移、位移角以及每一层的风荷载、风荷载作用下的楼层剪力、弯矩、位移和位移角。

3. 结构整体空间振动简图

本菜单可以显示详细的结构三维振型图及其动画,也可以显示结构某一跨或任一平面部分的振型动画。在调整模型的时候,重点建议设计人员从查看三维振型动画入手,由此可以一目了然地看出每个振型的形态,据此可以判断结构的薄弱方向,从而看出结构计算模型是否存在明显的错误,尤其在验算周期比时,平动第一周期和扭转第一周期的确定,一定要参考三维振型图,这样可以避免错误的判断。当周期比不满足规范要求需进行调整时,也必须参考三维振型图,寻求最好的调整方案。

5.8 梁柱配筋分析

经过多次 SATWE 循环计算以后,最终计算的输出文件各项参数基本符合规范要求,就可以进入到 PKPM 软件中“墙梁柱施工图”菜单项,完成后续梁和柱配筋施工图设计。柱在实配钢筋后,进行双偏压校核,对校核未通过的柱,需进行调整后满足要求。下面给出底层框架梁柱局部配筋平面,如图 5.32 所示。

1. 柱配筋分析

【新规范链接】2010 版《高规》、《抗震规范》相关规定:

《高规》第 6.4.3 条,《抗震规范》第 6.3.7 条对框架柱纵向受力钢筋最小配筋率都给出了限值:柱纵向受力钢筋的最小总配筋率不应小于按表 5.5 规定值,同时柱截面每一侧配筋率不应小于 0.2%；抗震设计时，对建造于Ⅳ类场地上较高的高层建筑，表中数值应增加 0.1。

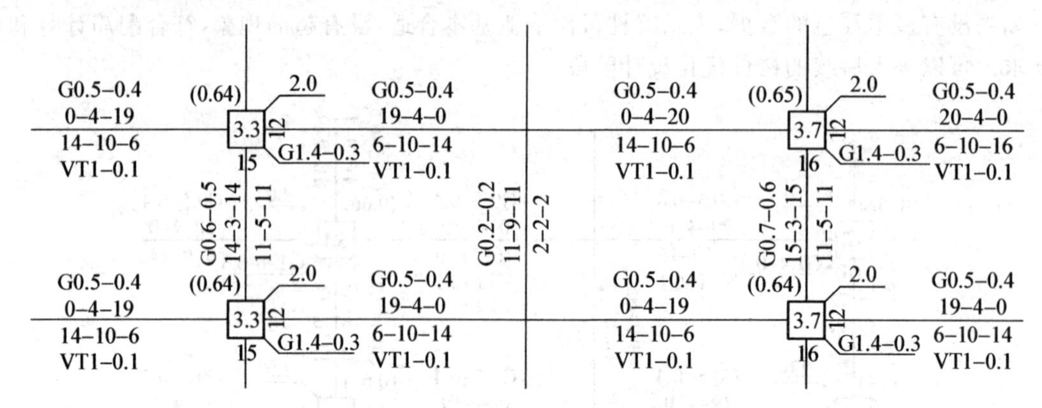

图 5.32　框架结构底部梁柱局部配筋图

表 5.5　柱纵向受力钢筋的最小配筋百分率(%)

类别	抗震等级			
	一	二	三	四
中柱和边柱	0.9(1.0)	0.7(0.8)	0.6(0.7)	0.5(0.6)
角柱、框支柱	1.1	0.9	0.8	0.7

校核框架柱最小配筋率时，特别应注意以下几点要求：

(1) 表中括号内数值为用于框架结构的柱。

(2) 钢筋强度标准值为 335 MPa 时，表中数值应增加 0.1；钢筋强度标准值为 400 MPa 时，表中数值应增加 0.05。

(3) 混凝土强度等级高于 C60 时，上述数值应相应增加 0.1。

(4) 钢筋混凝土地下建筑的中柱，纵向钢筋最小总配筋率应增加 0.2%(《抗震规范》第 14.3.1.3 条)。

取底层角柱 KZ－1(500×500)和中柱 KZ－3 (500×500)进行配筋分析，角柱纵向钢筋为 4Φ22＋8Φ18，纵向钢筋总配筋率 ρ＝1.42%；中柱纵向钢筋为 12Φ16，纵向钢筋总配筋率 ρ＝0.96%，规范要求的最小配筋率(抗震等级三级，HRB400 钢筋，C30 混凝土)：角柱为 0.85%，中柱和边柱为 0.75%，满足规范要求。

2. 梁配筋分析

取①～②轴线间梁 KL6(300×600)和(B)、(C)轴线间梁 KL1(300×600)进行分析。根据工程设计经验，梁的经济配筋率在 0.6%～1.5%之间，一般控制在 1%左右。

对于 KL6，如图 5.33 所示，梁跨中受拉钢筋为 3Φ20，As＝942 mm^2，配筋率 ρ＝0.52%，支座处受拉钢筋为 2Φ22＋2Φ18，As＝1269 mm^2，配筋率 ρ＝0.71%；对于 KL1，梁跨中受拉钢筋为 2Φ22＋1Φ18，As＝1014 mm^2，配筋率 ρ＝0.56%，支座处受拉钢筋为 4Φ22，As＝1521 mm^2，配筋率 ρ＝0.85%，因此梁的配筋率较为经济，梁截面基本合适。

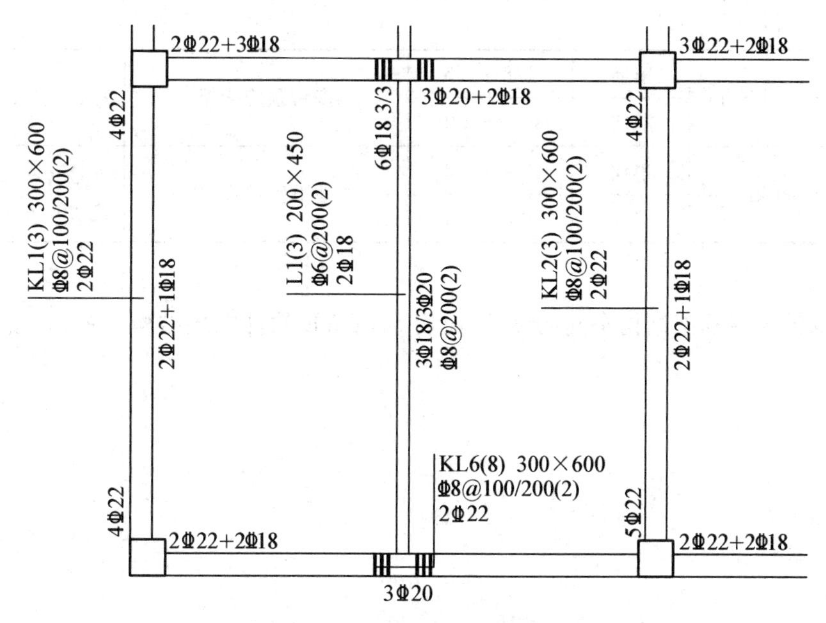

图 5.33　梁局部配筋图详图

3. 构件截面选取合理化建议

框架结构设计中首要的问题就是框架梁柱截面尺寸的确定，对资深结构工程师来说，在确定构件截面尺寸时一般都心中有数，模型计算一次通过，最多根据计算结果，重复进行一次构件截面的优化和调整。而对结构设计的初学者来说，截面尺寸很难一次就确定合适，需经过多次反复试算和调整。为了方便设计人员选取截面，节省设计时间，特列出截面尺寸选取表(见表 5.6)供设计人员参考，最终采用的数据还需设计人员根据计算结果来确定。

表 5.6　框架结构构件截面尺寸参考表

<table>
<tr><td colspan="2">板厚度 h/l</td><td colspan="5">梁截面高度</td></tr>
<tr><td>单向板(简支)</td><td>1/35</td><td colspan="2">单跨梁</td><td colspan="3">1/12</td></tr>
<tr><td>单向板(连续)</td><td>1/40</td><td colspan="2">连续梁</td><td colspan="3">1/15</td></tr>
<tr><td>双向板(短跨)</td><td>1/12</td><td colspan="2">悬臂梁</td><td colspan="3">1/6</td></tr>
<tr><td rowspan="3">悬臂板</td><td rowspan="3">1/30</td><td rowspan="3">整体肋形梁</td><td>支撑情况</td><td>连续</td><td>简支</td><td>悬臂</td></tr>
<tr><td>主梁</td><td>1/15</td><td>1/12</td><td>1/6</td></tr>
<tr><td>次梁</td><td>1/25</td><td>1/20</td><td>1/8</td></tr>
<tr><td>楼梯梯板</td><td>1/30</td><td colspan="2">井字梁</td><td colspan="3">1/15∶1/20</td></tr>
<tr><td rowspan="2">无梁楼盖(短跨)</td><td>1/30</td><td colspan="2" rowspan="2">扁梁</td><td colspan="3" rowspan="2">1/12～1/18</td></tr>
<tr><td>1/35</td></tr>
<tr><td rowspan="2">无黏结预应力板</td><td rowspan="2">1/40</td><td rowspan="2">框支梁
$b \geqslant 400$</td><td>考虑抗震</td><td colspan="3">1/7</td></tr>
<tr><td>不考虑抗震</td><td colspan="3">1/10</td></tr>
<tr><td colspan="2">基础底板 h/Lc</td><td colspan="2">单跨预应力梁</td><td colspan="3">1/12～1/18</td></tr>
</table>

续表

平均地基反力	15～20 kN/m²	单向	1/8～1/6	多跨预应力梁	1/18～1/20
		双向	1/12～1/9		
	40～50 kN/m²	单向	1/4～1/3	地下室墙厚度	外墙 t≥250 mm，内墙 t≥200 mm
		双向	1/5～1/4		

习题：

接第 2 章的多层框架结构车间的设计，应用 SATWE 软件完成结构计算，并绘制梁柱结构施工图。

参考文献

[1] 李永康,马国祝.PKPM2010 结构 CAD 软件应用与结构设计实例[M].北京:机械工业出版社,2012.

[2] 中国建筑科学研究院建筑工程软件研究所.PKPM 结构软件施工图设计详解[M].北京:中国建筑工业出版社,2009.

[3] 王华康.天正建筑 TArch7.5 实训教程[M].北京:知识产权出版社,2009.

[4] 高彦强,孙婷.Tarch2014 天正建筑软件标准教程[M].北京:人民邮电出版社,2016.

[5] 王树和.PKPM 建筑结构设计实例详解[M].北京:中国电力出版社,2017.

[6] 单春阳.AutoCAD 2014 项目教程[M].北京:北京理工大学出版社,2016.